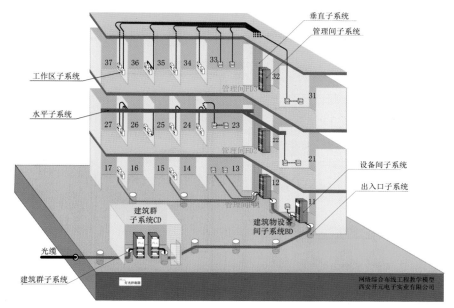

图1-1 西元综合布线工程教学模型原理图

图中标注：垂直子系统、管理间子系统、工作区子系统、水平子系统、光缆、建筑群子系统、建筑群子系统CD、建筑物设备间子系统BD、设备间子系统、出入口子系统

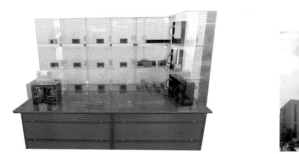

图1-2 西元综合布线工程教学模型

图1-24 西安开元电子实业有限公司研发楼立面图

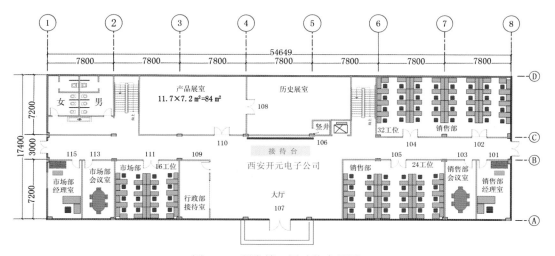

图1-25 研发楼一层功能布局图

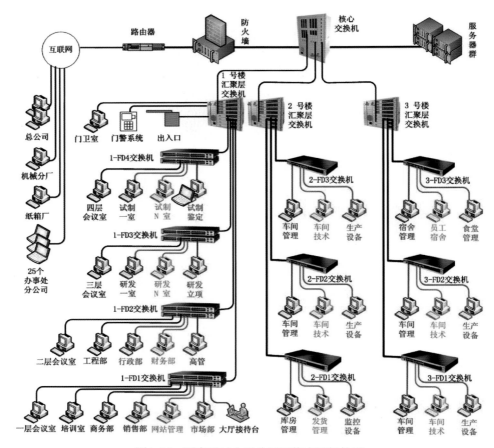

图1-34 西安开元电子公司网络应用拓扑图

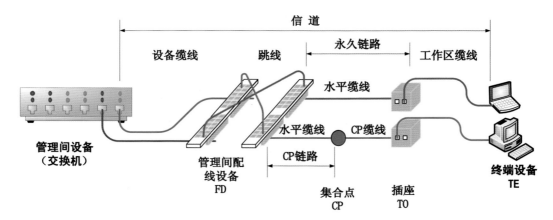

图3-3 布线系统链路构成示意图

图1-36 西元网络拓扑图实物展示系统

图4-1 西元常用器材和工具展示柜

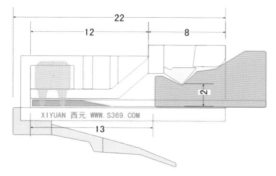

图4-77 水晶头压接结构图

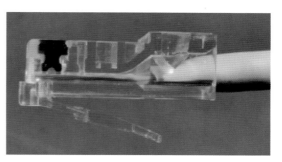

图4-78 水晶头压接后实物照片

图4-184 网络配线实训装置

图4-186 综合布线故障检测实训装置

图4-128　西元桥架展示系统

图5-38　西元网络综合布线实训装置

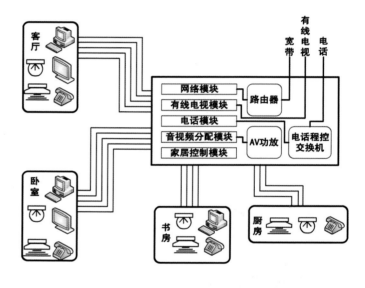

图7-27　住宅信息箱及其系统示意图

图10-5　西元光纤熔接设备及材料

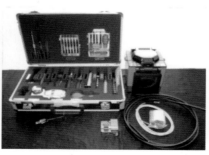

图10-33　西元冷接工具箱

"十二五"高等职业教育计算机类专业规划教材
全国职业院校技能大赛指导教材和教练员培训班指定教材
教育部高等学校高职高专计算机类专业师资培训班指定教材

综合布线工程实用技术
（第 2 版）

主　编　王公儒
副主编　武英举　于　琴　方　莉　黄　锋
参　编　张　红　梅创社　曹炯清　王　岩
　　　　徐振华　蔡永亮　樊　果

中国铁道出版社有限公司
CHINA RAILWAY PUBLISHING HOUSE CO., LTD.

内 容 简 介

本书是2011年出版的《综合布线工程实用技术》的修订版，本次修订主要增加了最新国家标准，增加了网络水晶头和模块等器材的机械结构、电气工作原理和操作方法，增加了光纤冷接技术和住宅布线系统安装技术等最新技术，按照真实工程设计要求，采用CAD进行项目设计，为了方便学习和掌握关键技能，特别增加了大量的世界技能大赛和实训操作视频。

本书是职业技能大赛指导教材和教练员培训班指定教材，也是计算机类专业师资培训班指定教材。全书以综合布线工程实用技术为重点，创建了一个可视化的综合布线工程教学模型和网络拓扑图实物展示系统，介绍了综合布线工程的设计方法，并给出各个子系统原理图和工程应用案例，形象生动地讲授理论知识。全书围绕一个真实综合布线工程案例，以CDIO工程教学方式，系统介绍了工程项目的规划设计、安装施工、测试验收和维护管理等内容，知识和技能详实、丰富、典型，好学易记。

本书突出理论与工程设计相结合，实训与考核相结合，并配有教学光盘，以视频方式介绍综合布线安装施工技术，光纤熔接和冷接等关键技术等。

本书适合作为高等学校、高职高专院校、企业培训机构综合布线专业课和计算机类课教学与实训的教材，也可作为综合布线工程设计、施工和管理等专业技术人员的参考书。

图书在版编目（CIP）数据

综合布线工程实用技术 / 王公儒主编. —2版. —
北京 ： 中国铁道出版社，2015.1（2020.8重印）
"十二五"高等职业教育计算机类专业规划教材
ISBN 978-7-113-19817-6

Ⅰ. ①综… Ⅱ. ①王… Ⅲ. ①计算机网络—布线—技
术—高等职业教育—教材 Ⅳ. ①TP393.03

中国版本图书馆CIP数据核字（2015）第003596号

书　　名：综合布线工程实用技术（第2版）
作　　者：王公儒

策　　划：翟玉峰　　　　　　　　　　　　　　　读者热线：（010）83517321
责任编辑：翟玉峰　鲍　闻
封面设计：付　巍
封面制作：白　雪
责任校对：王　杰
责任印制：樊启鹏

出版发行：中国铁道出版社有限公司（100054，北京市西城区右安门西街8号）
网　　址：http://www.tdpress.com/51eds/
印　　刷：三河市兴达印务有限公司
版　　次：2011年3月第1版　2015年1月第2版　2020年8月第17次印刷
开　　本：787 mm×1 092 mm　1/16　印张：19.5　插页：2　字数：468 千
印　　数：78 001 ～ 81 000 册
书　　号：ISBN 978-7-113-19817-6
定　　价：49.80 元（附赠光盘）

第2版前言

本书是2011年出版的《综合布线工程实用技术》的第2版，《综合布线工程实用技术》第1版被教育部计算机教指委评为优秀教材，连续印刷12次，全国近2 000所学校普遍使用，深受广大读者喜爱。本次修订，继承了原书的优点和主线，更新了部分内容，主要增加了最新国家标准，网络水晶头和模块等器材的机械结构、电气工作原理和操作方法，光纤冷接技术和住宅布线系统安装技术等最新技术，按照真实工程设计要求，采用CAD进行项目设计。为了方便教学，使学生掌握关键技能，特别在随书附赠光盘中增加了教学视频内容作为辅助资料，包括屏蔽电缆和大对数电缆等端接技术、光纤熔接和冷接技术，以及世界技能大赛冠军选手操作视频等。

多年来，王公儒教授级高级工程师负责设计和实施了几十项大型综合布线工程和校园网、企业网等系统集成项目，先后申请和获得综合布线技术等35项国家专利，开创了综合布线技术实训行业，连续几年担任全国职业院校技能大赛计算机竞赛执委会副主任委员，2013年以来先后到日本、德国组织和参加信息网络布线亚洲竞赛和世界技能大赛，近年来在综合布线技术师资培训班上主讲70多期，2012年被全国高职高专教育教师培训联盟授予全国"优秀培训师"，获得国家级教学成果奖二等奖和陕西省高等学校教学成果一等奖，参与主编了《信息技术 住宅通用布缆》和《居住区数字系统评价标准》等5个国家标准。

本书融入了作者上述研究成果和工程经验，创建了一个可视化的综合布线工程教学模型和网络拓扑图实物展示系统，首次系统介绍了综合布线工程的设计方法，给出了各个子系统原理图和工程应用案例，形象生动地讲授理论知识。围绕一个真实综合布线工程案例，以CDIO工程教学方式，图文并茂地介绍了工程项目的规划设计、安装施工、测试验收和维护管理等内容，知识和技能翔实、丰富、典型，好学易记。

本书以快速培养专业工程师等技术人员，掌握工程实用技术和积累工作经验为目的的安排内容。各单元以《综合布线系统工程设计规范》等相关国家标准涉及的理论知识为主线，讲述基本概念和应用案例；以编者多年大型工程经验的积累和总结，介绍了具体工作流程，给出了各个子系统的设计原则和安装要求，安排了很多典型设计案例；以积累工作经验和提高就业率为目标安排了实训项目和工作经验等内容；以熟悉行业为目的，介绍了上海世博会、机场航站楼、政务网等行业典型应用案例；以培养世界技能大赛和全国职业院校技能大赛教练员和选手为目的，介绍和安排了往年竞赛试题和实训项目。

本书突出理论与工程设计相结合、实训与考核相结合、竞赛与岗位技能相结合的特点。以综合布线实训室的开创者与领导者西安开元电子实业有限公司的实训产品为例，安排了丰富的实训项目和规范的操作视频，这些实训产品遍布全国2 000多所院校，市场占有率超过90%，连续多年为全国技能大赛指定产品，部分产品为世界技能大赛指定产品，也是计算机类和物联网类等专业必备实训室产品，这些产品配套完善的产品手册、图文并茂的彩色说明书、技术白皮书、专业教材、PPT教学课件、视频教学光盘、专业文化教学挂图、实训指导挂图、工程师认证培训、专业教学网站等软性资源，方便教学和实训，更多内容可登录www.s369.com查询。

全书共分5部分，13个单元。第1部分为单元1和单元2；第2部分为单元3；第3部分为单元4至单元10；第4部分为单元11；第5部分为单元12和单元13。

全书按照CDIO工程教学模式，以综合布线工程任务驱动方式，按照单元形式组织，每个单元首先介绍基本概念和原理图，其次给出工程项目工作流程和设计原则，再次给出具体安装施工步骤和方法，最后给出了多个工程案例和行业典型应用案例。同时在每个单元还列举了许多工程经验，增加了习题和技能大赛实训题。各单元的主要内容如下。

单元1，认识综合布线工程。创立了可视化综合布线工程教学模型，使学生快速认识综合布线系统，掌握基本概念。

单元2，综合布线工程常用标准。介绍了有关国家标准和技术白皮书。

单元3，综合布线工程设计。首次给出了综合布线工程的设计方法。

单元4，综合布线工程常用器材和工具。以图文并茂的方式介绍了常用器材和工具。

单元5至单元10介绍综合布线各个子系统的设计和施工技术。给出了各个子系统的原理图和设计原则，给出了多种设计应用案例和行业热点应用案例。

单元11，综合布线工程测试与验收。介绍了测试原理和方法，给出了验收依据和工作表。

单元12，综合布线工程招投标。以案例形式介绍了工程的招标和投标。

单元13，综合布线工程管理。介绍了工程管理的重要性，给出了验收依据和常用工作表。

本书由王公儒任主编，武英举、于琴、方莉、黄锋任副主编（第二版的修订主要由于琴工程师负责），王公儒（西安开元电子实业有限公司）编写了单元1、单元2、单元12、单元13，武英举（黑龙江信息技术职业学院）编写了单元5，于琴（西安开元电子实业有限公司）重新编写了单元3和各单元习题与工程经验，方莉（安庆职业技术学院）编写了单元6，黄锋（柳州铁道职业技术学院）编写了单元7，张红（浙江经贸职业技术学院）编写了单元8，梅创社（陕西工业职业技术学院）编写了单元9，曹炯清（贵州电子信息职业技术学院）编写了单元10，王岩（海南经贸职业技术学院）编写了单元11，蔡永亮、樊果（西安开元电子实业有限公司）重新编写了单元4和部分新增内容。

在本书第2版修订过程中，江西农业工程职业学院杨兆平教授等给予了很多修改建议，本书编写中参考了综合布线工作组《综合布线系统工程设计规范》等标准和技术白皮书，也参考了《智能建筑与城市信息》杂志的多篇论文，在此向相关文献和资料的作者表示感谢。

由于综合布线技术是一个新兴综合性学科，书中难免存在不足之处，敬请读者批评指正，欢迎加入QQ（50976037）群交流与讨论，作者E-mail：s136@s369.com。

第1版前言

综合布线技术是一门新兴的综合性学科，涉及智能建筑和计算机网络技术等领域，也是计算机类相关专业的必修课或重要的选修课。综合布线系统是智能建筑的基础设施，随着城镇化建设的快速发展，人类已进入物联网时代，企业急需大批综合布线规划设计、安装施工、测试验收和维护管理等专业人员，满足行业对技能型人才的需求。

本书涉及的知识和技能翔实、丰富、典型，好学易记，并配有DVD光盘，内含综合布线实训和光纤熔接等视频指导文件。

本书以快速培养专业工程师等技术人员掌握工程实用技术和积累工作经验为目的，各单元以《综合布线系统工程设计规范》等国家标准和相关技术白皮书涉及的理论知识为主线，讲述基本概念和应用案例；是作者多年大型工程经验的积累和总结。本书介绍了具体工作流程，给出了各个子系统的设计原则和安装要求，安排了很多典型设计案例；以积累工作经验和提高就业率为目标安排了实训项目和工作经验等内容；以熟悉行业为目的，介绍了上海世博会、机场航站楼、政务网等行业典型应用案例；以培养世界技能大赛和全国职业院校技能大赛教练员和选手为目的，介绍和安排了往年竞赛试题和实训项目。

本书突出理论与工程设计相结合、实训与考核相结合的特点。综合布线实训室的开创者与领导者西安开元电子实业有限公司的专利产品已经覆盖全国31个省级行政单位700多所高校和职教院校，本教材围绕这些专利产品安排了丰富的实训项目和习题，并配有光盘。这些产品和项目也是全国职业院校技能大赛指定的产品和竞赛项目，连续几年在中央实训基地建设项目中中标，西安开元电子实业有限公司连续多年承担教育部高等学校高职高专计算机类教指委网络综合布线技术方面的立项课题研究，协办计算机系主任年会，开展校企合作。这些实训产品配备完善的产品手册、图文并茂的彩色说明书、技术白皮书、专业教材、PPT教学课件、视频教学光盘、专业文化教学挂图、实训指导挂图、工程师认证培训、专业教学网站等软性资源，方便教学和实训，详细内容请登录www.s369.com和www.s369.net.cn网站。

本书主要内容于2010年11月由教育部高等学校高职高专计算机类教指委在西安主办的"物联网应用暨计算机网络专业改革发展研讨会"进行了大会发言、交流并且收入会刊。

全书共分5部分，13个单元。第一部分为单元1、2，主要通过教学模型认识综合布线和掌握基本概念，熟悉常用工业标准；第二部分为单元3，主要介绍综合布线工程设计方法；第三部分为单元4~10，主要介绍综合布线工程各个子系统的设计和安装施工技术；第四部分为单元11，主要介绍工程项目测试与验收技术；第五部分为单元12、13，主要介绍工程招投标和项目管理。

全书按照CDIO工程教学模式，以综合布线工程任务驱动方式，按照单元形式分类，每个单元首先介绍基本概念和原理图，其次给出工程项目工作流程和设计原则，再次给出具体安装施工步骤和方法，最后给出多个工程案例和行业典型应用案例。同时在每个单元中还列举了许多工程经验，增加了习题和技能大赛实训题。

单元1：认识综合布线工程。创立了可视化综合布线工程教学模型，快速认识综合布线和掌握基本概念。

单元2：综合布线工程常用标准。介绍了有关国家标准和技术白皮书。

单元3：综合布线工程设计。首次给出了综合布线工程的设计方法。

单元4：综合布线工程常用器材和工具。以图文并茂的方式介绍了常用器材和工具。

单元5～10：综合布线各个子系统的设计和施工技术。给出了各个子系统的原理图和设计原则，给出了多种设计应用案例和行业热点应用案例。

单元11：综合布线工程测试与验收。介绍了测试原理和方法，给出了验收依据和工作表。

单元12：综合布线工程招投标。以案例形式介绍了工程的招标和投标。

单元13：综合布线工程管理。介绍了工程管理的重要性，给出了验收依据和常用工作表。

本书采取校企合作方式编著，由西安开元电子实业有限公司与众多高职院校教师合作编著。王公儒任主编，武英举、方莉、黄峰任副主编，王公儒（西安开元电子实业有限公司）编写了单元1、2、3、12，武英举（黑龙江信息技术职业学院）编写了单元5，方莉（安庆职业技术学院）编写了单元6，黄峰（柳州铁道职业技术学院）编写了单元7，张红（浙江经贸职业技术学院）编写了单元8，梅创社（陕西工业职业技术学院）编写了单元9，曹炯清（贵州电子信息职业技术学院）编写了单元10，王岩（海南经贸职业技术学院）编写了单元11，徐振华（北京信息职业技术学院）编写了单元13，于琴（西安开元电子实业有限公司）编写了全部工程经验和实训项目，张海涛（西安开元电子实业有限公司）编写了全部习题和单元4，其他的编者参加了资料的搜集、绘图和整理工作。本书内容参考了综合布线工作组《综合布线系统工程设计规范》等标准和技术白皮书，也参考了《智能建筑与城市信息》杂志的多篇论文，在此表示感谢。

由于综合布线技术是一个新兴综合性学科，加之作者水平有限，书中难免存在不足之处，敬请读者批评指正。编者E-mail地址：s136@s369.com。

王公儒

2011年2月

目录

目
录

目
录

单元 ①
认识综合布线工程

通过西元综合布线工程教学模型，全面系统地介绍智能建筑中综合布线工程的各个子系统，认识综合布线工程，快速掌握综合布线工程基本结构和基本概念。

学习目标

在本专业课结束时，掌握综合布线工程的规划和设计、安装和施工、测试和验收、维护和管理等基本技能和方法，并且通过每章的练习题、思考题、典型行业应用案例和工程经验等内容，掌握一定的岗位技能，积累工作经验。

1.1 综合布线系统的基本概念

1.1.1 人们都在使用综合布线系统

现在，无论在学校学习，还是在办公室工作，或者在家里休闲上网时，我们都在使用综合布线系统，我们的生活都已经离不开计算机网络了，而综合布线系统就是网络系统的传输通道和基础，因为从计算机上获取的各种信息流都是通过综合布线系统进行传输的，因此没有综合布线系统，我们就无法获取各种信息。

例如：在学校的教室或者宿舍上网时，都在使用校园网，校内全部计算机就是通过校园综合布线系统连接在一起的，也是通过综合布线系统的电缆和光缆相互传输各种文字、音乐、图片、视频等信息的。

1.1.2 综合布线系统的基本概念

简单地讲，综合布线系统就是连接计算机等终端之间的缆线和器件。GB 50311—2007《综合布线系统工程设计规范》国家标准中的定义如下：综合布线系统就是用数据和通信电缆、光缆、各种软电缆及有关连接硬件构成的通用布线系统，是能支持语音、数据、影像和其他控制信息技术的标准应用系统。

1.1.3 综合布线系统是智能建筑的基础

现在，综合布线系统是建筑群或建筑物内的传输网络系统，它能使语音和数据通信设备、交换设备和其他信息管理系统彼此相连，包括建筑物到外部网络的连接点与工作区的语音或数据终端之间的所有电缆及相关联的布线部件。

综合布线系统是集成网络系统的基础，它能够支持数据、语音及其图像等的传输要求，为计算机网络和通信系统提供支撑环境。

综合布线系统是智能建筑快速发展的基础和需求，没有综合布线技术的快速发展就没有智能建筑的普及和应用。例如，智能建筑一般包括计算机网络办公系统、楼宇设施控制管理系统、通信自动化系统、安保自动化系统、停车场管理系统等，而这些系统的设备全部是通过综合布线系统来传输和交流信息，以及传输指令和控制运行状态等。所以，我们说综合布线系统具备了智能建筑的先进性、方便性、安全性、经济性和舒适性等基本特征。

1.1.4　综合布线系统的基本形式

GB 50311—2007《综合布线系统工程设计规范》国家标准中规定，在智能建筑与智能建筑园区的工程设计中宜将综合布线系统分为基本型、增强型、综合型三种常用形式，它们都能支持语音、数据等系统，能随工程的需要转向更高功能的布线系统，这三种常用形式的主要区别就是支持语音和数据服务所采用的方式不同，以及在移动和重新布局实施线路管理的灵活性不同。

1. 基本型综合布线系统

基本型综合布线系统的突出特点就是能够满足用户语音和数据等基本使用要求，不考虑更多未来变化需求，争取以高性价比方案满足用户要求。基本型综合布线系统大多数能够支持语音和数据需要，能支持所有电话语音传输的应用，能支持多种计算机系统数据传输的应用，系统管理维护方便、简单。西元综合布线工程教学模型就是一个基本型综合布线工程典型案例，如图1-1所示。

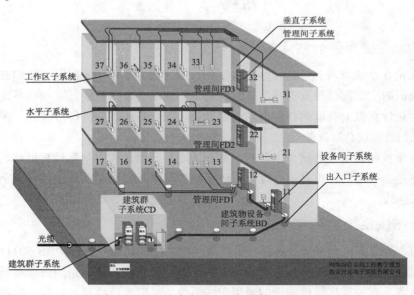

图1-1　西元综合布线工程教学模型原理图

2. 增强型综合布线系统

增强型综合布线系统的突出特点就是不仅具有增强功能，还有扩展功能。它能够支持电话语音和计算机数据应用，能够按照需要利用端子板进行管理。其主要特征就是在每个工作区有两个信息插座，任何一个信息插座都可提供电话语音和计算机高速数据应用，不仅机动灵活，而且功能齐全，还可以统一设置色标，按需要利用端子板进行管理。增强型综合布线系统就是能为多个数据应用部门提供应用服务的综合布线方案。

    3. 综合型综合布线系统

综合型综合布线系统的主要特点是引入光缆，可适用于规模较大的智能大楼。

1.2　认识综合布线系统

为了快速认识综合布线系统，掌握综合布线系统的基本原理和要点，以图1–1西元综合布线工程教学模型为例来讲述。该园区共有两栋建筑，其中1号楼为一栋独立式的网络中心，2号楼为一栋三层结构的智能建筑，实际用途为综合办公楼。

按照GB 50311—2007《综合布线系统工程设计规范》国家标准规定，在工程设计阶段把综合布线系统工程宜按照以下七个部分进行分解：

- 工作区子系统；
- 配线子系统；
- 垂直子系统；
- 建筑群子系统；
- 设备间子系统；
- 进线间子系统；
- 管理子系统。

从这个分解中看到，配线子系统包括水平子系统和管理间子系统，同时在标准中，新增加了进线间子系统，主要是为满足不同运营商接入的需要，同时针对日常应用和管理需要，特别提出了综合布线系统工程管理的问题。为了教学和实训需要，同时兼顾以往教学习惯和工程实际划分的习惯，也分别按照这七个子系统进行介绍，如图1-2所示。

图1–2　西元综合布线工程教学模型

1.2.1 工作区子系统

工作区子系统又称为服务区子系统，它由跳线与信息插座所连接的设备组成。其中信息插座包括墙面型、地面型、桌面型等，图1-3所示为工作区子系统的组成和应用案例图。图1-4所示为建筑物工作区子系统信息插座位置示意图。

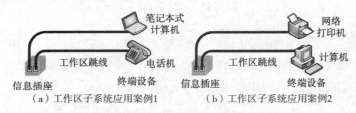

图1-3 工作区子系统组成和应用案例

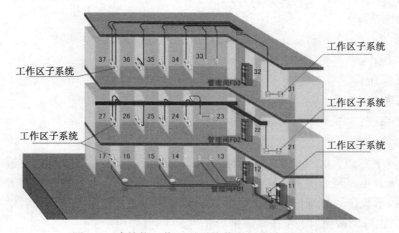

图1-4 建筑物工作区子系统信息插座位置示意图

在日常使用网络过程中，能够看到或者接触到的就是工作区子系统，例如墙面或者地面安装的网络插座、终端设备跳线和计算机。

在GB 50311—2007《综合布线系统工程设计规范》中，明确规定了综合布线系统工程中"工作区"的基本概念，工作区就是"需要设置终端设备的独立区域"。这里的工作区是指需要安装计算机、打印机、复印机、考勤机等网络终端设备的一个独立区域。在实际工程应用中一个网络插口为一个独立的工作区，也就是一个网络模块对应一个工作区，而不是一个房间为一个工作区，一个房间往往会有多个工作区。

如果一个插座底盒上安装了一个双口面板和两个网络插座，标准规定为"多用户信息插座"。在工程实际应用中，为了降低工程造价，通常使用双口插座，有时为双口网络模块，有时为双口语音模块，有时为单口网络模块和单口语音模块组合成多用户信息插座。

1.2.2 水平子系统

水平子系统在综合布线工程中范围广、距离长，因此非常重要。不仅线管和缆线材料用量大，成本往往占到工程总造价的50%以上，而且布线距离长、拐弯多，施工复杂，直接影响工程质量。水平子系统在GB 50311—2007国家标准中称为配线子系统，以往资料中也称水平干线子系统。图1-5所示为水平子系统组成和应用案例图，一层11～17号房间的水平缆线采用地面暗埋管布线方式，二层21～27号房间的水平缆线采用楼道桥架和墙面暗埋管布线方式，三层31～37号房间的水平缆线采用吊顶布线方式。

水平子系统一般由工作区信息插座模块、水平缆线、配线架等组成。实现工作区信息插座和管理间子系统的连接，包括所有缆线和连接硬件，水平子系统一般使用双绞线电缆，常用的连接器件有信息模块、面板、配线架、跳线架等附件。

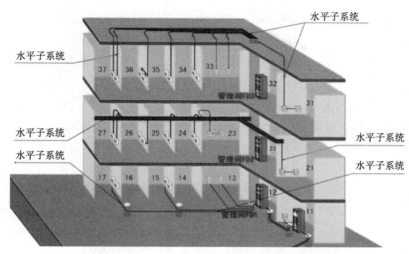

图1-5　水平子系统组成和应用案例图

图1-6所示为水平子系统原理图，实际上就是永久链路，它在建筑物土建阶段埋管，安装阶段首先穿线，然后安装信息模块和面板，最后在楼层管理间机柜内与配线架进行端接。

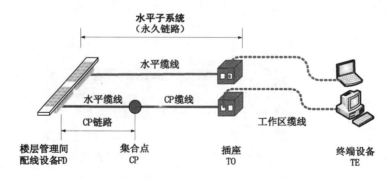

图1-6　水平子系统原理图

图1-7所示为水平子系统布线路由示意图，这种设计方式的优点是工作区信息插座与楼层管理间配线架在同一个楼层，穿线、安装模块和配线架端接等比较方便，检测和维护也很方便。缺点就是穿线路由长，使用材料多，成本高，拐弯多，穿线时拉力大，对施工技术要求高。

图1-8所示为另一种水平子系统布线路由示意图。我们看到一层"15号信息插座TO"的水平缆线布线路由，采用地面暗埋管布线方式，一层信息点对应的管理间机柜也在一层。二层"25号信息插座TO"的水平缆线布线路由采用"垂直竖管+承重梁+楼板暗埋管"的布线方式，二层信息点对应的管理间机柜不在二层，而是在一层。就整栋楼来说，不仅减少了一个机柜，而且布线路由最短，比图1-7所示的布线路由缩短了约2.5 m，拐弯也最少，与图1-7所示的布线路由相比减少了"U"字形拐弯。

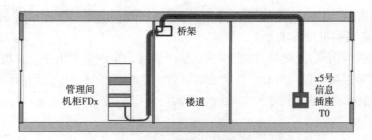

图1-7　水平子系统布线路由示意图1

　　对比以上两种布线路由，图1-8所示的设计方式的优点就是穿线路由比较短，材料用量少，成本低，拐弯少，穿线时拉力也比较小。缺点是工作区信息插座与楼层管理间配线架不在同一个楼层，一般x层信息插座的对应管理间配线架和设备在$x-1$层。由于跨越了一个楼层，模块安装和配线架端接等不方便，后期检测和维护更不方便。这种布线路由在施工时需要对讲机，方便两个楼层安装人员沟通。

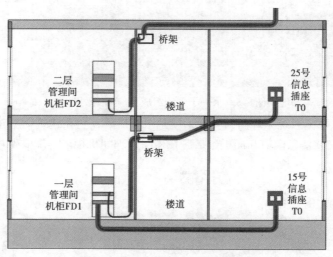

图1-8　水平子系统布线路由示意图2

　　在综合布线工程中，水平子系统一般使用非屏蔽双绞线电缆，能支持大多数现代化通信设备。对于工厂生产车间等有磁场干扰的建筑物，以及需要保密的建筑物一般使用屏蔽双绞线电缆。在需要高带宽应用时也可以使用屏蔽双绞线电缆或者光缆。

1.2.3　垂直子系统

　　在GB 50311—2007国家标准中把垂直子系统称为干线子系统，为了便于理解和工程行业习惯，我们仍然将其称为垂直子系统，图1-9所示为垂直子系统的组成和应用案例，该教学模型中的垂直子系统从一层12号房间垂直向上，经过二层的22号房间，到达三层的32号房间。图1-10为建筑物竖井中安装的垂直子系统桥架图。

　　垂直子系统是把建筑物各个楼层管理间的配线架连接到建筑物设备间的配线架，也就是负责连接管理间子系统到设备间子系统，实现主配线架与中间配线架的连接。从图1-11和图1-12可以看到，该子系统由管理间配线架FD、设备间配线架BD以及它们之间连接的缆线组成。这些缆线包括双绞线电缆和光缆。一般这些缆线都是垂直安装的，因此，在工程中通常称为垂直子系统。

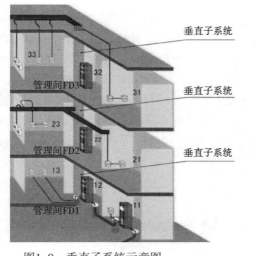

图1-9　垂直子系统示意图

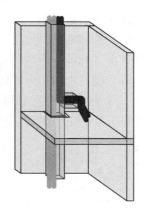

图1-10　建筑物垂直桥架

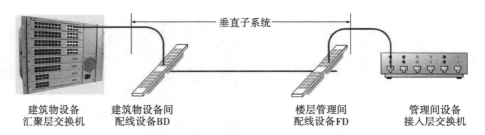

建筑物设备　　建筑物设备间　　楼层管理间　　管理间设备
汇聚层交换机　　配线设备BD　　配线设备FD　　接入层交换机

图1-11　垂直子系统原理图（电缆）

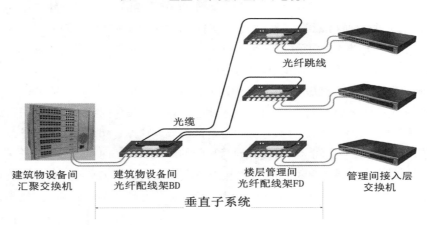

光纤跳线

光缆

建筑物设备间　　建筑物设备间　　楼层管理间　　管理间接入层
汇聚交换机　　光纤配线架BD　　光纤配线架FD　　交换机

垂直子系统

图1-12　垂直子系统原理图（光缆）

　　垂直子系统布线路由的走向必须选择缆线最短、最安全和最经济的路由，同时考虑未来扩展的需要。垂直子系统在系统设计和施工时，一般应该预留一定的缆线做冗余信道，这一点对于综合布线系统的可扩展性和可靠性来说是十分重要的。

1.2.4 管理间子系统

管理间子系统又称电信间或者配线间，是专门安装楼层机柜、配线架、交换机的楼层管理间。一般设置在每个楼层的中间位置，主要安装建筑物楼层配线设备，管理间子系统也是连接垂直子系统和水平干线子系统的设备。当楼层信息点很多时，可以设置多个管理间。

建筑物首次进行弱电设计时应该考虑独立的弱电井，将综合布线系统的楼层管理间设置在弱电井中，每个楼层之间用金属桥架连接，管理间应该有可靠的综合接地排，管理间门宽度大于0.6 m，外开，同时考虑照明和设备电源插座。图1-13所示为独立式管理间示意图，图1-14所示为管理间子系统应用案例。

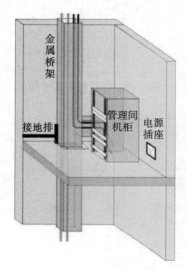

图1-13　独立式管理间示意图

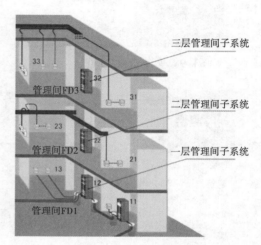

图1-14　管理间子系统应用案例

对于信息点较少或者基本型综合布线系统，也可以将楼层管理间设置在房间的一个角或者楼道内，如果管理间在楼道时必须使用壁挂式机柜。

图1-14所示为管理间子系统应用案例，为了节省空间，将管理间设置在房间的一个区域。

- 一层管理间位于12号房间，并且连接11号房间的建筑物设备间和一层水平子系统。
- 二层管理间位于22号房间，并且连接11号房间的建筑物设备间和二层水平子系统。
- 三层管理间位于32号房间，并且连接11号房间的建筑物设备间和三层水平子系统。

管理间子系统既连接水平子系统，又连接设备间子系统，从水平子系统过来的电缆全部端接在管理间配线架中，然后通过跳线与楼层接入层交换机连接。因此必须有完整的缆线编号系统，如建筑物名称、楼层位置、区号、起始点和功能等标志，管理间的配线设备应采用色标区别各类用途的配线区。

1.2.5 设备间子系统

设备间子系统就是建筑物的网络中心，有时也称为建筑物机房。一般智能建筑物都有一个独立的设备间，因为它是对建筑物的全部网络和布线进行管理和信息交换的地方。

图1-15所示为设备间子系统原理图，从图中看到，建筑物设备间配线设备BD通过电缆向下连接建筑物各个楼层的管理间配线架FD1、FD2、FD3，向上连接建筑群汇聚层交换机。

图1-16所示为设备间子系统应用案例图，设备间位于建筑物一层右侧的11号房间，与一层

管理间12号房间相邻，这样不仅布线距离短，而且维护和管理方便。设备间缆线通过11～12号房间的地埋管布线到一层管理间，再通过从12～32号房间的垂直桥架系统分别布线到二层管理间和三层管理间。

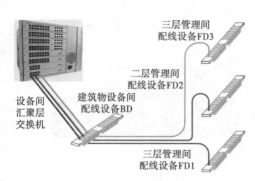

图1-15 设备间子系统原理图

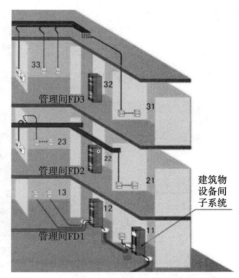

图1-16 设备间子系统应用案例

综合布线系统设备间的位置设计非常重要，因为各个楼层管理间信息只有通过设备间才能与外界连接和信息交换，也就是全楼信息的出口和入口部位。如果设备间出现故障，将会影响全楼信息交流。设备间设计时一般应该预留一定的缆线做冗余信道，这一点对于综合布线系统的可扩展性和可靠性来说是十分重要的。

1.2.6 进线间子系统

进线间是建筑物外部通信和信息管线的入口部位，并可作为入口设施和建筑群配线设备的安装场地。进线间是GB 50311—2007国家标准在系统设计内容中专门增加的，要求在建筑物前期系统设计中要增加进线间，满足多家运营商的需要，避免一家运营商自建进线间后独占该建筑物的宽带接入业务。进线间一般通过地埋管线进入建筑物内部，宜在土建阶段实施。

图1-17所示为进线间子系统原理图，从图中可以看到，入口光缆经过室外预埋管道，直接布线进入进线间，并且与尾纤熔接，端接到入口光纤配线架，然后用光缆跳线与汇聚交换机连接。出口光缆的连接路由为，把与汇聚交换机连接的光纤跳线端接到出口光纤配线架，然后用尾纤与出口光缆熔接，通过预埋的管道引出到其他建筑物。

建筑群主干电缆和光缆、公用网和专用网电缆、光缆及天线馈线等室外缆线进入建

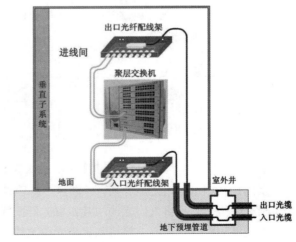

图1-17 进线间子系统原理图

筑物时，应在进线间成端转换成室内电缆、光缆，并在缆线的终端处可由多家电信业务经营者设置入口设施，入口设施中的配线设备应按引入的电缆、光缆容量配置。

电信业务经营者在进线间设置安装的入口配线设备应与BD或CD之间敷设相应的连接电缆、光缆，实现路由互通。缆线类型与容量应与配线设备一致。

在进线间缆线入口处的管孔数量应满足建筑物之间、外部接入业务及多家电信业务经营者缆线接入的需求，并应留有2~4孔的余量。图1-18所示为进线间子系统实际应用案例。

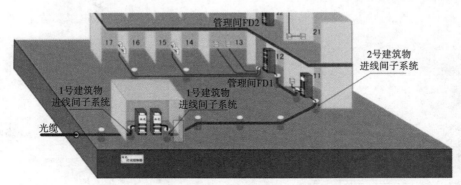

图1-18　进线间子系统应用案例

1.2.7　建筑群子系统

建筑群子系统又称楼宇子系统，主要实现建筑物与建筑物之间的通信连接，一般采用光缆并配置光纤配线架等相应设备，它支持楼宇之间通信所需的硬件，包括缆线、端接设备和电气保护装置。设计时应考虑布线系统周围的环境，确定建筑物之间的传输介质和路由，并使线路长度符合相关网络标准规定。图1-19所示为建筑群子系统原理图。

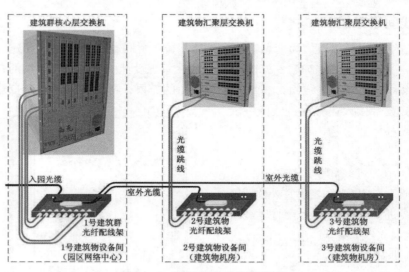

图1-19　建筑群子系统原理图

从图1-19中可以清楚地看到，该园区三栋建筑物之间的建筑群子系统的连接关系。1号建筑群为园区网络中心，将入园光缆与建筑群光纤配线架连接，然后通过多模光缆跳线连接到核心交换机光口，再通过核心交换机和多模光缆跳线分别连接到2号建筑物和3号建筑物设备间的光缆跳线架，最后通过多模光缆跳线分别连接到相应的汇聚层交换机。各个建筑物之间通过室外光缆连接。

在建筑群子系统中室外缆线敷设方式，一般有地下管道、直埋、架空三种情况。下面介绍它们的优缺点。

第一种为管道方式。在室外工程建设中，首先在地面开挖地沟，然后预布线埋管道，拐弯或者距离很长时在中间增加接线井，方便布线时拐弯或者拉线。两端通过接线井与建筑物进线间贯通。图1-20所示为建筑群子系统室外地埋管道应用案例图。

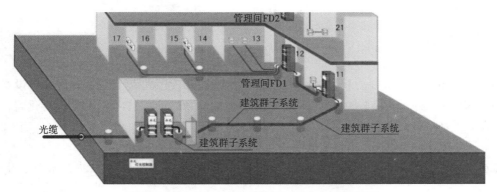

图1-20　建筑群子系统室外地埋管道应用案例图

管道方式的优点就是能够对缆线提供比较好的保护，敷设容易，后期更换和维修及扩充比较方便，可以抽出以前缆线，更换新的缆线，同时室外美观。目前城镇建筑群子系统基本上采取这种方式。缺点就是初期投资比较高。

第二种为直埋方式。直埋方式就是将光缆直接埋在地下，首先在地面开挖沟槽，铺设沙子，安放光缆，然后铺设沙子保护光缆，再铺设一层砖进行保护，最后填埋沟槽。这种方式的优点就是前期投资低且美观，以前应用比较普遍。但是也有明显的缺点，就是无法更换和扩充，维修时需要开挖地面，目前在城镇建筑群子系统中已经很少应用了，只在长距离的城际网或者要求降低成本的情况下应用。

第三种为架空方式。架空方式成本低、施工快，曾经非常普及，我们在园区、路边能够看到很多架空缆线。但是架空方式安全可靠性低，不美观，而且需要有安装条件和路径。目前各大城市和园区都在开展架空缆线入地工程，因此架空方式一般不采用。

2007年4月6日发布的中华人民共和国建设部公告第619号明确规定，GB 50311—2007《综合布线系统工程设计规范》国家标准第7.0.9条为强制性条文，必须严格执行，其内容为"当电缆从建筑物外面进入建筑物时，应选用适配的信号线路浪涌保护器，信号浪涌保护器应符合设计要求"。电缆配置浪涌保护器目的是防止雷电通过室外电缆线路进入建筑物内部，击穿或者损坏网络系统设备。图1-21所示为适合超五类系统使用的浪涌保护器的外观。

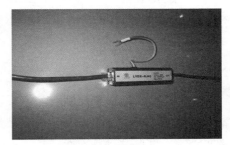

图1-21　浪涌保护器

1.3　引入工程项目

为了以真实工程项目为案例，本节介绍西安开元电子实业有限公司高新区生产基地项目，并且以该项目为案例介绍综合布线系统工程技术、项目设计与施工安装技术等。同时，介绍综合布线系统所涉及的建筑规划和设计方面的基本知识。

综合布线系统是智能建筑的基础设施，网络应用是智能建筑的灵魂。如果不了解建筑物的基本概况、企业业务、机构设置、生产流程和网络应用等知识，就无法进行规划和设计，也无法正确地施工和管理。下面将介绍这些基本知识。

1.3.1　工程项目概况

1．企业简介

西安开元电子实业有限公司（简称"西元"）为西安交通大学开元集团在1996年设立的专业网络技术公司，注册资金1 000万元，总部注册地址在西安交通大学科技园开元孵化器，在全国各地设立了25个分公司和办事处。该公司科研生产基地位于西安高新技术开发区，有3 000万元的全资子公司，占地面积22亩，建筑面积12 000 m^2。

该公司依托西安交通大学，专业从事高教和职教行业实训设备的创新研发、生产和销售。

该公司在全世界首创了网络综合布线实训室系列产品，拥有35项国家专利和3项软件著作权，为高新技术认证企业，ISO 9001质量管理体系认证企业，守合同重信用企业。

该公司主要产品有网络综合布线实训装置、网络配线实训装置、网络综合布线实训台，光纤熔接机、网络拓扑图实物展示系统、综合布线教学模型等系列产品，全国1500多所高校使用，这些产品连续两年为教育部指定的全国网络综合布线技能竞赛专用产品。

该公司还是中国《居住区数字系统评价标准》《信息技术　住宅通用布缆》《综合布线系统的管理与运行维护》《数据中心布线系统设计与施工》《屏蔽布线系统设计与施工》等国家标准和技术白皮书的主编单位。

该公司连续多年承担教育部高等学校高职高专《网络综合布线技术师资培训班》任务和教育部高等学校高职高专计算机类教指委立项课题。

2．工程名称

西安开元电子实业有限公司西安高新区生产基地项目。

3．投资规模

投资规模为8 500万元，其中厂房建设3 000万元，生产、研发和检验设备等3 200万元，流动资金2 300万元。

4．生产能力

正式投产后年产值3.2亿元人民币。

5．工程项目总平面图介绍

该工程位于西安高新区草堂科技产业园，西临经八路，南临纬四路，东临西安高新区企业加速器，北临比亚迪汽车二厂，如图1-22所示。从图中可以看到，该厂区位于十字路口，南边为主入口大门，大门东边设计门卫室1座，往北依次为研发楼1栋、厂房2栋。一期三栋建筑物均为东西方向布置，楼间距为10 m，厂区地面南高北低，其中1号楼一层地面海拔高度为

464.30 m，2号和3号楼一层地面海拔高度为463.40 m，三栋楼的一层地面高度相差0.9 m，在综合布线建筑物子系统设计时必须考虑地面高度差的问题。

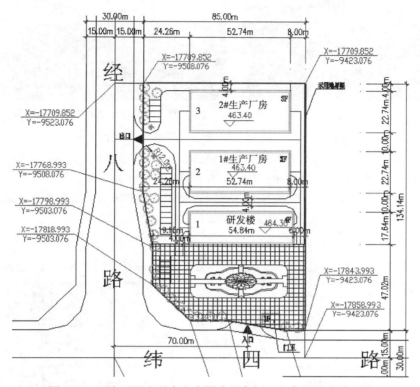

图1-22　西安开元电子实业有限公司高新区生产基地总平面图

建筑物编号从南向北，依次为1号建筑物为研发楼，2号建筑物为厂房，3号建筑物为厂房（北边厂房）。

6. 建筑物和面积介绍

该项目一期工程在2010年开工，建设一栋研发楼和两栋厂房，全部为框架结构，总建筑面积为12 000 m²，其中1号研发楼为地上四层，地下一层，建筑面积为5 340 m²；2号生产厂房为三层，建筑面积为3 300 m²；3号生产厂房为三层，建筑面积都为3 300 m²，门卫面积为60 m²。

该项目的绿地面积为3 112 m²，容积率为99%，绿化率为29%，建筑密度为32.18%，停车位30辆。图1-23所示为基地鸟瞰图。

7. 建筑物功能和综合布线系统需求

1号建筑物为研发楼，研发楼设计为五层，其中地上四层，地下一层，每层设计建筑面积为1068 m²，总建筑面积为5340 m²。研发楼的主要用途为技术研发和新产品试制。其中一层为市场部和销售部，二层为管理层办公室，三层为研发室，四层为新产品试制。图1-24所示为1号建筑物（研发楼）立面图。

图1-25所示为研发楼一层功能布局图，一层办公室涉及以下几个类型和信息化需求：

（1）经理办公室。图中标记市场部和销售部经理办公室等，有语音、数据、视频需求。

（2）集体办公室。图中标记市场部和销售部等，有语音、数据和视频需求。

（3）会议室。图中标记市场部和销售部会议室等，有语音、数据和视频需求。

图1-23　基地鸟瞰图　　　　　　　　图1-24　西安开元实业有限公司研发楼立面图

（4）展室。图中标记产品展室，公司历史展室，有数据和视频需求。

（5）接待室。图中标记行政部接待室，有语音、数据和视频需求。

（6）接待台。接待台位于大厅中间位置，有传真、语音和数据需求。

（7）大厅。位于研发楼一层中间位置，有门警控制、电子屏幕、视频播放等需求。

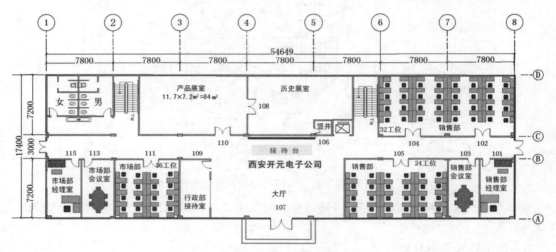

图1-25　研发楼一层功能布局图

图1-26所示为研发楼二层功能布局图，二层办公室涉及以下几个类型和信息化需求。

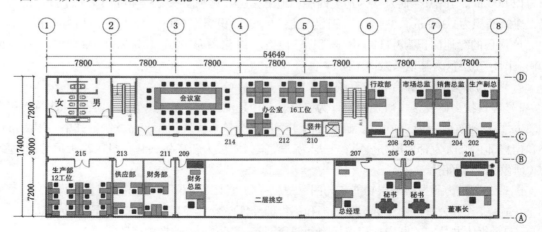

图1-26　研发楼二层功能布局图

（1）董事长办公室。有语音、数据、视频等需求。

（2）总经理办公室。有语音、数据、视频等需求。

（3）秘书室。有语音、数据、传真、复印等需求。

（4）高管办公室。图中标记生产副总、财务总监、销售总监、市场总监等办公室，有语音、数据和视频需求。

（5）集体办公室。图中标记生产部、供应部、财务部等办公室，有语音、数据需求。

（6）会议室。有语音、数据和视频需求。

图1-27所示为研发楼三层功能布局图，三层办公室涉及以下几个类型和信息化需求。

（1）总工程师办公室。有语音、数据、视频等需求。

（2）技术总监办公室。有语音、数据、视频等需求。

（3）秘书室。有语音、数据、传真、复印等需求。

（4）资料室。有语音、数据、视频、复印、监控等需求。

（5）七个研发室。有语音、数据需求。

（6）会议室。有语音、数据和视频需求。

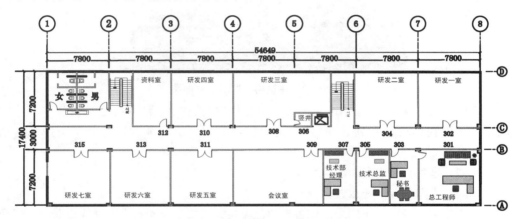

图1-27　研发楼三层功能布局图

图1-28所示为研发楼四层功能布局图，四层办公室涉及以下几个类型和信息化需求。

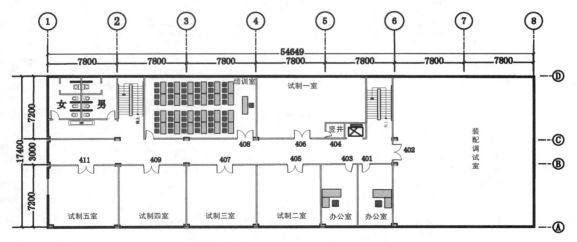

图1-28　研发楼四层功能布局图

（1）办公室。有语音、数据等需求。

（2）培训室。有语音、数据、视频、投影、音响等需求。

（3）装配调试室。大开间，有语音、数据、控制等需求。

（4）试制室五个。有语音、数据、视频、复印、监控等需求。

2号建筑物为生产厂房，图1-29所示为2号楼的立面图，共计三层，其中一层高度7 m，二、三层高度3.6 m，每层建筑面积约为1 100 m²，总建筑面积为3 300 m²。

厂房一层主要用途为库房、备货和发货，主要业务有货物入库、登记、保管、报表等入库业务，成品备货、封包、出库、发货、报表等出库业务，还有物流报表和管理等物流业务。在一层设置了经理办公室、库管员办公室等。

厂房二、三层主要用途为教学仪器类产品的电路板焊接、装配、检验、包装等生产业务，每层设置了管理室、技术室、质检室等办公室。

图1-29 2号建筑物（厂房）立面图

图1-30所示为2号建筑物二层功能布局图，其他楼层功能将在后续各单元中介绍。

从图1-30中我们可以看到，2号建筑物为生产车间，二层涉及以下几个类型和信息化需求。

（1）车间管理室。有语音和数据需求。

（2）车间技术室。有语音和数据需求。

（3）生产生产设备区。车间生产设备有数控设备，需要与车间技术室计算机联网发送数据的需求。

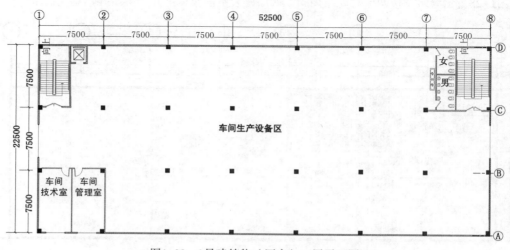

图1-30 2号建筑物（厂房）二层平面图

3号建筑物为生产厂房，共计三层，其中一层高度7 m，二、三层高度3.6 m，每层建筑面积约为1 100 m²，总建筑面积为3 300 m²。

厂房一层主要用途为金属零部件和机箱等机件和钣金生产，安装了大型数控设备，需要与网络连接传输数据。主要有计划、领料、生产、检验、入库等生产管理业务，技术管理业务，质量管理业务等。在一层设置有车间主任办公室、车间技术室、车间质检室等，这些办公室都有语音和数据业务需求。

厂房二层主要用途为产品装配、检验、包装工序，设置有管理室、技术室、质检室等办公室，这些办公室都有语音和数据业务需求。

厂房三层主要用途为员工宿舍和食堂，设置了宿舍管理员室、员工宿舍、食堂管理员室和食堂等，这些房间都有语音、数据和视频业务需求。

1.3.2 具体业务和机构设置

西安开元电子公司生产基地的主要业务为教育行业教学实验实训类产品研发和试制、生产和质检、推广和销售、安装和服务、人员培训和管理等。

图1-31所示为机构设置图。主要机构和职责如下。

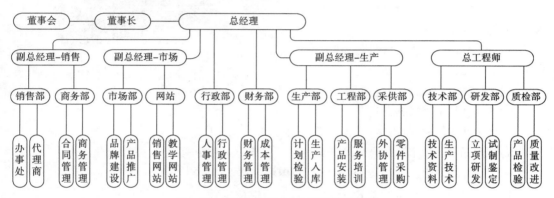

图1-31 西安开元电子公司机构设置图

（1）销售部。负责公司产品销售，下属25个分公司、办事处和当地代理商。

（2）商务部。负责项目投标资料、商务合同和法律事务。

（3）市场部。负责会议、技能大赛、师资培训班、认证培训、校企合作等市场推广业务。

（4）网站。负责www.s369.com和www.s369.net.cn两个网站及公司OA系统建设和维护。

（5）行政部。负责人力资源和行政事务管理业务。

（6）财务部。负责财务管理和成本管理业务。

（7）生产部。负责计划、检验、生产、入库等生产业务。

（8）工程部。负责项目备货、发货、安装、服务业务。

（9）采供部。负责外协管理、采购业务和库房管理。

（10）技术部。负责产品生产技术和说明书等技术业务。

（11）研发部。负责新产品立项、研发和试制鉴定业务。

（12）质检部。负责原材料、半成品和成品的产品检验以及质量改进业务。

1.3.3　产品生产流程

　　工业产品的研发和生产流程基本相同，一般都是从市场调研开始，经历研制、鉴定、批量生产、质量检验、销售和安装服务等流程。下面我们以2010年全国职业院校技能大赛网络综合布线技术竞赛项目，教育部文件指定的西元网络综合布线故障检测实训装置产品为例，首先介绍产品基本技术指标，然后说明生产流程。

　　1. 产品名称

　　西元网络综合布线故障检测实训装置。

　　2. 产品型号

　　KYPXZ-07-01，产品照片如图1-32所示。

　　3. 产品基本配置

　　（1）开放式操作台1台：长1800 mm，宽580 mm，高1800 mm。

　　（2）综合布线故障模拟箱1台：长480 mm，宽200 mm，高450 mm。

　　（3）网络压接线实验仪1台：长480 mm，宽80 mm，高310 mm。

　　（4）网络跳线测试仪1台：长480 mm，宽40 mm，高310 mm。

图1-32　西元网络综合布线故障检测实训装置

　　（5）网络配线架2台：24口网络配线架。

　　（6）理线架2个：1U理线架。

　　（7）110型通信配线架2个：110型100回配线架，尺寸1U。

　　（8）光纤配线架2个：组合式光纤配线架，8个ST口，8个SC口。

　　（9）地弹插座1个：120型220V/10A 五口电源插座。

　　（10）地弹插座1个：120型 RJ-45网络+RJ-11电话接口。

　　4. 产品功能

　　（1）各种综合布线系统永久链路实训。

　　（2）网络模块配线端接原理实训。

　　（3）网络跳线制作和测试实训。可同时测量4根网络跳线。

　　（4）配线子系统管理间机柜安装和配线端接技术实训。

　　（5）光纤熔接和光纤配线连接实训。

　　（6）综合布线故障检测、故障维修实训。

　　（7）水平子系统管/槽布线技术实训。

　　（8）工作区子系统网络插座安装实训。

　　（9）真实展示完整的综合布线系统功能。

　　（10）实训考核功能。指示灯直接显示考核结果，易评判打分。

　　5. 生产流程

　　图1-33所示为该产品的生产流程，即：

　　市场调研→论证立项→研发试制→鉴定验收→批量生产→质量检验→推广销售→库存发货→

安装服务等。在每个流程又分为多个生产工序，例如在"批量生产"流程包括电路板生产、机箱生产、包装箱生产等。

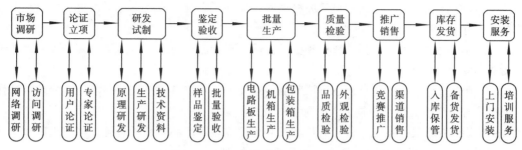

图1-33　西元网络综合布线故障检测实训装置生产流程图

1.3.4　西安开元电子公司网络应用需求

根据上面的业务和机构设置，我们首先分析和整理出该企业网络系统应用需求模型图。从图1-34可以看到，这是一个具有典型意义的网络系统应用案例，涵盖了研究开发系统、生产制造系统、销售管理系统、物流运输系统、服务系统等全产业链的企业网络系统的各个应用系统及其子系统，具有行政网络应用的代表性和普遍性。包括以下应用系统。

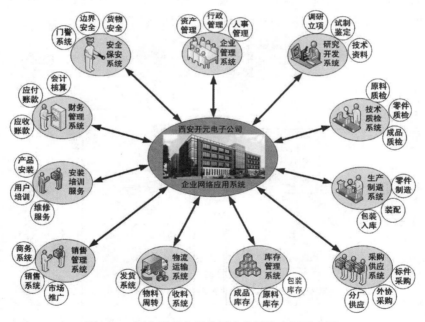

图1-34　西安开元电子公司企业网络应用需求图

（1）企业管理系统。包括行政管理子系统，人事管理子系统，资产管理子系统等。

（2）研究开发系统。包括新产品调研立项子系统，试制鉴定子系统，产品说明书和设计文件等技术资料子系统等。

（3）技术质检子系统。包括原材料入厂质量检验子系统，零部件制造质量检验子系统，成品质量检验子系统等。

（4）生产制造系统。包括零部件制造子系统，产品装配子系统，包装入库子系统等。

（5）采购供应系统。包括螺钉和电气零件等标准件采购子系统，按图加工等外协件采购子系统，分厂定点供应子系统等。

（6）库存管理系统。包括钢材等原材料库存管理子系统，成品库存子系统，纸箱和木箱等包装材料库存子系统等。

（7）物流运输系统。包括原材料和标准件等原料物流子系统，厂内物流和半成品周转子系统，发货和物流查询等发货子系统。

（8）销售管理系统。包括市场推广和品牌建设等市场推广子系统，办事处、分公司和代理商等销售管理子系统，签订合同和执行检查等商务子系统。

（9）安装培训服务系统。包括人员派遣和上门安装等产品安装子系统，用户培训和指导等用户培训子系统，售后维修和服务等维修服务子系统等。

（10）财务管理系统。包括应收账款管理子系统，应付账款管理子系统，成本分析等会计核算子系统等。

（11）安全保安系统。包括大门监控、库房监控、财务等监控和门警子系统，基地和建筑物边界等边界安全子系统，原材料和成品、消防等固定资产和产品安全子系统。

1.3.5 西安开元电子公司网络应用拓扑图

我们根据前面的生产基地总平面图、建筑物功能布局图、企业机构设置图、生产流程图、网络应用需求图等资料，设计了图1-35所示的网络应用拓扑图。

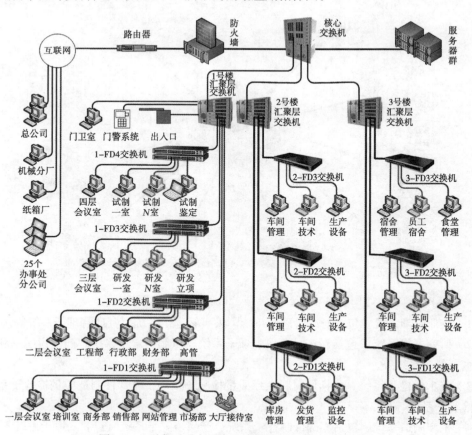

图1-35 西安开元电子实业有限公司网络应用拓扑图

从图1-35中可以看到，该企业网络为星形结构，分布在3栋建筑物中，由1台核心交换机、3台汇聚交换机、14台接入层交换机和服务器、防火墙、路由器等设备组成，共设计了920个信息点，还有门警、电子屏、监控系统等，并且通过互联网与总公司、各个分厂和驻外办事处等联系。

为了方便教学和实训，把复杂和抽象的网络拓扑图变得简单和清晰，我们按照图1-36所示的西元网络拓扑图实物展示系统来进行说明，从图中可以看到右边机架为网络核心层，安装园区建筑群核心交换机和光纤配线系统，中间机架为网络汇聚层，安装建筑物汇聚交换机和光纤配线系统，左边机架为网络接入层，安装接入层交换机和铜缆配线系统。

图1-36　西元网络拓扑图实物展示系统

1.3.6　网络综合布线系统图

根据以上应用需求和网络拓扑图，我们设计了图1-37所示的网络综合布线系统图。

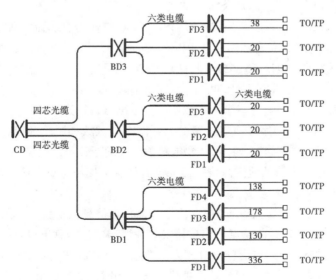

图1-37　网络综合布线系统图

1.4 典型行业应用案例

——上海世博会中国馆综合布线系统

2010年世界博览会参观人数超过7 000万人，创造了很多世界第一。参观者都被各国展馆的设计和高科技含量所深深吸引，其中最让人期待的就是中国馆，作为整个世博园最受关注的场馆，其内部"中枢神经"综合布线系统是中国馆的重要组成部分，现在为大家揭开谜团！

中国国家馆总建筑面积约20 000 m²。工程的总体目标是：建立一套先进、完善的大楼配线系统，为各种应用，包括语音、数据、多媒体等提供接入方式和配线，使系统达到配置灵活、易于管理、易于维护、易于扩充的目的。图1-38所示为中国馆设计效果图。

图1-38　中国馆3D效果图

1.4.1　综合布线系统的总体设计

中国馆综合布线系统主要分两大部分，智能办公网及公众网两套网络，从物理上隔离。其中智能办公网提供其他弱电系统（如BA等）的通路及行政办公人员运用信息化资源。公众网主要提供参展商使用信息化资源。中国馆的网络应用系统分为核心层、汇聚层和接入层。建筑群数据配线架CD和建筑物数据配线架BD置于首层网络中心，建筑物语音配线架BD置于配线机房，楼层配线架FD置于弱电间，服务范围为至每个布线点的距离不超过90 m。中国馆共设计了3 362个非屏蔽六类双绞线铜缆信息点和57个光缆信息点。

1.4.2　工作区子系统

在中国馆综合布线系统的工作区子系统，主要考虑了三部分的内容：
- 语音：普通语音点。
- 数据：智能办公网信息点，公众网信息点等。
- 无线AP：在展厅、会议室以及公共场所部署无线AP点作为有线局域网的补充。

中国馆全部信息点采用的信息插座为电话和计算机通用设计，由用户自己决定接电话还是计算机。根据客户需求，为客户共设计了3 362个非屏蔽六类双绞线铜缆点，光纤点57个。信息点模块安装采用墙装模式和沿柱安装的方式，即在墙上和柱上信息点位预埋管路及86型底盒，并用86型面板封装。

信息点配置是每个工作区设置一个语音点，一个数据点，适当预留备份信息点。

同时考虑到中国馆作为写字楼有着大量的大开间办公区域和展厅区域，因此在每个工作区域设置区域弱电箱，待二次装修完成，再从弱电箱敷设线缆至工作区信息出口。

国家馆展厅地坑和地方馆的地沟内按每12 m设置信息汇接箱，每个信息汇接箱设置2对信息点、部分加设一个光纤点。

中国馆B区为地区展示馆，共设置216个信息箱，每个信息箱设置4个语音点、4个数据点，其中31个信息箱还包括1个光纤信息点。信息箱安装在地沟中，信息出口直接采用86面板安装在信息箱中，为用户提供标准RJ-45信息出口，为六类系统。开放式的六类RJ-45信息出口，可兼容并支持各种电话、传真、计算机网络及计算机系统。同时提供1000Mbit/s以上的传输速率，并满足多种高速数据应用的要求。

1.4.3 水平子系统

水平子系统缆线延伸到用户工作区。语音点和数据点均采用六类的八芯非屏蔽双绞线电缆（CAT64PRUTP），带宽超过250 MHz。水平光缆采用50/125四芯室内光缆，水平语音和数据系统采用六类带十字骨架的UTP电缆和六类双孔或四孔信息插座，实现高速数据及语音信号的传输，满足250 MHz的传输特性，并根据需要跳接为语音或数据点。所有缆线采用不同颜色以区分数据点或语音点，水平光纤点采用四芯多模光纤。

1.4.4 垂直子系统

垂直子系统提供了中国馆大楼主配线架（MDF）与楼层配线架（IDF）的连接路由。在本项目中话音点采用三类50对大对数铜缆。数据主干公共网每个楼层配线间采用1根24芯10G多模光纤敷设，智能办公网在每个楼层配线间采用1根24芯10G多模光纤及2根12芯单模光纤敷设。其中传输话音的50对铜缆属于三类传输介质，其数据传输速率在100 m范围内可保持10 Mbit/s以上，它还可以传输各种70 V直流电压和16 MHz频率以内的弱电信号。

本设计中分配线间水平语音配线架采用110端接方式，水平数据配线架选用快接方式。语音分配线架分水平和垂直两部分，水平配线架卡接水平线缆，垂直配线架卡接垂直大对数线缆。两部分采用跳线连接，以方便数据点及语音点的功能转换。每个分配线间的光纤到光纤配线架后通过光纤跳线连接到网络设备上，再通过数据跳线和数据的水平配线架连接，数据的水平配线架连接计算机点的水平线缆。配线架的数量也应适当考虑冗余，以便将来系统的扩容。

本设计中在分配线间语音点、数据点均选用19英寸机柜安装配线设备。

各子系统设计完成，最后到安装、测试，完成整个中国馆的综合布线系统工程。布线工程结束后，采用目前世界上最先进的网络测试仪，按照用户的要求，参照六类布线系统的相关规定进行100%测试，测试结果完全达到甚至超过国际标准的要求。

1.5 练 习 题

1. 填空题

（1）综合布线系统就是用数据和通信电缆、光缆、各种软电缆及有关连接硬件构成的通用布线系统，它能支持_____和其他控制信息技术的标准应用系统。

（2）综合布线系统是集成网络系统的基础，它能满足_____、_____及_____等的传输要求，是智能大厦的实现基础。

（3）在GB 50311—2007《综合布线系统工程设计规范》国家标准中规定，在智能建筑工程设计中宜将综合布线系统分为_____、_____、_____三种常用形式。

（4）综合布线系统包括七个子系统，分别是_____、_____、_____、_____、_____、建筑群子系统、进线间子系统。

（5）在工作区子系统中，从RJ-45插座到计算机等终端设备间的跳线一般采用双绞线电缆，长度不宜超过_____m。

（6）安装在墙上或柱上的信息插座应距离地面_____cm以上。

（7）水平子系统主要由信息插座，_____等组成。

（8）水平子系统通常由_____对非屏蔽双绞线组成，如果有磁场干扰时可用_____。

（9）垂直子系统负责连接_____到_____，实现主配线架与中间配线架的连接。

（10）管理间子系统是连接_____和_____的设备，其配线对数由管理的信息点数来决定。

2. 选择题（部分为多选题）

（1）GB 50311—2007《综合布线系统工程设计规范》中，将综合布线系统分为（　　）子系统。

A. 5   B. 6   C. 7   D. 8

（2）工作区子系统又称为服务区子系统，它是由跳线与信息插座所连接的设备组成。其中信息插座包括以下哪些类型？（　　）

A. 墙面型   B. 地面型   C. 桌面型   D. 吸顶型

（3）常用的网络终端设备包括（　　）。

A. 计算机   B. 电话机和传真机

C. 汽车   D. 报警探头和摄像机

（4）设备间入口门采用外开双扇门，门宽一般不应小于（　　）。

A. 2 m   B. 1.5 m   C. 1 m   D. 0.9 m

（5）在网络综合布线工程中，大量使用网络配线架，常用标准配线架有（　　）。

A. 18口配线架   B. 24口配线架

C. 40口配线架   D. 48口配线架

（6）为了减少电磁干扰，信息插座与电源插座的距离应大于（　　）。

A. 100 mm   B. 150 mm   C. 200 mm   D. 500 mm

（7）按照GB 50311—2007国家标准规定，铜缆双绞线电缆的信道长度不超过（　　）。

A. 50 m   B. 90 m   C. 100 m   D. 150 m

（8）按照GB 50311—2007国家标准规定，水平双绞线电缆最长不宜超过（　　）。

A. 50 m   B. 90 m   C. 100 m   D. 150 m

（9）总工程师办公室有下列哪些信息化需求？（　　）

A. 语音   B. 数据   C. 视频   D. 用餐

（10）在水平子系统的设计中，一般要遵循以下哪些原则？（　　）

A. 性价比最高原则   B. 预埋管原则

C. 水平缆线最短原则   D. 使用光缆原则

3. 思考题

（1）在工作区子系统的设计中，一般要遵循哪些原则？

（2）水平子系统中双绞线电缆的长度为什么要限制在90 m以内？

（3）管理间子系统的布线设计原则有哪些？

（4）GB 50311—2007《综合布线系统工程设计规范》国家标准第7.0.9条为强制性条文，必须严格执行。请问该条是如何规定的？为什么这样规定？

（5）请绘制出设备间子系统的原理图。

单元 **2**

综合布线工程常用标准

图纸是工程师的语言，标准是工程图纸的语法，本单元的任务就是学习和掌握有关综合布线技术国家标准、技术白皮书以及相关设计图册的知识。

学习目标

- 重点掌握GB 50311—2007《综合布线系统工程设计规范》和GB 50312—2007《综合布线系统工程验收规范》两个国家标准的主要内容。
- 熟悉2008—2010年发布的《综合布线系统管理与运行维护技术白皮书》《屏蔽布线系统的设计与施工检测技术白皮书》《万兆布线系统工程测试技术白皮书》《数据中心布线系统工程应用技术白皮书》等。
- 了解2011年发布的《居住区数字系统评价标准》和《信息技术 住宅通用布缆》两个国家标准的主要内容。

2.1 标准的重要性和类别

2.1.1 标准的重要性

综合布线工程的设计是智能建筑的重要组成部分，直接影响建筑物的使用功能，也直接影响工程总造价和工程质量。因此，在实际工程项目设计中，设计人员必须依据相关国家标准和地方标准等进行设计，而不是照搬教科书或者理论知识设计。丰富的设计经验不仅能够保障智能建筑的使用功能，也能提高建筑物的智能化应用水平和管理水平，还能够提高设计速度和效率。

图纸等设计文件中使用的图形符号一般按照相关设计图册进行，使用统一的图形符号，设计图纸是给建筑单位、业主和技术人员阅读的技术文件，必须让大家能够看懂，这点非常重要。俗话说"图纸是工程师的语言"，就是这个道理。作者认为"工程标准就是工程图纸的语法""设计图册就是典型语句"。因此，一个合格的设计师应该非常熟悉这些标准和图册，也必须能够熟练应用这些标准和图册。

2.1.2 标准的分类

中国综合布线工程常用的技术标准一般有国家标准、技术白皮书、设计图册等技术文件。近年来，我国非常重视国家标准的编写和发布，在网络技术领域和综合布线系统行业已经建立了比较完善的国家标准和技术白皮书体系，有与国际标准对应的国家标准。

在实际综合布线系统工程中，各国都是参照国际标准，制定出适合自己国家的国家标准。因此，我们不再对国际标准进行阐述，而是重点介绍我国综合布线行业的国家标准。

2.2 中国综合布线系统现行标准体系和组织机构

作者的工作单位西安开元电子实业有限公司是中国工程建设标准化协会信息通信专业委员会综合布线工作组会员单位，在2009—2010年作者参与主编了中国《综合布线系统管理与运行维护技术白皮书》《数据中心布线系统设计与施工技术白皮书》《屏蔽布线系统设计与施工检测技术白皮书》等。2010年9—12月，作者参与主编了《信息技术 住宅通用布缆》和《居住区数字系统评价标准》两个国家标准。

2.2.1 综合布线技术在中国的发展历程

自计算机诞生以来，计算模式每隔15年发生一次变革，人们把它称为"15年周期定律"，这一规律就像摩尔定律一样准确。1965年开始以系统性为特征的大型计算机开始普及，主要是专业化应用，人类进入了大型计算机时代，1980年以独立性为特征的个人计算机开始普及，主要是个人应用，我们进入了个人计算机时代，1995年以共同性为特征的互联网开始进入我们的生活，主要是信息的获取和交流，我们进入了互联网的时代。又过了15年，到了2010年，计算模式将以拟人化为特征，实现物与物的互联，我们即将进入"物联网"时代。

2.2.2 中国综合布线系统现行标准体系和组织机构

我国综合布线系统工程的设计和验收系列标准，建筑及居住区数字化技术应用系列标准，信息技术住宅通用布缆规范系列标准等的编制，规范和指导智能化建筑及数字化社区的建设，提高了工程设计和施工的质量，维护了消费者利益。

中国综合布线行业标准由住房与城乡建设部归口和立项，中国工程建设标准化协会组织编写，城乡与住房建设部和国家质量监督检验检疫总局联合发布。2007年4月6日发布为正式的国家标准GB 50311—2007《综合布线系统工程设计规范》和GB 50312—2007《综合布线系统工程验收规范》。

2008年以来，中国工程建设标准化协会信息通信专业委员会综合布线工作组又连续发布了下列技术白皮书，以满足综合布线技术的快速发展和市场需求。

• 中国《综合布线系统管理与运行维护技术白皮书》，2009年6月发布。
• 中国《数据中心布线系统工程应用技术白皮书（第二版）》，2010年10月发布。
• 中国《屏蔽布线系统设计与施工检测技术白皮书》，2009年6月发布。
• 中国《光纤配线系统设计与施工技术白皮书》等，2008年10月发布。

2010年又启动了修订和上报为国家标准的工作，将对上述技术白皮书进行修订，准备上升为国家标准，以满足技术发展和行业规范的需要。

与综合布线技术密切相关的智能化系统国家标准由全国信息技术标准化技术委员会和建设部标准定额研究所归口和立项，相关协会组织编写，城乡与住房建设部和国家质量监督检验检疫总局联合发布。

建筑及居住区数字化技术应用系列标准是面向建筑及居住社区的数字化技术应用服务，规范建立包括通信系统、信息系统、监控系统的数字化技术应用平台，分别从硬件、软件和系统的角度，制定了相应的可操作的技术检测要求。并且在基础名词术语定义、系统总体结构与互连、设备配置、系统技术参数和指标要求以及信息系统安全等方面，相互保持兼容和协调一致。2006年已经发布了下列标准：

GB/T 20299.1—2006《建筑及居住区数字化技术应用 第1部分：系统通用要求》。

GB/T 20299.2—2006《建筑及居住区数字化技术应用 第2部分：检测验收》。

GB/T 20299.3—2006《建筑及居住区数字化技术应用 第3部分：物业管理》。

GB/T 20299.4—2006《建筑及居住区数字化技术应用 第4部分：控制网络通信协议应用要求》。

2011年8月发布了《居住区数字系统评价标准》，该标准是上面四个国家标准的测评标准，也就是标准的标准，具有非常重要的意义。

2012年12月发布了《信息技术 住宅通用布缆》。

2013年正在起草《信息技术 数据中心通用布缆系统》《信息技术 用户建筑群布缆的实现和操作 第2 部分:铜缆的设计和安装》《信息技术 用户建筑群布缆的实现和操作 第3 部分:布光缆的测试》三个国家标准。

2.3　GB 50311—2007《综合布线系统工程设计规范》国家标准简介

中国现在执行的综合布线系统工程设计国家标准为GB 50311—2007《综合布线系统工程设计规范》，该标准在2007年4月6日以建设部第619号公告，由建设部和国家质量监督检验检疫总局联合发布，2007年10月1日开始实施。这个标准的最早版本是中国工程建设标准化协会在1995年组织编写的CECS72：95《建筑与建筑群综合布线系统设计规范》行业标准，1997年修订后又发布了CECS72：97《建筑与建筑群综合布线系统设计规范》，2000年修订后颁布为国家推荐标准GB/T 50311—2000《综合布线系统工程设计规范》，2007年4月6日发布为正式国家标准GB 50311—2007《综合布线系统工程设计规范》。

该标准共分为8章，第1章总则，第2章术语和符号，第3章系统设计，第4章系统配置设计，第5章系统指标，第6章安装工艺要求，第7章电气防护及接地，第8章防火。

公告形式和内容如下：

中华人民共和国建设部公告
第619号

建设部关于发布国家标准《综合布线系统工程设计规范》的公告

现批准《综合布线系统工程设计规范》为国家标准，编号为GB 50311－2007，自2007年10月1日起实施。其中，第7.0.9条为强制性条文，必须严格执行。原《建筑与建筑群综合布线系统工程设计规范》GB/T 50311－2000同时废止。

本规范由建设部标准定额研究所组织中国计划出版社出版发行。

中华人民共和国建设部

二〇〇七年四月六日

我们将以西元教学模型为例，按照这个标准的具体规定，介绍综合布线工程的系统设计、系统配置、系统指标和安装工艺要求等主要内容。

2.3.1 综合布线系统设计

1. 综合布线系统构成

图2-1所示为西元网络综合布线工程教学模型，图中清楚地展示了七个子系统。

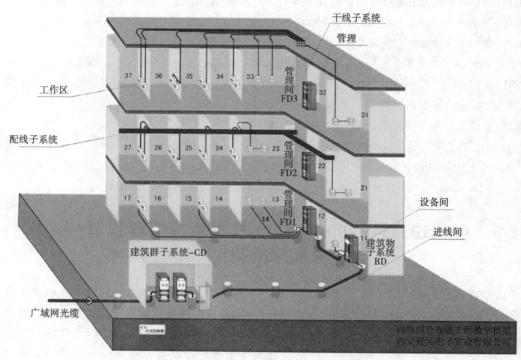

图2-1 西元网络综合布线工程教学模型

综合布线系统应为开放式网络拓扑结构，应能支持语音、数据、图像、多媒体业务等信息的传递，综合布线系统工程宜按下列七个部分进行设计。

（1）工作区：一个独立的需要设置终端设备（TE）的区域宜划分为一个工作区。工作区应由配线子系统的信息插座模块（TO）延伸到终端设备处的连接缆线及适配器组成。

（2）配线子系统：配线子系统应由工作区的信息插座模块、信息插座模块至电信间配线设备（FD）的配线电缆和光缆、电信间的配线设备及设备缆线和跳线等组成。

（3）干线子系统：干线子系统应由设备间至电信间的干线电缆和光缆，安装在设备间的建筑物配线设备（BD）及设备缆线和跳线组成。

（4）建筑群子系统：建筑群子系统应由连接多个建筑物之间的主干电缆和光缆、建筑群配线设备（CD）及设备缆线和跳线组成。

（5）设备间：设备间是在每幢建筑物的适当地点进行网络管理和信息交换的场地。对于综合布线系统工程设计，设备间主要安装建筑物配线设备。电话交换机、计算机主机设备及入口设施也可与配线设备安装在一起。

（6）进线间：进线间是建筑物外部通信和信息管线的入口部位，并可作为入口设施和建筑群配线设备的安装场地。

（7）管理间管理应对工作区、电信间、设备间、进线间的配线设备、缆线、信息插座模块等设施按一定的模式进行标识和记录。

综合布线系统的构成应符合以下要求：

（1）综合布线系统基本构成应符合图2-2的要求。

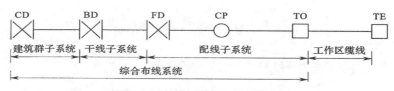

图2-2　综合布线系统基本构成

注：配线子系统中可以设置集合点（CP点），也可不设置集合点。

（2）综合布线子系统构成应符合图2-3的要求。

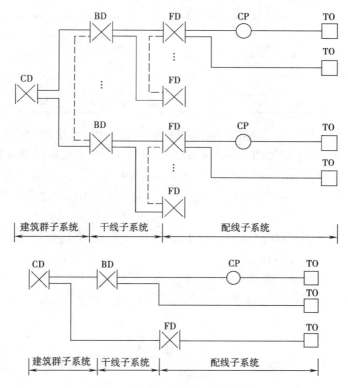

图2-3　综合布线子系统构成

注1：图2-3中的虚线表示BD与BD之间，FD与FD之间可以设置主干缆线。

注2：建筑物FD可以经过主干缆线直接连至CD，TO也可以经过水平缆线直接连至BD。

（3）综合布线系统入口设施及引入缆线构成应符合图2-4的要求。

注：对设置了设备间的建筑物，设备间所在楼层的FD可以和设备中的BD/CD及入口设施安装在同一场地。

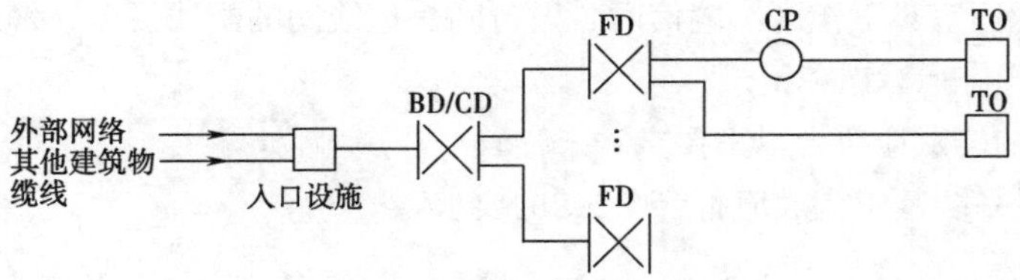

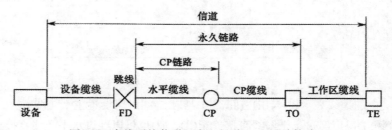

图2-4　综合布线系统引入部分构成

2．系统分级与组成

（1）综合布线铜缆系统的分级与类别划分应符合表2-1的要求。

表2-1　铜缆布线系统的分级与类别

系 统 分 级	支持带宽/MHz	支持应用器件	
		电　缆	连 接 硬 件
A	0.1		
B	1		
C	16	3类	3类
D	100	5/5 e类	5/5 e类
E	250	6类	6类
F	600	7类	7类

注：3类、5/5 e类（超5类）、6类、7类布线系统应能支持向下兼容的应用。

2010年中国综合布线工作组CTEAM发布的《中国综合布线市场发展报告》中显示，在数据中心市场调查的用户中有26.5％的用户使用超5类双绞线电缆，70.2%的用户使用6类和6A类双绞线电缆，还有3.3%的用户使用7类双绞线电缆。可见6类线的使用已经普及，7类线也正为用户所接受。

（2）光纤信道分为OF-300、OF-500和OF-2000三个等级，各等级光纤信道应支持的应用长度不应小于300 m、500 m及2000 m。

（3）综合布线系统信道应由最长90 m水平缆线、最长10m的跳线和设备缆线及最多4个连接器件组成，永久链路则由90 m水平缆线及3个连接器件组成。连接方式如图2-5所示。

图2-5　布线系统信道、永久链路、CP链路构成

（4）光纤信道构成方式应符合以下要求：

水平光缆和主干光缆至楼层电信间的光纤配线设备应经光纤跳线连接构成，如图2-6所示。

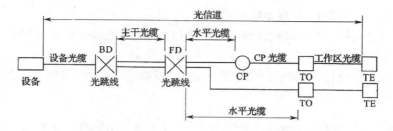

图2-6 光纤信道构成（一）（光缆经电信间FD光跳线连接）

水平光缆和主干光缆在楼层电信间应经端接（熔接或机械连接）构成，如图2-7所示。

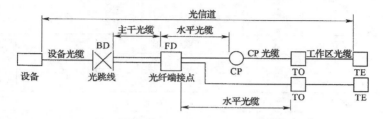

图2-7 光纤信道构成（二）（光缆在电信间FD做端接）

注：FD只设光纤之间的连接点。

水平光缆经过电信间直接连至大楼设备间光配线设备构成，如图2-8所示。

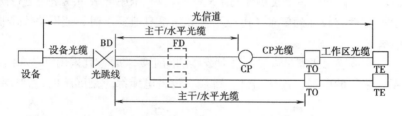

图2-8 光纤信道构成（三）（光缆经过电信间FD直接连接至设备间BD）

注：FD安装于电信间，只作为光缆路径的场合。

（5）当工作区用户终端设备或某区域网络设备需直接与公用数据网进行互通时，宜将光缆从工作区直接布放至电信入口设施的光配线设备。

3. 缆线长度划分

（1）综合布线系统水平缆线与建筑物主干缆线及建筑群主干缆线之和所构成信道的总长度不应大于2000 m。

（2）建筑物或建筑群配线设备之间（FD与BD、FD与CD、BD与BD、BD与CD之间）组成的信道出现4个连接器件时，主干缆线的长度不应小于15 m。

（3）配线子系统各缆线长度应符合图2-9的划分并应符合下列要求。

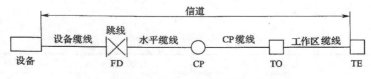

图2-9 配线子系统缆线划分

① 配线子系统信道的最大长度不应大于100 m。

② 工作区设备缆线、电信间配线设备的跳线和设备缆线之和不应大于10 m，当大于10 m时，水平缆线长度（90 m）应适当减少。

③ 楼层配线设备（FD）跳线、设备缆线及工作区设备缆线各自的长度不应大于5 m。

2.3.2 系统应用

同一布线信道及链路的缆线和连接器件应保持系统等级与阻抗的一致性。

综合布线系统工程的产品类别及链路、信道等级确定应综合考虑建筑物的功能、应用网络、业务终端类型、业务的需求及发展、性能价格、现场安装条件等因素，应符合表2-2的要求。

表2-2　布线系统等级与类别的选用

业务种类	配线子系统		干线子系统		建筑群子系统	
	等级	类别	等级	类别	等级	类别
语音	D/E	5e/6	C	3（大对数）	C	3（室外大对数）
数据	D/E/F	5e/6/7	D/E/F	5e/6/7（4对）		
	光纤（多模或单模）	62.5μm多模/50μm多模/<10μm单模	光纤	62.5μm多模/50μm多模/<10μm单模	光纤	62.5μm多模/50μm多模/<1μm单模

2.3.3 屏蔽布线系统

综合布线区域内存在的电磁干扰场强高于3 V/m时，宜采用屏蔽布线系统进行防护。

用户对电磁兼容性有较高的要求（电磁干扰和防信息泄露）时，或网络安全保密的需要，宜采用屏蔽布线系统。

采用非屏蔽布线系统无法满足现场条件对缆线的间距要求时，宜采用屏蔽布线系统。

屏蔽布线系统采用的电缆、连接器件、跳线、设备电缆都应是屏蔽的，并应保持屏蔽层的连续性。

2.3.4 开放型办公室布线系统

办公楼、综合楼等商用建筑物或公共区域大开间的场地，由于其使用对象数量的不确定性和流动性等因素，宜按开放办公室综合布线系统要求进行设计，并应符合下列规定：

（1）采用多用户信息插座时，每一个多用户插座包括适当的备用量在内，宜能支持12个工作区所需的8位模块通用插座；各段缆线长度可按表2-3选用，也可按下式计算：

$$C=(102-H)/1.2$$
$$W=C-5$$

式中：C——工作区电缆、电信间跳线和设备电缆的长度之和，即$C=W+D$，D表示电信间跳线和设备的总长度；

　　　　W——工作区电缆的最大长度，且$W \leqslant 22m$；

　　　　H——水平电缆的长度。

表2-3　各段缆线长度限值

电缆总长度/m	水平布线电缆H/m	工作区电缆W/m	电信间跳线和设备电缆D/m
100	90	5	5
99	85	9	5

电缆总长度/m	水平布线电缆H/m	工作区电缆W/m	电信间跳线和设备电缆D/m
98	80	13	5
97	75	17	5
97	70	22	5

（2）采用集合点时，集合点配线设备与FD之间水平线缆的长度应大于15 m。集合点配线设备容量宜以满足12个工作区信息点需求设置。同一个水平电缆路由不允许超过一个集合点（CP）；从集合点引出的CP线缆应终接于工作区的信息插座或多用户信息插座上。多用户信息插座和集合点的配线设备应安装于墙体或柱子等建筑物固定的位置。

2.3.5　工业级布线系统

工业级布线系统应能支持语音、数据、图像、视频、控制等信息的传递，并能应用于高温、潮湿、电磁干扰、撞击、振动、腐蚀气体、灰尘等恶劣环境中。

工业布线应用于工业环境中具有良好环境条件的办公区、控制室和生产区之间的交界场所、生产区的信息点，工业级连接器件也可应用于室外环境中。

在工业设备较为集中的区域应设置现场配线设备。

工业级布线系统宜采用星形网络拓扑结构。

工业级配线设备应根据环境条件确定IP的防护等级。

2.3.6　综合布线系统配置设计

1. 工作区

工作区适配器的选用宜符合下列规定。

（1）设备的连接插座应与连接电缆的插头匹配，不同的插座与插头之间应加装适配器。

（2）在连接使用信号的数/模转换，光/电转换，数据传输速率转换等相应的装置时，采用适配器。

（3）对于网络规程的兼容，采用协议转换适配器。

（4）各种不同的终端设备或适配器均安装在工作区的适当位置，并应考虑现场的电源与接地。

（5）每个工作区的服务面积，应按不同的应用功能确定。

2. 配线子系统

根据工程提出的近期和远期终端设备的设置要求，用户性质、网络构成及实际需要确定建筑物各层需要安装信息插座模块的数量及其位置，配线应留有扩展余地。

配线子系统缆线应采用非屏蔽或屏蔽4对对绞电缆，在需要时也可采用室内多模或单模光缆。每一个工作区信息插座模块（电、光）数量不宜少于2个，并满足各种业务的需求。

底盒数量应以插座盒面板设置的开口数确定，每一个底盒支持安装的信息点数量不宜大于2个。光纤信息插座模块安装的底盒大小应充分考虑到水平光缆（2芯或4芯）终接处的光缆盘留空间和满足光缆对弯曲半径的要求。

3. 干线子系统

干线子系统所需要的电缆总对数和光纤总芯数，应满足工程的实际需求，并留有适当的备

单元2　综合布线工程常用标准

份容量。主干缆线宜设置电缆与光缆，并互相作为备份路由。干线子系统主干缆线应选择较短的安全的路由。主干电缆宜采用点对点终接，也可采用分支递减终接。

4. 建筑群子系统

CD宜安装在进线间或设备间，并可与入口设施或BD合用场地。

CD配线设备内、外侧的容量应与建筑物内连接BD配线设备的建筑群主干缆线容量及建筑物外部引入的建筑群主干缆线容量相一致。

5. 设备间

在设备间内安装的BD配线设备干线侧容量应与主干缆线的容量相一致。设备侧的容量应与设备端口容量一致或与干线侧配线设备容量相同。

BD配线设备与电话交换机及计算机网络设备的连接方式应符合电信间FD与电话交换配线及计算机网络设备之间的连接方式相关规定。

6. 进线间

建筑群主干电缆和光缆、公用网和专用网电缆、光缆及天线馈线等室外缆线进入建筑物时，应在进线间成端转换成室内电缆、光缆，并在缆线的终端处可由多家电信业务经营者设置入口设施，入口设施中的配线设备应按引入的电、光缆容量配置。

电信业务经营者在进线间设置安装的入口配线设备应与BD或CD之间敷设相应的连接电缆、光缆，实现路由互通。缆线类型与容量应与配线设备相一致。

外部接入业务及多家电信业务经营者缆线接入的需求，并应留有2～4个孔的余量。

7. 管理

对设备间、电信间、进线间和工作区的配线设备、缆线、信息点等设施应按一定的模式进行标识和记录。

2.4　GB 50312—2007《综合布线系统工程验收规范》国家标准简介

中国现在执行的综合布线系统工程验收国家标准为GB 50312—2007《综合布线系统工程验收规范》，在2007年4月6日颁布，2007年10月1日开始执行。这个标准的最早版本是中国工程建设标准化协会在1997年发布的CECS89：97《建筑与建筑群综合布线系统工程施工验收规范》，2000年修订后颁布为国家推荐标准GB/T 50312—2000《综合布线系统工程验收规范》，2007年4月6日发布为正式国家标准GB 50312—2007《综合布线系统工程验收规范》。

该标准共分为9章，第1章总则，第2章环境检查，第3章器材及测试仪表工具检查，第4章设备安装检验，第5章缆线的敷设和保护方式检验，第6章缆线终接，第7章工程电器测试，第8章管理系统验收，第9章工程验收。

公告形式和内容如下：

中华人民共和国建设部公告

第620号

建设部关于发布国家标准《综合布线系统工程验收规范》的公告

现批准《综合布线系统工程验收规范》为国家标准，编号为GB 50312—2007，自2007年10

月1日起实施。其中，第5.2.5条为强制性条文，必须严格执行。原《建筑与建筑群综合布线系统工程设计规范》GB/T 50312—2000同时废止。

本规范由建设部标准定额研究所组织中国计划出版社出版发行。

中华人民共和国建设部
二○○七年四月六日

为了提高综合布线工程验收合格率，保证工程质量，我们对该标准进行介绍。

2.4.1　总则

为统一建筑与建筑群综合布线系统工程施工质量检查、随工检验和竣工验收等工作的技术要求，特制定本规范。

本规范适用于新建、扩建和改建建筑与建筑群综合布线系统工程的验收。

综合布线系统工程实施中采用的工程技术文件、承包合同文件对工程质量验收的要求不得低于本规范规定。

在施工过程中，施工单位必须执行本规范有关施工质量检查的规定。建设单位应通过工地代表或工程监理人员加强工地的随工质量检查，及时组织隐蔽工程的检验和验收。

综合布线系统工程应符合设计要求，工程验收前应进行自检测试、竣工验收测试工作。

综合布线系统工程的验收，除应符合本规范外，还应符合国家现行有关技术标准、规范的规定。

2.4.2　环境检查

工作区、电信间、设备间的检查应包括下列内容：

（1）工作区、电信间、设备间土建工程已全部竣工。房屋地面平整、光洁，门的高度和宽度应符合设计要求。

（2）房屋预埋线槽、暗管、孔洞和竖井的位置、数量、尺寸均应符合设计要求。

（3）铺设活动地板的场所，活动地板防静电措施及接地应符合设计要求。

（4）电信间、设备间应提供220 V带保护接地的单相电源插座。

（5）电信间、设备间应提供可靠的接地装置，接地电阻值及接地装置的设置应符合设计要求。

（6）电信间、设备间的位置、面积、高度、通风、防火及环境温、湿度等应符合设计要求。

建筑物进线间及入口设施的检查应包括下列内容：

（1）引入管道与其他设施如电气、水、煤气、下水道等的位置间距应符合设计要求。

（2）引入缆线采用的敷设方法应符合设计要求。

（3）管线入口部位应符合设计要求，并采取排水及防止气、水、虫等进入的措施。

（4）进线间的位置、面积、高度、接地、防火、防水等应符合设计要求。

（5）有关设施的安装方式应符合设计文件规定的抗震要求。

2.4.3　器材及测试仪表工具检查

（1）器材检验应符合相关设计要求，并且具有相应的质量文件或证书。

（2）配套型材、管材与铁件的检查应符合相关设计要求和产品标准。

（3）缆线的检验应符合相关设计要求和标准规定。

（4）连接器件的检验应符合相关设计规定和标准要求。

（5）配线设备的使用应符合相关设计规定和标准要求。

（6）测试仪表和工具的检验应符合相关标准要求，并且附有检测机构证明文件。

2.4.4　工程电气测试

综合布线工程电气测试包括电缆系统电气性能测试及光纤系统性能测试。各测试结果应有详细记录，作为竣工资料的一部分。

2.4.5　管理系统验收

管理系统验收主要包含以下几方面的内容：

（1）综合布线管理系统。

（2）综合布线管理系统的标识符与标签。

（3）综合布线系统各个组成部分的管理信息记录和报告。

综合布线系统工程如采用布线工程管理软件和电子配线设备组成的系统进行管理和维护工作，应按专项系统工程进行验收。

2.5　《数据中心布线系统设计与施工技术白皮书》

该白皮书是对前面介绍过的GB 50311—2007《综合布线系统工程设计规范》和GB 50312—2007《综合布线系统工程验收规范》关于数据中心系统设计和施工技术的完善和补充。该白皮书由中国工程建设标准化协会信息通信专业委员会综合布线工作组编制，第一版在2008年7月发布，第二版在2010年10月发布。共分为7章，第1章引言，第2章术语，第3章概述，第4章布线系统设计，第5章布线系统设计与测试，第6章布线配置案例，第7章热点问题。该白皮书由综合布线工作组负责，主编单位有西安开元电子实业有限公司等。详见本书配套的教学光盘或者访问www.s369.com网站。

该白皮书的研究范围是为数据中心的设计和使用者提供最佳的数据中心结构化布线规划、设计及实施指导，详细地阐述了面向未来的数据中心结构化布线系统的规划思路、设计方法和实施指南。

该白皮书引用了国内外数据中心相关标准，着重针对数据中心布线系统的构成和拓扑结构、产品组成、方案配置设计步骤、安装工艺设计、安装实施及测试等几方面进行了全方位的解读。还针对最新的布线及网络领域技术发展趋势，引入一些前瞻性的设计理念。同时该白皮书还根据用户的需求反馈，制作了一系列实用的设计表单和设计案例，帮助使用者有机地把标准和实际应用结合起来，大大增加了数据中心布线设计实施的可操作性。

2.6　中国《屏蔽布线系统设计与施工检测技术白皮书》

该白皮书是对前面介绍过的GB 50311—2007《综合布线系统工程设计规范》和GB 50312—2007《综合布线系统工程验收规范》关于屏蔽布线系统设计和施工检测技术的完善和补充。该白皮书由中国工程建设标准化协会信息通信专业委员会综合布线工作组编制，并且在2009年6月发布。共分为8章，第1章引言，第2章术语，第3章屏蔽布线系统的技术要求，第4章布线系统的接地，第5章产品介绍及产品特点，第6章安装设计与施工要点，第7章屏蔽布线系统的测试与验收，第8章热点问题。该白皮书由综合布线工作组负责，主编单位有西安开元电子实业有限公司等。详见本书配套的教学光盘或者访问www.s369.com网站。

2.7 中国《光纤配线系统设计与施工技术白皮书》

该白皮书是对GB 50311—2007《综合布线系统工程设计规范》和GB 50312—2007《综合布线系统工程验收规范》关于光纤配线系统设计和施工技术的完善和补充。集成了国内外最新技术，以图文并茂的方式全面系统的详细介绍了最新的光纤配线系统的设计和安装施工技术，对于光纤配线系统工程具有实际指导意义。

该白皮书由中国工程建设标准化协会信息通信专业委员会综合布线工作组编制，并且在2009年10月发布。

共分为8章，第1章引言，第2章术语，第3章光纤配线系统的设计，第4章光纤产品组成与技术要求，第5章产品选择和系统配置，第6章安装设计与施工，第7章光纤系统的测试，第8章热点问题。详见本书配套的教学光盘或者访问www.s369.com网站。

2.8 中国《综合布线系统管理与运行维护技术白皮书》

该白皮书是对GB 50311—2007《综合布线系统工程设计规范》和GB 50312—2007《综合布线系统工程验收规范》的完善和补充。共分为10章，第1章引言，第2章参考标准和资料，第3章术语和缩略词，第4章管理分级及标识设计，第5章色码标准，第6章布线管理的设计，第7章标识产品，第8章跳线管理流程，第9章智能布线管理，第10章热点问题。该白皮书由综合布线工作组负责，主编单位有西安开元电子实业有限公司等。

详见本书配套的教学光盘或者访问www.s369.com综合布线教学网站。

2.9 《信息技术 住宅通用布缆》国家标准

该国家标准主要用于满足信息和通信技术（ICT），广播和通信技术（BCT）以及楼宇内的指令、控制和通信（CCCB）这三种应用的住宅通用布缆，并用于指导在新建筑及翻新建筑中布缆的安装。

该标准为中国国家标准化管理委员会在2007年第五批国家标准制修订计划中下达的《信息技术 住宅通用布缆》国家标准的制定任务（计划编号：20075603-T-469）。在全国信息技术标准化技术委员会领导下，成立了标准制定项目组，项目组召集单位为上海市计量测试技术研究院，主编单位有上海市计量测试技术研究院、西安开元电子实业有限公司等。该标准按照等同采用ISO/IEC 15018:2004的原则编制。该标准用以规范满足信息和通信技术（ICT）、广播和通信技术（BCT）、楼宇内的指令、控制和通信（CCCB）三种住宅通用布缆系统应用，如图2-10所示。

根据此标准，通用布缆可实现：

（1）无须对固定的布缆基础设施做改动，即可实现广泛的应用部署。

（2）提供支持连通性移动、增加、变化的平台。

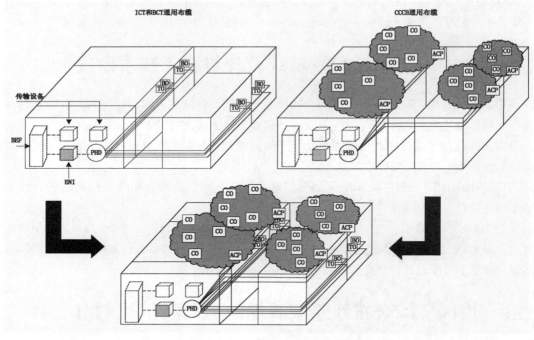

图2-10　住宅通用布缆的应用

2.10　中国《居住区数字系统评价标准》国家标准

该标准为住房与城乡建设部《2005年工程建设标准制定计划》（建标[2005]81号）立项，2010年6月18日在广州召开了启动会暨第一次工作会议，进行了标准编制说明，讨论了编制大纲，分配了编制任务，安排了进度。2010年6—8月为编写阶段，根据标准制订内容、大纲和进度计划的要求，按时开展标准制订内容的编写。2010年9—10月为征求意见阶段，起草征求意见稿和条文说明，进入征求意见阶段。2010年11月为送审阶段，在征询结果的基础上，修改送审初稿，专家进行初评审，上报标准稿件及条文说明到主管部门有关单位。2010年12月为报批阶段，2011年发布。该标准由住房与城乡建设部信息中心和IC卡应用中心负责主编，参加编写的单位有国家电子计算机质量监督检验中心、西安开元电子实业有限公司等。

2.11　《信息技术 数据中心通用布缆系统》

该标准为全国信息技术标准化技术委员会通用布缆标准。工作组于2013年4月22日在北京召开了启动会暨第一次工作会议，进行了标准编制说明，讨论了编制大纲，分配了编制任务，安排了进度。2013年4—8月为编写阶段，根据标准制订内容、大纲和进度计划的要求，按时开展标准制订内容的编写。9—10月为征求意见阶段，起草征求意见稿和条文说明，进入征求意见阶段。2013年11月为送审阶段，在征询结果的基础上，修改送审初稿，专家进行初评审，上报标准稿件及条文说明到主管部门有关单位。2013年12月为报批阶段。该标准参考了ISO/IEC 24764-

2010、TIA 942A、白皮书、厂商的技术实现和应用案例等内容，共分为13章正文和3个附录。由中国电子技术标准化研究所负责主编，参加编写的单位有西安开元电子实业有限公司、山东省计算机中心等。

2.12 《信息技术用户 建筑群布缆的实现和操作 第2部分:铜缆的设计和安装》

　　该标准为全国信息技术标准化技术委员会通用布缆标准。工作组于2013年4月22日在北京召开了启动会暨第一次工作会议，进行了标准编制说明，讨论了编制大纲，分配了编制任务，安排了进度。2013年4—8月为编写阶段，根据标准制订内容、大纲和进度计划的要求，按时开展标准制订内容的编写。9—10月为征求意见阶段，起草征求意见稿和条文说明，进入征求意见阶段。2013年11月为送审阶段，在征询结果的基础上，修改送审初稿，专家进行初评审，上报标准稿件及条文说明到主管部门有关单位。2013年12月为报批阶段。该标准参考了ISO/IEC 14763–2:2012，共14章正文和7个附录。由中国电子技术标准化研究所负责主编，参加编写的单位有西安开元电子实业有限公司、山东省计算机中心等。

2.13 《信息技术 用户建筑群布缆的实现和操作 第3部分:布光缆的测试》

　　该标准为全国信息技术标准化技术委员会通用布缆标准。工作组于2013年4月22日在北京召开了启动会暨第一次工作会议，进行了标准编制说明，讨论了编制大纲，分配了编制任务，安排了进度。2013年4—8月为编写阶段，根据标准制订内容、大纲和进度计划的要求，按时开展标准制订内容的编写。9—10月为征求意见阶段，起草征求意见稿和条文说明，进入征求意见阶段。2013年11月为送审阶段，在征询结果的基础上，修改送审初稿，专家进行初评审，上报标准稿件及条文说明到主管部门有关单位。2013年12月为报批阶段。该标准共11章正文和8个附录。由中国电子技术标准化研究所负责主编，参加编写的单位有西安开元电子实业有限公司、德特威勒电缆系统（上海）有限公司等。

2.14 典型行业应用案例

——综合布线线缆的防火与环保

1. 线缆存在安全隐患

　　随着信息技术的普及，建筑物中存在着大量正在使用或者废置不用的通信线缆，建筑物内一旦发生火灾，这些线缆燃烧散发出有毒的酸性气体，加上燃烧释放出的大量热量、烟雾，造成受害者呼吸困难，导致悲剧发生。因此，用户在选择综合布线系统考虑防火和环保也是非常关键的因素。

2. 防火线缆材料

　　数据线缆的保护套分为两部分：绝缘层和外套，线缆是否具有防火功能主要取决于最外一层护套的材料。目前国内市场的通信线缆护套材料主要分为三种。

1）普通型（PVC）

目前国内大多数局域网布线使用的线缆外套都是PVC（聚氯乙烯）材料，PVC是在聚乙烯（PE）里面加入氯元素，用以提高线缆的燃点。PVC线缆的优点是价格较低，机械性能稳定，缺点是燃点低，火焰蔓延速度快，燃烧时发散出有毒的烟雾，能见度低，燃烧时释放出热量较多。

有关数据表明，每1500 m PVC线缆燃烧的发热值相当于14～15 L原油的发热值，1500 m缆大约能够连接20个信息点，如果一层楼有400个信息点，则燃烧时产生的热量相当于300 L原油的发热值。

2）低烟无卤型（LSZH/LSOH）

环顾国内外近几年比较大的火灾事故，大部分罹难者不是被直接烧死，而是被大楼内的通信线缆燃烧释放出的大量有毒气体熏得窒息而死。

为了符合更严格的环保规范，低烟无卤（LSZH）电缆生产过程中不使用卤素，当燃烧时，这种线缆毒性及烟雾浓度很低，能够减少有毒气体的排放和对楼内设备的腐蚀，从而减少火灾时的伤亡事故。阻燃低烟无卤型（LSFRZH/LSFROH）线缆则是在线缆护套中加入铝氢氧化合物或镁氢氧化合物，当线缆一旦燃烧，阻燃作用来自于燃烧时产生的水，燃烧的速度比PVC材料慢，燃点大约150℃。欧盟地区对于建筑物中采用的设备材料环保性有非常严格的要求，因此低烟无卤（LSZH）电缆在欧洲应用非常广泛。

3）耐火型（Fire Resistant）

耐火型（Fire Resistant）一般采用PTFE（聚四氟乙烯）或FEP（氟化乙丙烯）材料作外套，PTFE或FEP也是一种高效的绝缘体，燃烧烟雾浓度很低，因为氟具有更强的防火性，其燃点比FRPVC和LSZH还要高，燃点高达800℃。FEP电缆燃烧时，它释放出无色、无味，但毒性比氯化氢更强的氟化氢。FEP电缆的毒性是PVC线缆的1.5倍，是无卤线缆的5倍，其价格是普通PVC线缆价格的4倍。

3. 综合线缆选择建议

由于国内建筑物的施工习惯与欧美不同，在综合布线线缆的选择上不能简单生硬照搬国外的标准。我国于2007年颁布的《综合布线工程设计规范》（GB 50311—2007）第一次引入了线缆防火及环保的等级，该标准建议国内的用户根据不同的场合选用不同等级的防火或环保线缆。综合布线线缆防火或环保等级的选择应该根据现场的实际情况综合考虑，如表2-4所示。

表2-4　线缆防火等级选择

建筑物内采用PVC线槽（线管）的情况		
区　　域	电　缆　类　型	光　缆　类　型
A吊顶或地板有空调系统	CMP	OFNP/OFNR/OFN
A吊顶或地板无空调系统	CMP/CMR/CM	OFNP/OFNR/OFN
B一般工作区	CMP/CMR/CM	OFNP/OFNR/OFN
C弱电竖井	CMP/CMR	OFNP/OFNR/OFN
建筑物内采用阻燃PVC线槽（线管）的情况		
区　　域	电　缆　类　型	光　缆　类　型
A吊顶或地板有空调系统	CMP/CMR/CM	OFNP/OFNR/OFN
A吊顶或地板无空调系统	CMP/CMR/CM	OFNP/OFNR/OFN
B一般工作区	CMP/CMR/CM	OFNP/OFNR/OFN
C弱电竖井	CMP/CMR	OFNP/OFNR/OFN

1）架空地板或吊顶

（1）建筑物架空地板或吊顶内若为PVC线槽/管且安装了空调通风系统，在架空地板或吊顶内宜采用阻燃级的（CMP或OFNP）线缆；

（2）如果建筑物架空地板或吊顶内采用金属线槽/管或防火性PVC线槽/管，可采用任意防火等级的（CM//CMR/CMP或OFN/OFNR/OFNP）线缆；

（3）对于有环保需求的建筑物如人群比较密集的场合（机场、地铁、车站、医院、会展中心等），设计综合布线工程时宜选用符合LSZH等级的线缆，同时应采用防火功能的金属线槽/管或阻燃PVC线槽/管。

2）垂直竖井

（1）建筑物垂直竖井内若为PVC线槽（线管），垂直竖井内应采用垂直级（CMR或OFNR）以上等级的电缆或光缆；

（2）垂直竖井内若为金属线槽/管（或阻燃PVC线槽/管），垂直竖井内可采用任意防火等级的（CM/CMR/CMP或OFN/OFNR/OFNP）线缆。

4．线缆环保总结

综上所述，绿色环保已经成为人们的共识，在综合布线施工的时候除了考虑电气性能，还应该考虑长期的投资回报，比如防火或环保。低烟无卤线缆由于性能价格比较高，且更加绿色环保，越来越受到人们的青睐。相信未来的建筑物里面如商业写字楼、数据中心机房、政府办公楼、医院、地铁站、火车站、机场、医院等场所会更多地看到低烟无卤线缆的应用。

2.15　练　习　题

1．填空题

（1）综合布线系统工程宜按下列七个部分进行设计，这七个部分分别为＿＿＿＿、＿＿＿＿、＿＿＿＿、＿＿＿＿、＿＿＿＿、＿＿＿＿、＿＿＿＿。

（2）光纤信道分为OF-300、OF-500和OF-2000三个等级，各等级光纤信道应支持的应用长度分别不应小于＿＿＿＿、＿＿＿＿及＿＿＿＿。

（3）综合布线系统水平缆线与建筑物主干缆线及建筑群主干缆线之和所构成信道的总长度不应大于＿＿＿＿。

（4）综合布线区域内存在的电磁干扰场强高于＿＿＿＿时，宜采用屏蔽布线系统进行防护。

（5）数据中心从功能上可以分为＿＿＿＿和＿＿＿＿。

（6）数据中心支持空间（计算机房外）布线空间包含＿＿＿＿、＿＿＿＿、＿＿＿＿和＿＿＿＿。

（7）数据中心计算机房内布线空间包含＿＿＿＿，＿＿＿＿，＿＿＿＿和＿＿＿＿。

（8）在欧洲综合布线标准EN 50173.1—2007中，电磁兼容性就是四类恶劣环境中的一种，为此，它将电磁兼容性等级分为三级：＿＿＿＿、＿＿＿＿和＿＿＿＿。

（9）目前光缆的安装方式主要有三种，分别是＿＿＿＿、＿＿＿＿、＿＿＿＿。

（10）根据《综合布线系统管理与运行维护技术白皮书》规定了＿＿＿＿管理等级以适应电信基础设施的复杂程度。

2. 选择题

（1）下列属于综合布线系统构成的有（　　　）。

A. 工作区　　　　　B. 建筑物子系统　　　　　C. 管理　　　　　D. 进线间

（2）按照综合布线铜缆系统的分级，下列哪类系统的支持带宽在200 Mbit/s以上？（　　　）。

A. 5类　　　　　B. 超5类　　　　　C. 6类　　　　　D. 7类

（3）根据GB 50312—2007的规定，缆线的检验应符合下列哪些要求？（　　　）

A. 工程使用的电缆和光缆型式、规格及缆线的防火等级应符合设计要求

B. 缆线所附标志、标签内容应齐全、清晰，外包装应注明型号和规格

C. 应尽量使用屏蔽缆线

D. 缆线外包装和外护套须完整无损，当外包装损坏严重时，应测试合格后再在工程中使用

（4）标识符应包括（　　　），且系统中每一组件应指定一个唯一标识符。

A. 安装场地　　　　　B. 水平链路　　　　　C. 主干缆线　　　　　D. 连接器件

（5）综合布线系统工程的竣工技术资料应包括以下哪些内容？（　　　）

A. 安装工程量　　　　　B. 工程说明　　　　　C. 竣工图纸　　　　　D. 测试记录

（6）常见两种类型的数据中心为（　　　）。

A. 网吧数据中心　　　　　　　　　B. 公司/企业数据中心

C. 托管/互联网数据中心　　　　　D. 楼宇数据中心

（7）对于一个完整的数据中心而言，它包含各种类型的功能区域，其中有（　　　）。

A. 主机区　　　　　B. 服务器区　　　　　C. 娱乐区　　　　　D. 测试机房

（8）支持空间是计算机房外部专用于支持数据中心运行的设施安装和工作的空间。包括（　　　）。

A. 进线间　　　　　B. 电信间　　　　　C. 行政管理区　　　　　D. 辅助区和支持区

（9）数据中心支持空间（计算机房外）布线空间包含以下哪些内容？（　　　）

A. 进线间　　　　　B. 电信间　　　　　C. 行政管理区　　　　　D. 辅助区和支持区

（10）屏蔽布线系统的特点有（　　　）。

A. 屏蔽布线系统中的对绞电缆、跳线和连接器件都包含有屏蔽层

B. 屏蔽配线架上都设置了屏蔽接地部件

C. 屏蔽对绞电缆主要抵御电磁场的影响。而对绞线对则作为抗电磁干扰的有效手段之一，继续发挥着作用

D. 屏蔽系统需要对屏蔽层连通性的测试，在测试报告中应单独列出来

3. 思考题

（1）《屏蔽布线系统设计与施工检测技术白皮书》的编写目的是什么？

（2）简要介绍住宅光纤配线系统。

（3）说明《综合布线系统管理与运行维护技术白皮书》中定义的四级管理级别。

（4）简要说明常用的标识方法及适用材料。

（5）画出GB 50311—2007中规定的综合布线系统构成。

单元 3
综合布线工程设计

以西元综合布线工程教学模型为案例，采取"照猫画虎"的简单方法，逐步完成综合布线工程的基本设计任务，为后续真实项目的设计准备知识，达到学习目标的要求。

本章首先详细地介绍综合布线工程常用专业名词术语和符号，因为这些名词术语和符号是相关国际和国家标准的规定，经常出现在工程技术文件和图纸中，是工程设计和读图的基础，也是工程师的语言。然后以西元综合布线工程教学模型为案例，重点详细介绍设计步骤和基本方法，掌握综合布线工程设计的常用基本方法。

学习目标

独立完成以下七项设计任务，掌握综合布线工程设计项目和设计方法。

- 点数统计表设计；
- 系统图设计；
- 端口对应表设计；
- 施工图设计；
- 编制材料表；
- 编制工程预算表；
- 编制施工进度表。

3.1 网络综合布线工程常用名词术语

GB 50311—2007《综合布线系统工程设计规范》规定的名词术语如下。

1. 布线（Cabling）

能够支持信息电子设备相连的各种缆线、跳线、接插软线和连接器件组成的系统。

这里的缆线既包括光缆也包括电缆。跳线包括两端带头的电缆跳线，一端带头的电缆跳线及两端不带头的电缆跳线。连接器件包括光模块和电模块、配线架等，这些都是不需要电源就能正常使用的无电源设备，业界简称为"无源设备"。由此可见这个国家标准规定的综合布线系统里没有交换机、路由器等有源设备，因此我们常说"综合布线系统是一个无源系统"。图3-1所示为楼层配线子系统双绞线电缆布线示意图，其中虚线框内的为布线系统，左边的交换机和右边的终端设备不属于布线系统。

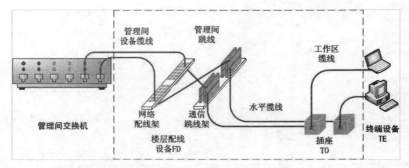

图3-1　楼层配线子系统双绞线电缆布线示意图

2. 建筑群子系统（Campus Subsystem）

由配线设备、建筑物之间的干线电缆或光缆、设备缆线、跳线等组成的系统。

这里的配线设备主要包括网络配线架和网络配线机柜，在这里网络配线架一般都是光缆配线架，特殊情况下也可能是电缆配线架。建筑群子系统实际上就是由园区网络中心的配线架、配线机柜及与建筑物子系统之间连接的光缆或者电缆组成的，一般使用光缆和配套的光缆配线架，很少使用电缆和电缆配线架。图3-2中虚线框内的为建筑群子系统，左边的核心层交换机和右边的汇聚层交换机设备不属于建筑群子系统。图3-2所示为建筑群子系统光缆布线示意图。

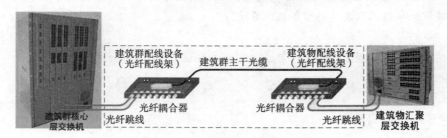

图3-2　建筑群子系统光缆布线示意图

3. 建筑物配线设备（Building Distributor）

主干缆线或建筑群主干缆线终接的配线设备，如图3-2所示。

4. 楼层配线设备（Floor Distributor）

电缆或者水平光缆和其他布线子系统缆线的配线设备，如图3-1所示。

5. 建筑群主干缆线（Campus Backbone Cable）

建筑群内连接建筑群配线架与建筑物配线架的电缆、光缆，如图3-2所示。

6. 建筑物主干缆线（Building Backbone Cable）

建筑物配线设备至楼层配线设备及建筑物内楼层配线设备之间相连接的缆线。建筑物主干缆线可为主干电缆和主干光缆。

7. 建筑物入口设施（Building Entrance Facility）

相关规范机械与电气特性的连接器件，使得外部网络电缆和光缆引入建筑物内。

8. 水平缆线（Horizontal Cable）

管理间配线设备到信息点之间的连接缆线，如图3-3中笔记本式计算机链路中标注的"水平缆线"。

如果链路中存在CP集合点，水平缆线为管理间配线设备到CP集合点之间的连接缆线，如

图3-3中台式主机链路中标注的"水平缆线"。

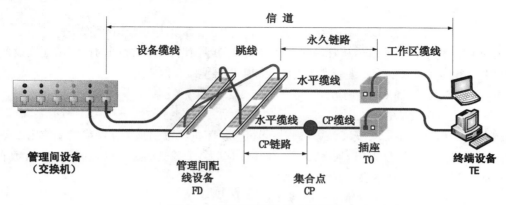

图3-3 布线系统链路构成示意图

图3-4所示为GB 50311—2007《综合布线系统工程设计规范》中布线系统信道和链路构成图，允许在永久链路的水平缆线安装施工中增加CP集合点。

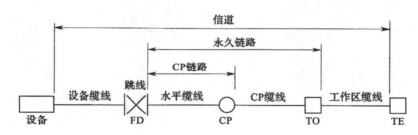

图3-4 布线系统信道和链路构成图

9. CP集合点（Consolidation Point）

楼层配线设备与工作区信息点之间水平缆线路由中的连接点，如图3-3中台式主机永久链路中标注的"CP集合点"和图3-4标注的"CP"所示。

GB 50311—2007《综合布线系统工程设计规范》标准中专门定义和允许CP集合点，其目的就是解决工程实际布线施工中遇到管路堵塞、拉线长度不够等特殊情况而无法重新布线时，允许使用网络模块进行一次端接，也就是说允许在永久链路实际施工中增加一个接头。注意不允许在设计中出现集合点。

在实际工程安装施工中，一般很少使用CP集合点，因为增加CP集合点可能影响工程质量，还会增加施工成本，也会影响施工进度。

10. CP缆线（CP Cable）

连接CP集合点至工作区信息点的缆线，如图3-3和图3-4所示。

11. CP链路（CP Link）

楼层配线设备与集合点(CP)之间的链路，也包括各端的连接器件，如图3-3和图3-4所示。

12. 链路（Link）

一个CP链路或是一个永久链路，如图3-3和图3-4所示。

13. 永久链路（Permanent Link）

信息点与楼层配线设备之间的传输线路，它不包括工作区缆线和设备缆线、跳线，但可以包括一个CP链路，如图3-3和图3-4所示。

14. 信道（Channel）

连接两个应用设备的端到端的传输通道。信道包括设备缆线和工作区缆线。

在实际工程中，信道就是从管理间交换机端口到终端设备端口之间的连线及配线设备，信道测试时必须包括管理间设备缆线、水平缆线和工作区缆线三段路由。

15. 工作区（Work Area）

需要设置终端设备的独立区域。

这里的工作区是指需要安装计算机、打印机、复印机、考勤机等在网络终端使用设备的一个独立区域。在实际工程应用中也就是一个网络插口为1个独立的工作区，而不是一个房间为1个工作区，在一个房间往往会有多个工作区。

16. 连接器件（Connecting Hardware）

用于连接电缆线对和光纤的一个器件或一组器件。

常用的电缆连接器件有RJ-45水晶头，鸭嘴接头，RJ-45模块等，如图3-5所示。

RJ-45水晶头 　　　　　　鸭嘴接头　　　　　　　RJ-45模块

图3-5　连接器件

常用的光缆连接器件有ST接头、SC接头、FC接头等，如图3-6所示。

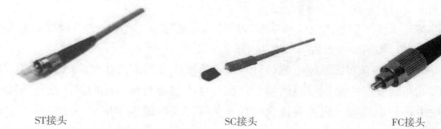

ST接头　　　　　　　　　SC接头　　　　　　　　FC接头

图3-6　常用光缆连接器件

17. 光纤适配器（Optical Fiber Connector）

将两对或一对光纤连接器件进行连接的器件，业界也称为光纤耦合器，分为ST圆口和SC方口等，如图3-7所示。图3-2所示为光纤适配器在光纤配线架中安装的应用案例。

ST耦合器　　　　　　　　SC耦合器　　　　　　FC耦合器

图3-7　常用光纤适配器

18. 信息点（Telecommunications Outlet，TO）

各类电缆或光缆终接的信息插座模块，如图3-3所示。注意这里定义的"信息点"只是安装后的模块，而不是整个信息插座，也不是信息面板。

19. 设备电缆（Equipment Cable）

交换机等网络信息设备连接到配线设备的电缆，如图3-3所示。

20. 跳线（Jumper）

不带连接器件或带连接器件的电缆线对，带连接器件的光纤，跳线用于配线设备之间进行连接。

电缆跳线一般有三类，第一类为两端带连接器件，第二类为一端带连接器件，一端不带连接器件，第三类为两端都不带连接器件，这里的连接器件一般是水晶头，在机房有时为鸭嘴头，如图3-8所示。

光纤跳线只有一类，必须两端都带连接器件，两端的连接器件可以相同，也可以不同，这里的连接器件主要有ST头、SC头、FC头等多种，如图3-9所示。

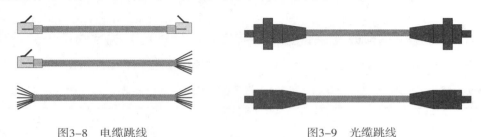

图3-8　电缆跳线　　　　　　　　　　图3-9　光缆跳线

21. 缆线（Cable，包括电缆、光缆)

在一个总的护套里，由一个或多个同一类型的缆线线对组成，并可包括一个总的屏蔽物，如图3-10所示。

22. 光缆（Optical Cable）

由单芯或多芯光纤构成的缆线，如图3-11所示。

图3-10　缆线　　　　　　　图3-11　四芯多模室内光缆

23. 线对（Pair）

一个平衡传输线路的两个导体，一般指一个对绞的线对，如图3-12所示。

图3-12　一个对绞的线对

24. 平衡电缆（Balanced Cable）

由一个或多个金属导体线对组成的对称电缆。

25. 接插软线（Patch Calld）

一端或两端带有连接器件的软电缆或软光缆。工程实际应用中就是软跳线，接插软线电缆跳线一般使用多线芯的双绞软线制作，比较柔软，两端带头的软电缆作为跳线，通常用于工作区信息插座与设备之间的跳线，一端带头的软电缆跳线通常用于配线子系统机柜内跳线。

光缆接插软线必须使用室内光缆制作，没有很硬的护套和铠装层，也没有钢丝，因此比较柔软，在工程实际应用中，两端带连接器件的叫跳线，一端带连接器件的叫尾纤，把一根光缆跳线从中间剪断就成为两根尾纤。

26. 多用户信息插座（Muiti-user Telecommunications Outlet）

在某一地点，若干信息插座模块的组合。在工程实际应用中，通常为双口插座，有时为双口网络模块，有时为双口语音模块，有时为1口网络模块和1口语音模块组合成多用户信息插座。

3.2 综合布线工程常用符号和缩略词

3.2.1 GB 50311—2007《综合布线系统工程设计规范》规定的符号和缩略词

GB 50311—2007《综合布线系统工程设计规范》规定的符号和缩略词如表3-1所示。

表3-1 符号和缩略词

序号	英文缩写	中文名称或解释	英 文 名 称
1	CD	建筑群配线设备	Campus Distributor
2	BD	建筑物配线设备	Building Distributor
3	FD	楼层配线设备	Floor Distributor
4	TO	信息插座模块	Telecommunications Outlet
5	CP	集合点	Consolidation Point
6	TE	终端设备	Terminal Equipment
7	IP	因特网协议	Internet Protocol
8	dB	电信传输单位：分贝	dB
9	OF	光纤	Optical Fiber
10	SC	光纤连接器	Subscriber Connector（Optical Fiber Connector）
11	SFF	小型连接器	Small form Factor Connector
12	ACR	衰减串音比	Attenuation to Crosstalk Ratio
13	ELFEXT	等电平远端串音衰减	Equal Level Far End Crosstalk Attenuation
14	FEXT	远端串音衰减(损耗)	Far End Crosstalk Attenuation(10ss)
15	IL	插入损耗	Insertion 10ss
16	PSNEXT	近端串音功率和	Power Sum NEXT Attenuation(10ss)
17	PSACR	ACR功率和	Power Sum ACR
18	PS ELFEXT	ELFEXT衰减功率和	Power Sum ELFEXT Attenuation(10ss)
19	RL	回波损耗	Return Loss

3.2.2 《智能建筑设计与施工系列图集》介绍

1. 楼宇自控系统

本图集分为两大部分：第一部分即第1～6章内容包括控制系统图例，新风机组，空调机组，冷热源及交换站，给水排水，变配电及动力照明，控制设备、执行器及传感器；第二部分即第7章工程实例，根据工程特点选用一些建筑设备监控系统的工程实例。

2. 消防系统

本图集包括火灾自动报警系统的消火栓、自动喷水灭火系统两部分内容。全书以现行施工及验收规范为依据，以图文形式介绍建筑物中智能建筑设备设计与施工方法，图集中介绍的方法既有传统技术，又有目前正推广使用的新方法，是广大工程技术人员必备的工具书。

3. 通信网络系统

本图集包括：通信、网络系统构成，系统集成，通信系统，无线通信系统，电缆电视系统，会议电视系统，扩声系统，可视图文系统，计算机网络系统，电信管理网，BMS网络系统，智能家庭网络，综合布线系统，网络连接，安装用箱、架、柜等内容。可供工程建设设计院的设计人员和建筑施工企业的主任工程师、技术队长、工长、施工员、班组长、质量检查员及操作工人使用。

4. 小区智能化系统

本图集包括的主要内容有：可视对讲系统、三表远传系统、一卡通系统、家庭安防报警系统、监控与周界防范系统、小区广播系统、集成智能终端网络等内容。

5. 综合布线系统

本图集介绍了综合布线系统标准、系统组成、设计要点、施工安装等内容，还包含了写字楼、宾馆、图书馆、科研综合楼、学校、商场、学生公寓、多层住宅、高层住宅、别墅等典型工程案例，适用于智能化建筑、住宅小区中综合布线系统工程的设计、安装、检测及验收。

6. 安全防护系统

本图集依据现行国家及行业标准编写，重点介绍了安全防范工作的内容。全书共分6章。包括闭路电视监控系统、防盗报警系统、门禁系统、对讲系统、巡更系统、停车场管理系统等。

3.3 综合布线工程设计

智能建筑实际工程设计中，有土建设计、水暖设计、强电设计和弱电设计等多个专业，经常出现水暖管道和设施、强电管路和设施、弱电管路和设施的多种交叉和位置冲突。例如GB 50311—2007《综合布线系统工程设计规范》中明确规定，网络双绞线电缆的布线路由不能与380 V或者220V交流线路并行或者交叉，如果确实需要并行或者交叉时，必须保留一定的距离或者采取专门的屏蔽措施。为了减少和避免这些冲突，降低设计成本和工程总造价，因此土建设计、水暖设计、强电和弱电设计等专业不能同时进行。一般设计流程为结构设计→土建设计→水暖设计→电气设计→弱电设计。综合布线系统的设计一般在弱电设计阶段进行。图3-13所示为一般设计流程图。

结构设计 ➡ 土建设计 ➡ 水暖设计 ➡ 强电设计 ➡ 弱电设计

图3-13　智能建筑设计流程图

结构设计主要设计建筑物的基础和框架结构，例如楼层高度、柱间距、楼面荷载等主体结构内容，我们平常所说的大楼封顶，实际上也只完成了大楼的主体结构。结构设计主要依据业主提供的项目设计委托书、地质勘察报告和相关建筑设计国家标准及图集。

土建设计依据结构设计图纸，主要设计建筑物的隔墙、门窗、楼梯、卫生间等，决定建筑物内部的使用功能和区域分割。土建设计主要依据建筑物的使用功能、项目设计委托书、和相关国家标准及图集。土建设计阶段不需要再画建筑物的楼层图纸，只需要在结构设计阶段完成的图纸中添加土建设计内容。

水暖设计依据土建设计图纸，主要设计建筑物的上水和下水管道的直径、阀门和安装路由等，在我国北方地区还要设计冬季暖气管道的直径、阀门和安装路由等。水暖设计阶段也不需要再画建筑物的楼层图纸，只需要在前面设计阶段完成的图纸中添加水暖设计内容。

强电设计主要设计建筑物内部380V或者220V电力线的直径、插座位置、开关位置和布线路由等，确定照明、空调等电气设备插座位置等。强电设计阶段也不需要再画建筑物的楼层图纸，只需要在前面设计阶段完成的图纸中添加强电设计内容。

弱电设计主要包括计算机网络系统、通信系统、广播系统、门禁系统、监控系统等智能化系统线缆规格、接口位置、机柜位置、布线埋管路由等，这些全部属于综合布线系统的设计内容。弱电设计人员不需要再画建筑图纸，只需要在强电设计图纸上添加设计内容。

在智能化建筑项目的设计中，弱电系统的布线设计一般为最后一个阶段，这是因为弱电系统属于智能建筑的基础设施，直接关系到建筑物的实际使用功能，设计非常重要，也最为复杂。第一个原因是弱电系统缆线比较柔软，比较容易低成本的规避其他水暖和电气管道及设施。第二个原因是弱电系统缆线易受强电干扰，相关标准有明确的规定。第三个原因是弱电系统的交换机、服务器等设备对环境使用温度、湿度等有要求，例如一般要求工作环境温度为10～50℃。第四个原因是计算机网络技术和智能化管理系统技术发展快，产品更新也快，例如在2010年下半年开始就必须考虑三网合一及物联网发展的需求了。第五个原因是用户需求多样化，不同用户在不同时期的需求都在变化。

3.3.1　综合布线工程基本设计项目

在智能建筑设计中，必须包括计算机网络系统、通信系统、广播系统、门禁系统、监控系统等众多智能化系统，为了清楚的讲述这些设计知识，下面将以计算机网络系统的综合布线设计为重点，介绍设计知识和方法。网络综合布线工程一般设计项目包括以下主要内容：

- 点数统计表编制；
- 系统图设计；
- 端口对应表设计；
- 施工图设计；
- 材料表编制；

- 预算表编制；
- 施工进度表编制。

我们将围绕上述这些具体设计任务，讲述如何正确完成设计任务。综合布线系统的设计离不开智能建筑的结构和用途，为了清楚地讲授设计知识，我们以图3-14西安开元电子公司的综合布线系统教学模型为实例展开。它集中展示了智能建筑中综合布线系统的各个子系统，包括了1栋园区网络中心建筑，1栋三层综合楼建筑物。我们将围绕这个建筑模型讲述设计的基本知识和方法。

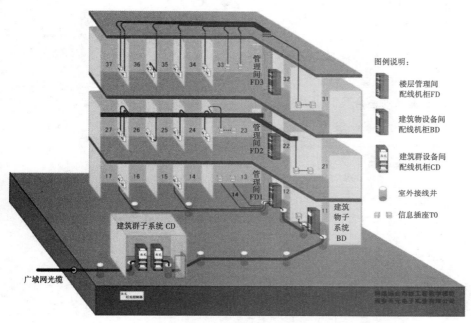

图3-14　西元网络综合布线工程教学模型

3.3.2 综合布线工程设计

1. 点数统计表编制

编制信息点数量统计表目的是快速准确的统计建筑物的信息点。设计人员为了快速合计和方便制表，一般使用Microsoft Excel工作表软件进行。编制点数统计表的要点如下：

- **表格设计合理**。要求表格打印成文本后，表格的宽度和文字大小合理，特别是文字不能太大或者太小。
- **数据正确**。每个工作区都必须填写数字，要求数量正确，没有遗漏信息点和多出信息点。对于没有信息点的工作区或者房间填写数字0，表明已经分析过该工作区。
- **文件名称正确**。作为工程技术文件，文件名称必须准确，能够直接反映该文件内容。
- **签字和日期正确**。作为工程技术文件，编写、审核、审定、批准等人员签字非常重要，如果没有签字就无法确认该文件的有效性，也没有人对文件负责，更没有人敢使用。日期直接反映文件的有效性，因为在实际应用中，可能会经常修改技术文件，一般是最新日期的文件替代以前日期的文件。

下面通过点数统计表实际编写过程来学习和掌握编制方法，具体编制步骤和方法如下。

1）创建工作表

首先打开Microsoft Excel工作表软件，创建一个通用表格，如图3-15所示。同时必须给文件命名，文件命名应该直接反映项目名称和文件主要内容，我们使用西元网络综合布线工程教学模型项目学习和掌握编制点数表的基本方法。我们就把该文件命名为"01-西元教学模型点数统计表.xlsx"。

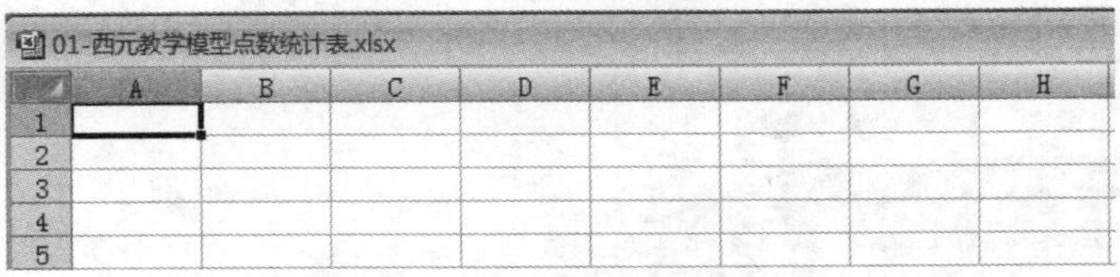

图3-15　创建点数统计表初始图

2）编制表格，填写栏目内容

需要把这个通用表格编制为适合我们使用的点数统计表，通过合并行、列进行。图3-16为已经编制好的空白点数统计表。

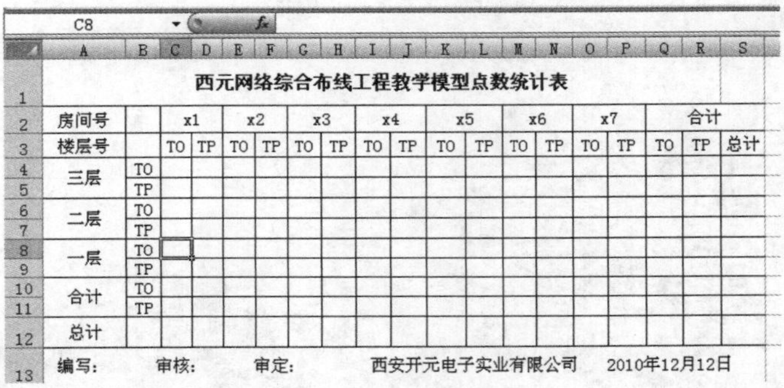

图3-16　空白点数统计表图

首先在表格第一行填写文件名称，第二行填写房间或者区域编号，第三行填写数据点和语音点。一般数据点在左栏，语音点在右栏，其余行对应楼层，注意每个楼层按照两行，其中一行为数据点，一行为语音点，同时填写楼层号，楼层号一般按照第一行为顶层，最后一行为一层，最后两行为合计。然后编制列，第一列为楼层编号，其余为房间编号，最右边两列为合计。

3）填写数据和语音信息点数量

按照图3-14所示的西元网络综合布线工程教学模型，把每个房间的数据点和语音点数量填写到表格中。填写时逐层逐房间进行，从楼层的第一个房间开始，逐间分析应用需求和划分工作区，确认信息点数量。

在每个工作区首先确定网络数据信息点的数量，然后考虑语音信息点的数量，同时还要考虑其他智能化和控制设备的需要，例如：在门厅要考虑指纹考勤机、门警系统等网络接口。表格中对于不需要设置信息点的位置不能空白，而是填写0，表示已经考虑过这个点。图3-17为已经填写好的表格。

4）合计数量

首先按照行统计出每个房间的数据点和语音点，注意把数据点和语音点的合计数量放在不同的列中。然后统计列数据，注意把数据点和语音点的合计数量应该放在不同的行中，最后进行合计，如图3–18所示。这样就完成了点数统计表，既能反映每个房间或者区域的信息点，也能看到每个楼层的信息点，还有垂直方向信息点的合计数据，全面清楚地反映了全部信息点。最后注明单位及时间。

S12 fx

	A	B	C	D	E	F	G	H	I	J	K	L	M	N	O	P	Q	R	S
1	西元网络综合布线工程教学模型点数统计表																		
2	房间号		x1		x2		x3		x4		x5		x6		x7		合计		
3	楼层号		TO	TP	TO	TP	TO	TP	TO	TP	TO	TP	TO	TP	TO	TP	TO	TP	总计
4	三层	TO	2		2		4		4		4		4		2				
5		TP		2		2		4		4		4		4		2			
6	二层	TO	2		2		4		4		4		4		2				
7		TP		2		2		4		4		4		4		2			
8	一层	TO	1		1		2		2		2		2		2				
9		TP		1		1		2		2		2		2		2			
10	合计	TO																	
11		TP																	
12	总计																		
13	编写：		审核：				审定：				西安开元电子实业有限公司				2010年12月12日				

图3–17　填写好信息点的数量统计表

如图3–18所示，该教学模型共计有112个信息点，其中数据点56个，语音点56个。一层数据点12个，语音点12个，二层数据点22个，语音点22个，三层数据点22个，语音点22个。

S12 fx 112

	A	B	C	D	E	F	G	H	I	J	K	L	M	N	O	P	Q	R	S
1	西元网络综合布线工程教学模型点数统计表																		
2	房间号		x1		x2		x3		x4		x5		x6		x7		合计		
3	楼层号		TO	TP	TO	TP	TO	TP	TO	TP	TO	TP	TO	TP	TO	TP	TO	TP	总计
4	三层	TO	2		2		4		4		4		4		2		22		
5		TP		2		2		4		4		4		4		2		22	
6	二层	TO	2		2		4		4		4		4		2		22		
7		TP		2		2		4		4		4		4		2		22	
8	一层	TO	1		1		2		2		2		2		2		12		
9		TP		1		1		2		2		2		2		2		12	
10	合计	TO	5		5		10		10		10		10		6		56		
11		TP		5		5		10		10		10		10		6		56	
12	总计																		112
13	编写：蔡永亮 审核：樊果 审定：王公儒 西安开元电子实业有限公司 2010年12月12日																		

图3–18　完成的信息点数量统计表

5）打印和签字盖章

完成信息点数量统计表编写后，打印该文件，并且签字确认，如果正式提交时必须盖章。图3–19为打印出来的文件。

西元网络综合布线工程教学模型点数统计表

房间号		x1		x2		x3		x4		x5		x6		x7		合计		
楼层号		TO	TP	TO	TP	TO	TP	TO	TP	TO	TP	TO	TP	TO	TP	TO	TP	总计
三层	TO	2		2		4		4		4		4		2		22		
	TP		2		2		4		4		4		4		2		22	
二层	TO	2		2		4		4		4		4		2		22		
	TP		2		2		4		4		4		4		2		22	
一层	TO	1		1		2		2		2		2		2		12		
	TP		1		1		2		2		2		2		2		12	
合计	TO	5		5		10		10		10		10		6		56		
	TP		5		5		10		10		10		10		6		56	
总计																		112

编写：蔡永亮 审核：樊果 审定：王公儒　西安开元电子实业有限公司 2010年12月12日

图3–19　打印和签字的点数统计表

点数统计表在工程实践中是常用的统计和分析方法，也适合监控系统、楼控系统等设备比较多的各种工程应用。

2. 综合布线系统图设计

点数统计表非常全面地反映了该项目的信息点数量和位置，但是不能反映信息点的连接关系，这样我们就需要通过设计网络综合布线系统图来直观反映了。

综合布线系统图非常重要，它直接决定网络应用拓扑图，因为网络综合布线系统是在建筑物建设过程中预埋的管线，后期无法改变，所以网络应用系统只能根据综合布线系统来设置和规划，作者认为"综合布线系统图直接决定网络拓扑图"。

综合布线系统图是智能建筑设计蓝图中必有的重要内容，一般在电气施工图册的弱电图纸部分的首页。

综合布线系统图的设计要点如下：

1. 图形符号必须正确

在系统图设计时，必须使用规范的图形符号，保证其他技术人员和现场施工人员能够快速读懂图纸，并且在系统图中给予说明，不要使用奇怪的图形符号。GB 50311—2007《综合布线系统工程设计规范》中使用的图形符号如下：

|×|代表网络设备和配线设备，左右两边的竖线代表网络配线架，例如光纤配线架，铜缆配线架，中间的×代表跳线。

口：代表网络插座，例如单口网络插座，双口网络插座等。

—：代表缆线，例如室外光缆，室内光缆，双绞线电缆等。

2. 连接关系清楚

设计系统图的目的就是为了规定信息点的连接关系，因此必须按照相关标准规定，清楚地给出信息点之间的连接关系，信息点与管理间、设备间配线架之间的连接关系，也就是清楚地给出CD—BD，BD—FD，FD—TO之间的连接关系，这些连接关系实际上决定网络拓扑图。

3. 缆线型号标记正确

在系统图中要将CD—BD，BD—FD，FD—TO之间设计的缆线规定清楚，特别要标明是光缆还是电缆。就光缆而言，有时还需要标明是室外光缆，还是室内光缆，再详细时还要标明是单模光缆还是多模光缆，这是因为如果布线系统设计了多模光缆，在网络设备配置时就必须选用多模光纤模块的交换机。系统中规定的缆线也直接影响工程总造价。

4. 说明完整

系统图设计完成后，必须在图纸的空白位置增加设计说明。设计说明一般是对图的补充，帮助理解和阅读图纸，对系统图中使用的符号给予说明。例如：增加图形符号说明，对信息点总数和个别特殊需求给予说明等。

5. 图面布局合理

任何工程图纸都必须注意图面布局合理，比例合适，文字清晰。一般布置在图纸中间位置。在设计前根据设计内容，选择图纸幅面，一般有A4、A3、A2、A1、A0等标准规格，例如A4幅面高297 mm，宽210 mm；A0幅面高841 mm，长1189 mm。在智能建筑设计中也经常使用加长图纸。

6. 标题栏完整

标题栏是任何工程图纸都不可缺少的内容，一般在图纸的右下角。标题栏一般至少包括以下内容。

（1）建筑工程名称。例如：西安开元电子实业有限公司高新区生产基地。

（2）项目名称。例如：网络综合布线系统图。

（3）工种。例如：电施图。

（4）图纸编号。例如：10-2。

（5）设计人签字。

（6）审核人签字。

（7）审定人签字。

在综合布线系统图的设计时，工程技术人员一般使用AutoCAD软件完成，下面以AutoCAD软件和西元教学模型为例，介绍系统图的设计方法，具体步骤如下：

1）创建AutoCAD绘图文件

首先打开程序，创建一个AutoCAD绘图文件，同时给该文件命名，例如命名为"02-西元网络综合布线工程教学模型系统图"。

（1）打开AutoCAD文件：

单击"开始"按钮，依次选择"所有程序"→"Autodesk"→"AutoCAD 2010 – Simplified Chinese"→"AutoCAD 2010"如图3-20所示。

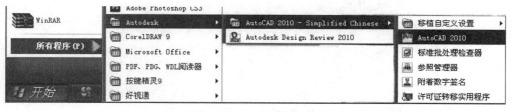

图3-20　启动AutoCAD

（2）在AutoCAD 2010中，创建新图形文件，具体方法有三种：

① 在命令行中输入new，按Enter键。

② 在菜单栏中选择"文件"→"新建"命令。

③ 在快速访问工具栏中单击"新建"按钮▢。

执行"新建"命令后，会弹出"选择样板"对话框，如图3-21所示。选择对应的样板后，单击"打开"按钮，即可建立新的图形。

图3-21　"选择样板"对话框

单
元
3
综
合
布
线
工
程
设
计

2）绘制配线设备图形

具体绘制图形步骤如下。

第一步：将图层转换为"虚线"层，绘制两个正方形作为辅助线，并移动到同心位置，如图3-22所示。

第二步：将图层转换为"设备"层，绘制两条直线，与外围正方形两侧边重合，再绘制出内部正方形的两条对角线，如图3-23所示。

第三步：删除"虚线"层的辅助线，即完成配线设备的绘制，如图3-24所示。

图3-22 绘制配线设备–添加虚线　　图3-23 绘制配线设备–绘制实线　　图3-24 绘制配线设备

第四步：利用W命令将其保存为"配线设备"模块，如图3-25所示。

第五步：将图层转换为"设备"层，绘制正方形，如图3-26所示。利用W命令将其保存为"网络插座"模块。

图3-25 写块保存图形

图3-26 绘制网络插座

3）插入设备图形

切换到"设备层"，通过"插入块"命令将设计好的"配线设备"与"网络插座"块插入到图形中，通过"复制"和"移动"命令将图中建筑群配线设备图形（CD）、建筑物配线设备图形（BD）、楼层管理间配线设备图形（FD）和工作区网络插座图形（TO）进行排列，如图3-27所示。

图中的|×|代表网络设备，左右两边的竖线代表网络配线架，例如光纤配线架或者铜缆配线架，中间的×代表跳线。

4）设计网络连接关系

切换到"缆线层"，利用"直线"命令，将CD—BD、BD—FD、FD—TO符号连接起来，这样就清楚地给出了CD—BD、BD—FD、FD—TO之间的连接关系，这些连接关系实际上决定网络拓扑图，如图3-28所示。

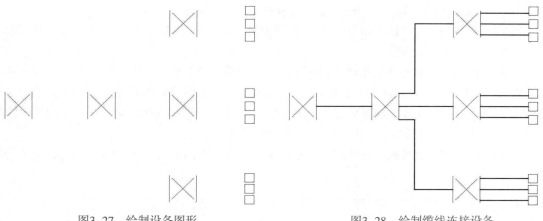

图3-27 绘制设备图形   图3-28 绘制缆线连接设备

5）添加设备图形符号和说明

为了方便快速阅读图纸，一般需要在图纸中添加图形符号和缩略语的说明，通常使用英文缩略语，再用中文标明图中的线条。如图3-29所示，切换到"符号标注"层，利用"多行文字"命令对各设备进行标注。

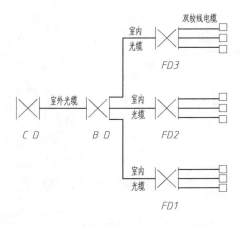

图3-29 综合布线系统图

6）设计说明

为了更加清楚地说明设计思想，帮助读者快速阅读和理解图纸，减少对图纸的误解，一般要在图纸的空白位置增加设计说明，重点说明特殊图形符号和设计要求，切换到"文字层"，对系统图添加"设计说明"。例如，西元教学模型的设计说明内容如下，须对照图3-30来看。

设计说明：

（1）CD表示建筑群配线设备。

（2）BD表示建筑物配线设备。

（3）FD表示楼层管理间配线设备。

（4）TO表示网络信息插座。

（5）TP表示语音信息插座。

（6）|x|表示配线设备。CD和BD为光纤配线架，FD为光纤配线架或电缆配线架。

（7）□表示网络插座，可以选择单口或者双口网络插座。

（8）—表示缆线，CD—BD为4芯单模室外光缆，BD—FD为4芯多模室内光缆或者双绞线电缆，FD线TO为双绞线电缆。

（9）CD—BD：室外埋管布线。BD—FD1底下埋管布线。BD—FD2，BD—FD3沿建筑物墙体埋管布线。FD—TO：一层为地面埋管布线，沿隔墙暗管布线到TO插座底盒；二层为明槽暗管布线方式，楼道为明装线槽或者桥架，室内沿隔墙暗管布线到TO插座底盒；三层在楼板中隐蔽埋管或者在吊顶上暗装桥架，沿隔墙暗管布线到TO插座底盒。

（10）在两端预留缆线，方便端接。在TO底盒内预留0.2 m，在CD、BD、FD配线设备处预留2 m。

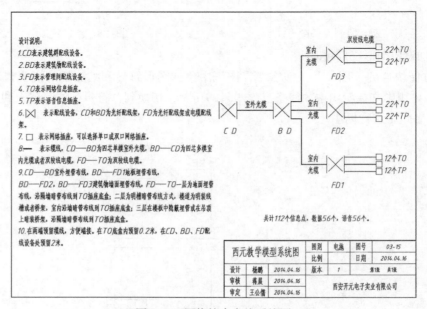

图3-30　网络综合布线系统图

7）设计标题栏

标题栏是工程图纸都不可缺少的内容，一般在图纸的右下角。图3-25中标题栏为一个典型应用实例，它包括以下内容：

（1）项目名称：图3-30中为西元教学模型系统图。

（2）图纸类别：图3-30中为电施。

（3）图纸编号：图3-30中为03-15。

（4）设计单位：西安开元电子实业有限公司。

（5）设计人签字：图3-30中为杨鹏。

（6）审核人签字：图3-30中为蒋晨。

（7）审定人签字：图3-30中为王公儒。

8）AutoCAD保存图形

在菜单栏中选择"文件"→"另存为"命令，将当前图形保存到新的位置，系统弹出"图形另存为"对话框，如图3-31所示。输入新名称，单击"保存"按钮。

图3-31 "图形另存为"对话框

3. 综合布线工程信息点端口对应表的编制

综合布线工程信息点端口对应表应该在进场施工前完成，并且打印带到现场，方便现场施工编号。端口对应表是综合布线施工必需的技术文件，主要规定房间编号、每个信息点的编号、配线架编号、端口编号、机柜编号等，主要用于系统管理、施工方便和后续日常维护。

端口对应表编制要求如下。

1）表格设计合理

一般使用A4幅面竖向排版的文件，要求表格打印后，表格宽度和文字大小合理，编号清楚，特别是编号数字不能太大或者太小，一般使用小四或五号字。

2）编号正确

信息点端口编号一般由数字+字母串组成，编号中必须包含工作区位置、端口位置、配线架编号、配线架端口编号、机柜编号等信息，能够直观反映信息点与配线架端口的对应关系。

3）文件名称正确

端口对应表可以按照建筑物编制，也可以按照楼层编制，或者按照FD配线机柜编制，无论采取哪种编制方法，都要在文件名称中直接体现端口的区域，因此文件名称必须准确，能够直接反映该文件内容。

4）签字和日期正确

作为工程技术文件，编写、审核、审定、批准等人员签字非常重要，如果没有签字就无法确认该文件的有效性，也没有人对文件负责，更没有人敢使用。日期直接反映文件的有效性，因为在实际应用中，可能会经常修改技术文件，一般是最新日期的文件替代以前日期的文件。

端口对应表的编制一般使用Microsoft Word软件或Microsoft Excel软件，下面以图3-13所示的西元综合布线教学模型为例，选择一层信息点，使用Microsoft Word软件说明编制方法和要点。

（1）文件命名和表头设计

首先打开Microsoft Word软件，创建一个A4幅面的文件，同时给文件命名，例如"02-西元综合布线教学模型端口对应表.docx"。然后编写文件题目和表头信息，文件题目为"西元综合布线教学模型端口对应表"，项目名称为西元教学模型，建筑物名称为2号楼，楼层为一层FD1机柜，文件编号为XY03-2-1。

（2）设计表格

设计表格前，首先分析端口对应表需要包含的主要信息，确定表格列数量，例如表3-2中为7列，第一列为"序号"，第二列为"信息点编号"，第三列为"机柜编号"，第四列为"配线架编号"，第五列为"配线架端口编号"，第六列为"插座底盒编号"，第七列为"房间编号"。其次确定表格行数，一般第一行为类别信息，其余按照信息点总数量设置行数，每个信息点一行。再次填写第一行类别信息。最后添加表格的第一列序号。这样一个空白的端口对应表就编制好了。

（3）填写机柜编号

图3-14所示的西元综合布线教学模型中2号楼为三层结构，每层有一个独立的楼层管理间，我们从该图中看到，一层的信息点全部布线到一层的这个管理间，而且一层管理间只有1个机柜，图中标记为FD1，该层全部信息点将布线到该机柜，因此我们就在表格中"机柜编号"栏全部行填写"FD1"。

如果每层信息点很多，也可能会有几个机柜，工程设计中一般按照FD11、FD12等顺序编号，FD1表示一层管理间机柜，后面1，2为该管理间机柜的顺序编号。

（4）填写配线架编号

根据前面的点数统计表，我们知道西元教学模型一层共设计有24个信息点。设计中一般会使用1个24口配线架，就能够满足全部信息点的配线端接要求了，我们就把该配线架命名为1号，该层全部信息点将端接到该配线架，因此我们就在表格中"配线架编号"栏全部行填写"1"。

如果信息点数量超过24个以上时，就会有多个配线架，例如25～48点，需要2个配线架，我们就把两个配线架分别命名为1号和2号，一般在最上边的配线架命名为1号。

（5）填写配线架端口编号

配线架端口编号在生产时都印刷在每个端口的下边，在工程安装中，一般每个信息点对应一个端口，一个端口只能端接一根双绞线电缆。因此我们就在表格中"配线架端口编号"栏从上向下依次填写数字1，2，3，…，23，24。

在数据中心和网络中心因为信息点数量很多，经常会用到36口或者48口高密度配线架，我们也是按照端口编号的数字填写。

（6）填写插座底盒编号

在实际工程中，每个房间或者区域往往设计有多个插座底盒，我们对这些底盒也要编号，一般按照顺时针方向从1开始编号。一般每个底盒设计和安装双口面板插座，因此我们就在表格中"插座底盒"栏从上向下依次填写"1"或者数字"1""2"。

（7）填写房间编号

设计单位在实际工程前期设计图纸中，每个房间或者区域都没有数字或者用途编号，弱电设计时首先给每个房间或者区域编号。一般用2位或者3位数字编号，第一位表示楼层号，第二位或者第二、三位为房间顺序号。西元教学模型中每层只有7个房间，所以就用2位数编号，例如一层分别为11，12，…，17。因此我们就在表格中"房间编号栏"填写对应的房间号数字，11号房间2个信息点我们就在2行中填写"11"。

（8）填写信息点编号

完成上面的7步后，编写信息点编号就容易了。按照图3-32的编号规定，就能顺利完成端口对应表了，把每行第三至七栏的数字或者字母用"—"连接起来填写在"信息点编号"栏。特别注意双口面板一般安装2个信息模块，为了区分这2个信息点，一般左边用"Z"，右边用"Y"标记和区分。为了安装施工人员快速读懂端口对应表，也需要把下面的编号规定作为编制说明设计在端口对应表文件中。

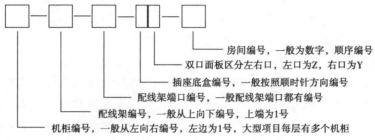

图3-32　信息点编号规定

（9）填写编制人和单位等信息

在端口对应表的下面必须填写"编制人""审核人""审定人""编制单位""时间"等信息，如表3-2所示。

表3-2　03-西元综合布线教学模型端口对应表

项目名称：西元教学模型　　　建筑物名称：2号楼　　　楼层：一层FD1机柜　　　文件编号：XY03-2-1

序号	信息点编号	机柜编号	配线架编号	配线架端口编号	插座底盒编号	房间编号
1	FD1-1-1-1Z-11	FD1	1	1	1	11
2	FD1-1-2-1Y-11	FD1	1	2	1	11
3	FD1-1-3-1Z-12	FD1	1	3	1	12
4	FD1-1-4-1Y-12	FD1	1	4	1	12
5	FD1-1-5-1Z-13	FD1	1	5	1	13
6	FD1-1-6-1Y-13	FD1	1	6	1	13
7	FD1-1-7-2Z-13	FD1	1	7	2	13
8	FD1-1-8-2Y-13	FD1	1	8	2	13
9	FD1-1-9-1Z-14	FD1	1	9	1	14
10	FD1-1-10-1Y-14	FD1	1	10	1	14
11	FD1-1-11-2Z-14	FD1	1	11	2	14
12	FD1-1-12-2Y-14	FD1	1	12	2	14
13	FD1-1-13-1Z-15	FD1	1	13	1	15
14	FD1-1-14-1Y-15	FD1	1	14	1	15
15	FD1-1-15-2Z-15	FD1	1	15	2	15
16	FD1-1-16-2Y-15	FD1	1	16	2	15
17	FD1-1-17-1Z-16	FD1	1	17	1	16

序号	信息点编号	机柜编号	配线架编号	配线架端口编号	插座底盒编号	房间编号
18	FD1-1-18-1Y-16	FD1	1	18	1	16
19	FD1-1-19-2Z-16	FD1	1	19	2	16
20	FD1-1-20-2Y-16	FD1	1	20	2	16
21	FD1-1-21-1Z-17	FD1	1	21	1	17
22	FD1-1-22-1Y-17	FD1	1	22	1	17
23	FD1-1-23-2Z-17	FD1	1	23	2	17
24	FD1-1-24-2Y-17	FD1	1	24	2	17

编制人签字：樊果　　审核人签字：蔡永亮　　审定人签字：王公儒

编制单位：西安开元电子实业有限公司　　　　时间：2010年11月4日

4. 施工图设计

完成前面的点数统计表、系统图和端口对应表以后，综合布线系统的基本结构和连接关系已经确定，需要进行布线路由设计了，因为布线路由取决于建筑物结构和功能，布线管道一般安装在建筑立柱和墙体中。施工图设计的目的就是规定布线路由在建筑物中安装的具体位置，一般使用平面图。

施工图设计的一般要求如下：

（1）图形符号必须正确。施工图设计的图形符号，首先要符合相关建筑设计标准和图集规定。

（2）布线路由合理正确。施工图设计了全部缆线和设备等器材的安装管道、安装路径、安装位置等，也直接决定工程项目的施工难度和成本。例如，水平子系统中电缆的长度和拐弯数量等，电缆越长，拐弯可能就越多，布线难度就越大，对施工技术就有较高的要求。

（3）位置设计合理正确。在施工图中，对穿线管、网络插座、桥架等的位置设计要合理，符合相关标准规定。例如，网络插座安装高度，一般为距离地面300 mm。但是对于学生宿舍等特殊应用场合，为了方便接线，网络插座一般设计在桌面高度以上位置。

（4）说明完整。

（5）图面布局合理。

（6）标题栏完整。

在实际施工图设计中，综合布线部分属于弱电设计工种，不需要画建筑物结构图，只需要在前期土建和强电设计图中添加综合布线设计内容。下面我们用Microsoft Visio软件，以西元教学模型二层为例，介绍施工图的设计方法，具体步骤如下：

① 创建Visio绘图文件。首先打开程序，选择创建一个Visio绘图文件，同时给该文件命名，例如命名为："03-西元教学模型二层施工图"。把图面设置为A4横向，比例为1：10，单位为mm。

② 绘制建筑物平面图。按照西元教学模型实际尺寸，绘制出建筑物二层平面图，如图3-33所示。

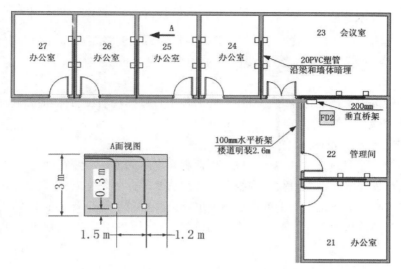

图3-33 西元教学模型二层施工图

③ 设计信息点位置。根据图3-17点数统计表中每个房间的信息点数量，设计每个信息点的位置。例如：25号房间有4个数据点和4个语音点。我们就在两个墙面分别安装2个双口信息插座，每个信息插座1个数据口，1个语音口。如图3-33中25号办公室A面视图所示，标出了信息点距离墙面的水平尺寸以及距离地面的高度。为了降低成本，墙体两边的插座背对背安装。

④ 设计管理间位置。楼层管理间的位置一般紧靠建筑物设备间，我们看到该教学模型的建筑物设备间在一层11号房间，一层管理间在隔壁的12号房间，垂直子系统桥架也在12号房间，因此我们就把二层的管理间安排在22号房间。

⑤ 设计水平子系统布线路由。二层采取楼道明装100 mm水平桥架，过梁和墙体暗埋20PVC塑料管到信息插座。墙体两边房间的插座共用PVC管，在插座处分别引到两个背对背的插座。

⑥ 设计垂直子系统路由。该建筑物的设备间位于一层的12号房间，使用200 mm桥架，沿墙垂直安装到二层22号房间和三层32号房间。并且与各层的管理间机柜连接，如图3-29中的FD2机柜所示。

⑦ 设计局部放大图。由于建筑体积很大，往往在图纸中无法绘制出局部细节位置和尺寸，这就需要在图纸中增加局部放大图。图3-33中，设计了25号房间A向视图，标注了具体的水平尺寸和高度尺寸。

⑧ 添加文字说明。设计中的许多问题需要通过文字来说明。图3-33中，添加了"100 mm水平桥架楼道明装2.6 m"、"20 PVC线管沿梁和墙体暗埋"，并且用箭头指向说明位置。

⑨ 增加设计说明。

⑩ 设计标题栏。

5. 编制材料表

材料表主要用于工程项目材料采购和现场施工管理，实际上就是施工方内部使用的技术文件，必须详细写清楚全部主材、辅助材料和消耗材料等。下面我们以二层施工图为例来说明材料表的编制。

编制材料表的一般要求如下：

1）表格设计合理

一般使用A4幅面竖向排版的文件，要求表格打印后，表格宽度和文字大小合理，编号清楚，特别是编号数字不能太大或者太小，一般使用小四或者五号字。

2）文件名称正确

材料表一般按照项目名称命名，要在文件名称中直接体现项目名称和材料类别等信息，文件名称为"04-西元综合布线教学模型二层布线材料表"。

3）材料名称和型号准确

材料表主要用于材料采购和现场管理。因此材料名称和型号必须正确，并且使用规范的名词术语。例如双绞线电缆不能只写"网线"，必须清楚的标明是超5类电缆还是6类电缆，是屏蔽电缆还是非屏蔽电缆，是室内电缆还是室外电缆，重要项目甚至要规定电缆的外观颜色和品牌。因为每个产品的型号不同，往往在质量和价格上有很大差别，对工程质量和竣工验收有直接的影响。

4）材料规格齐全

综合布线工程实际施工中，涉及缆线、配件、辅助材料、消耗材料等很多品种或者规格，材料表中的规格必须齐全。如果缺少一种材料就可能影响施工进度，也会增加采购和运输成本。例如：信息插座面板就有双口和单口的区别，有平口和斜口两种，不能只写信息插座面板多少个，必须写出双口面板多少个，单口面板多少个。

5）材料数量满足需要

在综合布线实际施工中，现场管理和材料管理非常重要，管理水平低材料浪费就大，管理水平高，材料浪费就比较少。例如：网络电缆每箱为305 m，标准规定永久链路的最大长度不宜超过90 m，而在实际布线施工中，多数信息点的永久链路长度在20～40 m之间，往往将305 m的网络电缆裁剪成20～40 m使用，这样每箱都会产生剩余的短线，这就需要有人专门整理每箱剩余的短线，首先用在比较短的永久链路。因此在布线材料数量方面必须结合管理水平的高低，规定合理的材料数量，考虑一定的余量，满足现场施工需要。同时还要特别注明每箱电缆的实际长度要求，不能只写多少箱，因为市场上有很多产品长度不够，往往标注的是305 m，实际长度不到300 m，甚至只有260 m，如果每件产品缺尺短寸，就会造成材料数量短缺。因此在编制材料表时，电缆和光缆的长度一般按照工程总用量的5%～8%增加余量。

6）考虑低值易耗品

在综合布线施工和安装中，大量使用RJ-45模块、水晶头、安装螺丝、标签纸等这些小件材料，这些材料不仅容易丢失，而且管理成本也较高，因此对于这些低值易耗材料，适当增加数量，不需要每天清点数量，增加管理成本。一般按照工程总用量的10%增加。

7）签字和日期正确

编制的材料表必须有签字和日期，这是工程技术文件不可缺少的。

下面我们以图3-14所示的西元综合布线教学模型和图3-33二层施工图为例，说明编制材料表的方法和步骤。

（1）文件命名和表头设计。创建1个A4幅面的Word文件，填写基本信息和表格类别，同时给文件命名。如表3-3所示，基本信息填写在表格上面，内容为"项目名称：西元教学模型，建筑物名称：2号楼，楼层：二层，文件编号：XY03-2-2"，表格类别填写在第一行，内容为"序号、材料名称、型号或规格、数量、单位、品牌、说明"，文件名称为"04-西元综合布线教学模型二层布线材料表"。

表3-3　04-西元综合布线教学模型二层布线材料表

项目名称：西元教学模型　建筑物名称：2号楼　楼层：二层　文件编号：XY03-2-2

序　号	材 料 名 称	型号或规格	数　量	单　位	品　牌	说　明
1	网络电缆	超五类非屏蔽室内电缆	2	箱	西元	305米/箱
2	信息插座底盒	86型透明	22	个	西元	
3	信息插座面板	双口86型透明	22	个	西元	带螺钉2个
4	网络模块	超五类非屏蔽	22	个	西元	
5	语音模块	RJ-11	22	个	西元	
6	线槽	39×18/20×10	3.5/4	米	西元	
7	线槽直角	39×18/20×10	0/4	个	西元	
8	线槽堵头	39×18/20×10	2/1	个	西元	
9	线槽阴角	39×18/20×10	1/1	个	西元	
10	线槽阳角	39×18/20×10	1/0	个	西元	
11	线槽三通	39×18/20×10	0/1	个	西元	
12	安装螺丝	M6×16	20	个	西元	

编制人签字：樊果　审核人签字：蔡永亮　审定人签字：王公儒

编制单位：西安开元电子实业有限公司　　　时间：2010年11月4日

（2）填写序号栏。序号一般自动生成，使用1，2等阿拉伯数字，不要使用一、二等汉字。

（3）填写材料名称栏。材料名称必须正确，并且使用规范的名词术语。例如表3-3中，第1行填写"网络电缆"，不能只写"电缆"或者"缆线"等，因为在工程项目中还会用到220 V或者380 V交流电缆，容易混淆，"缆线"的概念是光缆和电缆的统称，也不准确。

（4）填写材料型号或规格栏。

名称相同的材料，往往有多种型号或者规格，就网络电缆而言，就有五类、超五类和六类，屏蔽和非屏蔽，室内和室外等多个规格。例如表3-3第1行就填写"超五类非屏蔽室内电缆"。

（5）填写材料数量栏。材料数量中，必须包括网络电缆、模块等余量，对有独立包装的材料，一般按照最小包装数量填写，数量必须为"整数"。例如，网络电缆，每箱为305 m，就填写"10箱"，而不能写"9.5箱"或者"2 898 m"。对规格比较多，不影响现场使用的材料，可以写成总数量要求，例如PVC线管，市场销售的长度规格有4 m、3.8 m、3.6 m等，就可以写成"200 m"，能够满足总数量要求就可以了。

（6）填写材料单位栏。材料单位一般有"箱""个""件"等，必须准确，也不能没有材料单位或者错误。例如PVC线管如果只有数量"200"，没有单位时，采购人员就不知道是200 m，还是200根。

（7）填写材料品牌或厂家栏。同一种型号和规格的材料，不同的品牌或厂家，产品制造工艺往往不同，质量也不同，价格差别也很大，因此必须根据工程需求，在材料表中明确填写品牌和厂家，基本上就能确定该材料的价格，这样采购人员就能按照材料表要求准确的供应材料，保证工程项目质量和施工进度。

（8）填写说明栏。说明栏主要是把容易混淆的内容说明清楚，例如表3-3中第1行网络电缆说明"305米/箱"。

（9）填写编制者信息。在表格的下边，需要增加文件编制者信息，文件打印后签名，对外提供时还需要单位盖章。例如表3-3中，"编制人签字：樊果，审核人签字：蔡永亮，审定人签字：王公儒，编制单位：西安开元电子实业有限公司，时间：2010年11月4日"。

6. 编制预算表

工程项目预算表是确认总造价的依据，也是工程项目合同的的附件，更是甲乙双方最为关注和纠结的技术文件。一般分为IT预算法和国家定额预算法两种，我们在后续章节中将详细介绍。

7. 编制施工进度表

略。

3.4 典型行业应用案例
——智能化家居布线

如何才能实现科学的家居布线？虽然各个居室线缆纵横交错，面板插座凌乱不堪，每个家庭的实际情况又不尽相同，但这些各种线型、走向、转弯半径、不同线种间距都是参照公共建筑布线规范而来，只要我们在装修前，了解一些布线系统方面的知识，就能完善的解决这些问题。

1. 提前做功能需求分析，预留接口

我们所述的布线系统主要是弱电布线系统，其特点是电压低、电流小、功率小、频率高，主要考虑的是信息传送的效果，如信息传送的保真度、速度、广度、可靠性。弱电的排法几乎和强电是一样的。当然也要穿PVC管的。以线的截面不超过PVC管截面的40%为好。再强调一点，千万不可穿得太多，而且强电和弱电绝对不能穿在同一根管子里。而且要尽量分开，强电和弱电之间的距离最少在200 mm以上，否则就会有干扰。

下面我们以一个两室两厅一卫户型，做功能需求分析：

（1）卧室1、卧室2、客厅、厨房、卫生间都有电话，家里入户两条外线，将来要能够方便地在各个房间分配电话点。

（2）卧室1、卧室2、客厅都有数据口用来上网或将来接信息家电，多种上网方式（宽带或ADSL），可以在一个地方切换后，其他点就能共享上网。

（3）为客厅家庭影院布好线路，考虑将来升级，环绕进行布线。

（4）卧室1、卧室2可以把客厅VCD/DVD作为音源广播背景音乐。

（5）卧室1、卧室2可以共享客厅的VCD/DVD音频及视频。

（6）用户可随时按需对每条线路进行调整及管理。例如：家长可以随时切断任何一条线路的输出，以确保学生在学习时间内不能使用电话、电视、计算机等。

2. 信息点配置

为了满足目前及未来所需的电话、数据、多媒体和有线电视等服务，每户可引入2条超五类4对双绞线，必要时也可设置2芯光纤，同步铺设1或2条75Ω同轴电缆及相应插座，每户宜设置家庭多媒体配线箱，每一卧室、书房、起居室、餐厅等均应设置不少于1个信息插座，或光纤插座，以及1个电缆电视插座，也可按用户需求设置；主卫生间还应设置用于电话的信息插

座；每个信息插座、光缆插座或电缆电视插座至家庭多媒体配线箱，各敷设1条超五类4对双绞线、2芯光缆或1条75 Ω同轴电缆;家庭多媒体配线箱的配置应一次到位，满足未来需要。信息点配置如表3-4所示。

要实现上网，可以通过宽带路由器来实现共享上网，免去了拨号或代理上网的麻烦。

表3-4　信息点配置表

房 间 名 称	语 音 点	数 据 点	电 视 点	背景音乐点	单 口 面 板	双 口 面 板
客厅	1	1	1	1	1	1
卧1	1	1	1	1	1	1
卧2	1	1	1		1	1
书房	1	1			1	
餐厅	1			1	1	
卫生间	1				1	

3.5　工　程　经　验

建筑物的综合布线是一个较为复杂的工程，工程质量的好坏直接影响网络链路的性能。在工程的实施过程中以下几点是需要注意的。

1．重视设计阶段
设计阶段非常重要，因此必须提前对综合布线系统进行设计，跟土建、消防、空调、照明等安装工程互相配合好，免得产生不必要的施工冲突。

2．重视物理层铺设
在条件允许的情况下，弱电应走自己的弱电井，减少受电磁干扰的机会，楼层配线间和主机房应尽量安排得大一些，以备发展和维修所需。对于网络，物理层的铺设是至关重要的，因为它是基础。

3．必须考虑今后的升级
尽量多布一些点，采用双孔面板（一个是语音，一个是数据）跟电配合好，在信息点附近布电源点。由于综合布线一般来说是一次性到位的工程，线布好了，要更改布线相对困难，而通信设备随着发展是越来越多，所以多布一些较为稳妥。

4．选择性价比高的产品
不要片面追求布线产品的品牌，进几年来，其实国内的一些厂家生产的非屏蔽线、光缆、模块等其他的网络设备性能上已进达到行业标准，价格上具有较大的优势，所以可以考虑用我们自己的产品。

3.6　练　习　题

1．填空题
（1）GB 50311—2007《综合布线系统工程设计规范》规定的名词术语中，布线是指：能够支持信息电子设备相连的各种缆线、＿＿＿＿＿、接插软线和连接器件组成的系统。

（2）国家标准规定的综合布线系统里没有交换机、路由器等有电源设备，因此我们常说"综合布线系统是一个_____系统"。

（3）在建筑群子系统中，干线缆线一般采用_____，配线架一般采用_____。

（4）GB 50311—2007《综合布线系统工程设计规范》规定的缩略词中，BD代表_____，TO代表_____。

（5）常用的光缆连接器件有ST接头、_____、FC接头等。

（6）光纤适配器是将两对或一对光纤连接器件进行连接的器件，业界也称为_____。

（7）一根4对UTP双绞线，共有_____根芯线。

（8）工程实际应用中，信息插座通常为双口插座，其中一口为_____，一口为_____。

（9）信息点数量统计表目的是快速准确的统计建筑物的信息点，信息点包括_____和_____。

（10）|x|代表_____，左右两边的竖线代表_____。

2. 选择题

（1）GB 50311—2007《综合布线系统工程设计规范》规定的缩略词中，FD代表（   ）。

A. 建筑群配线设备　　　　　　　　B. 楼层配线设备

C. 建筑物配线设备　　　　　　　　D. 进线间配线设备

（2）GB 50311—2007《综合布线系统工程设计规范》规定的缩略词中，TO代表（   ）。

A. 信息插座模块　　B. 设备终端　　C. 集合点　　　　D. 配线终端

（3）编制信息点数量统计表目的是快速准确的统计建筑物的信息点。设计人员为了快速合计和方便制表，一般使用（   ）软件进行。

A. Excel　　　　B. Word　　　　C. Visio　　　　D. PowerPoint

（4）信息终端在缩略词中用（   ）进行表示。

A. TE　　　　B. TO　　　　C. TP　　　　D. FD

（5）在综合布线图中，|x|表示（   ）。

A. 交换机　　B. 网络和交换设备　　C. 配线架　　D. 跳线架

（6）在信息点统计表中，我们一般要统计信息点的（   ）。

A. 数量和位置　　B. 数量和路线　　C. 路线和拓扑结构　　D. 距离FD的距离

（7）GB 50311—2007《综合布线系统工程设计规范》规定的缩略词中，CD代表（   ）。

A. 建筑群配线设备　　　　　　　　B. 楼层配线设备

C. 建筑物配线设备　　　　　　　　D. 进线间配线设备

（8）对于没有信息点的工作区或者房间填写（   ），表明已经分析过该工作区。

A. 数字0　　　　B. 无　　　　C. 没有　　　　D. 删除线

（9）在综合布线的信息点端口对应表中，以下哪几项需要编制？（   ）

A. 机柜编号　　B. 配线架编号　　C. 插座底盒编号　　D. 验收人编号

（10）水平缆线指的是（   ）。

A. 管理间配线设备到信息点之间连接线缆

B. 管理间配线设备到终端设备之间的连接线缆

C. 建筑物配线设备到进线间配线设备的连接线缆

D. 建筑群和建筑群之间的连接线缆

3. 思考题

（1）为什么要采用配线架或跳线架，它们之间有什么区别？

（2）通过信息点统计表可以计算出工程预算吗？

（3）用一根4对双绞线可以同时传输语音和数据信号吗？

3.7　实训项目

2010年江苏省高职网络综合布线技能大赛竞赛题目
综合布线工程设计项目

近年来，旧楼改造中增加网络综合布线系统工程项目越来越多，请按照图3-34所示西元网络培训中心综合楼建筑模型立体图，完成增加网络综合布线系统的工程设计。设计符合GB 50311—2007《综合布线系统工程设计规范》，按照超五类系统，满足当前网络办公、管理和教学需要，争取以最低成本完成该项目，不考虑语音系统。

具体设计内容和要求如下。

3.7.1　点数统计表制作实训

要求使用Excel软件编制，信息点设置合理，表格设计合理、数量正确、项目名称准确、签字和日期完整。

1. 实训目的

通过工作区信息点数量统计表项目实训，掌握工作区信息点数量的设计要点和统计方法。

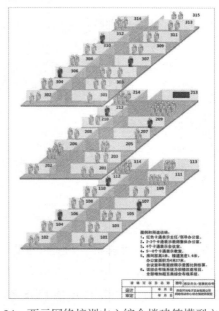

图3-34　西元网络培训中心综合楼建筑模型立体图

- 熟练掌握信息点数统计表的设计和应用方法。
- 训练工程数据表格的制作方法和能力。

2. 实训要求

（1）完成网络综合布线系统工程信息点的设计。

（2）使用Microsoft Excel工作表软件完成点数统计表。

3. 实训步骤

（1）分析项目用途，归类。例如：教学楼、管理间、会议室等。

（2）工作区分类和编号。

（3）制作点数统计表。

（4）填写点数统计表。

（5）打印点数统计表。

4. 实训报告要求

（1）掌握点数统计表制作方法，计算出全部信息点的数量和规格。

（2）基本掌握Microsoft Excel工作表软件在工程技术中的应用。

3.7.2　综合布线系统图设计实训

要求使用Visio或者 AutoCAD软件，图面布局合理，图形正确，符号标记清楚，连接关系合理，说明完整，标题栏合理（包括项目名称、签字和日期）。

1. 实训目的

• 通过综合布线系统图设计实训，掌握综合布线系统图设计要点和方法。

• 熟练掌握制图软件的操作方法。

2. 实训要求

（1）完成西元网络培训中心综合楼建筑模型的综合布线系统图设计。

（2）使用Visio制图软件完成综合布线系统图。

（3）参照本单元介绍设计。

3. 实训步骤

（1）创建Visio绘图文件；

（2）绘制配线设备图形；

（3）设计网络连接关系；

（4）添加设备图形符号和说明；

（5）设计编制说明；

（6）设计标题栏；

（7）打印综合布线系统图。

4. 实训报告要求

（1）分析设计综合布线系统图的设计要点和方法。

（2）基本掌握Visio制图软件在工程技术中的应用。

3.7.3　编制综合布线工程信息点端口对应表实训

要求按照表3-5的格式编制该网络综合布线系统端口对应表。要求项目名称准确，表格设计合理，信息点编号正确，签字和日期完整。

每个信息点编号必须具有唯一的编号，编号有顺序和规律，方便施工和维护。信息点编号内容和格式如下：工作区编号—网络插口编号—楼层机柜编号—配线架编号—配线架端口编号等信息。

表3-5　网络综合布线系统端口对应表　　　　　项目名称：

序号	信息点编号	机柜编号	配线架编号	配线架端口编号	插座底盒编号	房间编号

编制人：（只能签署参赛机位号）　　　　时间：

1. 实训目的

• 通过编制信息点端口对应表实训，掌握端口对应表的编制要点和方法。

- 掌握端口对应表在工程技术中的作用。
- 熟练掌握Microsoft Word软件或Microsoft Office Excel软件的操作方法。

2. 实训要求

（1）完成西元网络培训中心综合楼建筑模型的信息点端口对应表编制；

（2）使用使用Microsoft Word软件或Microsoft Excel软件完成；

（3）参照本单元介绍设计。

3. 实训步骤

（1）文件命名和表头设计；

（2）设计表格；

（3）填写机柜编号；

（4）填写配线架编号；

（5）填写配线架端口编号；

（6）填写插座底盒编号；

（7）填写房间编号；

（8）填写信息点编号；

（9）填写编制人和单位等信息；

（10）打印端口对应表。

4. 实训报告要求

（1）分析编制综合布线工程信息点端口对应表的编制要点。

（2）分析端口对应表在工程技术中的应用。

3.7.4 施工图设计实训

要求设备间、管理间、工作区信息点位置选择合理，器材规格和数量配置合理；垂直子系统、水平子系统布线路由合理，器材选择正确；文字说明清楚和正确；标题栏完整并且签署参赛队机位号和日期。

1. 实训目的

- 通过设计施工图实训，掌握施工图的设计要求和方法。
- 掌握施工图在工程技术中的作用。
- 熟练掌握Visio或AutoCAD制图软件的操作方法。

2. 实训要求

（1）完成西元网络培训中心综合楼建筑模型的施工图设计；

（2）使用Visio软件完成；

（3）参照本单元介绍设计。

3. 实训步骤

（1）创建Visio绘图文件；

（2）绘制建筑物平面图；

（3）设计信息点位置；

（4）设计管理间位置；

（5）设计水平子系统布线路由；

（6）设计垂直子系统路由；

（7）设计局部放大图；

（8）添加文字说明；

（9）增加设计说明；

（10）设计标题栏；

（11）打印施工图。

4. 实训报告

分析施工图设计要求。

3.7.5 编制材料统计表实训

要求按照表3-6的格式，编制该工程项目材料统计表。要求材料名称正确，型号或规格合理，数量合理，用途说明清楚，品种齐全，没有漏项或者多余项目。

表3-6　工程项目材料统计表　　　　　　　　　项目名称：

序号	材料名称	型号或规格	数量	单位	品牌或厂家	说明

编制人：（只能签署参赛机位号）　　　　　时间：

1. 实训目的

● 通过编制材料统计表实训，掌握材料统计表的编制要求和方法；

● 掌握材料统计表在工程技术中的作用。

2. 实训要求

（1）完成西元网络培训中心综合楼建筑模型的材料统计表编制；

（2）参照本单元介绍设计。

3. 实训步骤

（1）文件命名和表头设计；

（2）填写序号栏；

（3）根据使用的材料，填写材料名称栏；

（4）根据使用的材料规格，填写材料型号或规格栏；

（5）根据使用的材料数量，填写材料数量栏；

（6）填写材料单位栏；

（7）填写材料品牌或厂家栏；

（8）填写说明栏；

（9）填写编制者信息；

（10）打印材料统计表。

4. 实训报告要求

（1）分析材料统计表编制要求；

（2）材料统计表包含的信息。

单元 ❹

综合布线工程常用器材和工具

通过对本单元学习，熟悉综合布线常用器材和工具，做好设计和施工技术准备。

在综合布线工程设计中，离不开电缆和光缆等各种传输介质和连接器件，在施工安装中离不开工具和各种器材。因此本单元将学习和掌握图4-1所示的这些传输介质、连接器件、器材和常用工具等知识和使用方法，为后续综合布线工程的设计和施工做好技术准备。

学习目标

- 了解网络传输介质及其分类，掌握常用器材的性能和用途。
- 掌握超五类，六类、光缆等缆线规格和用途。
- 掌握常用工具使用方法和要求。

图4-1　西元常用器材和工具展示柜

4.1　网络传输线缆

在网络传输时，首先遇到的是通信线路和传输问题。网络通信分为有线通信和无线通信两种。有线通信是利用电缆或光缆来充当传输导体，无线通信是利用卫星、微波、红外线来传输。目前，在通信线路上使用的传输介质有双绞线、大对数双绞线、光缆等。

4.1.1　双绞线电缆

为了直观地介绍双绞线电缆，方便教学和学生参观实训，快速掌握常用双绞线电缆的知识，认识产品和积累工程经验，我们以"西元网络综合布线器材展示柜"中铜缆展示柜为例，逐一介绍和说明，如图4-2所示。

图4-2 "西元"铜缆展示柜

1. 双绞线电缆的分类

双绞线电缆是综合布线工程中最常用的传输介质，分为五类、超五类、六类、七类等，还有屏蔽和非屏蔽等多种型号和规格。目前，常用的双绞线电缆一般分为两大类，第一大类为非屏蔽双绞线，简称UTP，如图4-3所示。第二大类为屏蔽双绞线，简称为STP，如图4-4所示。屏蔽双绞线电缆的外层由铝箔包裹着，以减小辐射。

图4-3 非屏蔽双绞线电缆   图4-4 屏蔽双绞线电缆

综合布线工程常用的双绞线电缆分类如下：

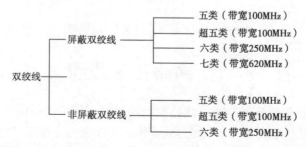

2005年以前主要使用五类和超五类非屏蔽双绞线电缆，2006年以来主要使用超五类和六类电缆，也有重要项目使用六A类和七类电缆，屏蔽双绞线电缆从2008年开始普及使用。

2010年中国综合布线工作组CTEAM发布的《中国综合布线市场发展报告》数据显示，2009年中国综合布线材料市场的电缆和光缆等材料达到了约34亿元人民币的市场规模，2009年中国屏蔽系统大致占到整个市场的10%。

在屏蔽布线系统优势的调查中有39%的用户认为可以提供更高的传输速率，有52%的用户认为具有抗电磁干扰特性与保密性能强的优势。

在数据中心市场调查的用户中有26.5%的用户使用超五类双绞线电缆，70.2%的用户使用六类和六A类双绞线电缆，还有3.3%的用户使用七类双绞线电缆，如图4-5所示。

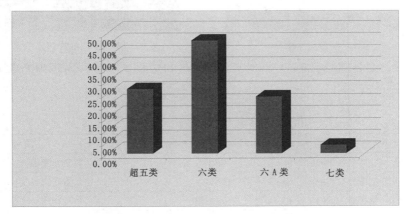

图4-5　数据中心使用双绞线电缆调查表

2. 双绞线电缆的制作工艺流程和检验

我们以超五类非屏蔽双绞线电缆为例,介绍制造过程和检验项目，一般制造流程为：铜棒拉丝→单芯覆盖绝缘层→两芯绞绕→4对绞绕→覆盖外绝缘层→印刷标记→成卷。

首先将铜棒拉制成直径为0.50～0.55 mm的铜导线，然后在铜导线外均匀覆盖绝缘层，然后将两根导线绞绕在一起，再将4对单绞线按照一定的节距进行第二次绞绕，最后在已经经过两次绞绕的4对双绞线外覆盖保护绝缘外套。在工厂专业化大规模生产非屏蔽超五类电缆的工艺流程分为：拉丝、绝缘、绞对、成缆、护套五项，如图4-6所示。

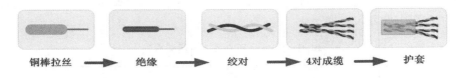

图4-6　非屏蔽超五类电缆生产工艺流程

下面我们详细介绍主要生产流程和产品出厂检验技术指标：

1）第一道生产工序：铜棒拉丝

拉丝工艺是一种金属拉丝工艺，在对金属的压力加工过程中，使金属强行通过模具，金属横截面积被压缩，并获得所要求的横截面积形状和尺寸的金属丝。现代化生产中使用专业拉丝机进行拉丝。其生产过程如图4-7所示。

拉丝工艺是将铜棒拉制成直径为0.50～0.55 mm的铜导线，如果导线直径小于0.5 mm，成缆后检验将不合格；如果导线直径太粗，将增加生产成本。因此生产企业一般都把铜棒拉制成直径为0.5～0.52 mm铜导线，使用激光测径仪精确测量导线直径。

2）第二道生产工序：导线覆盖绝缘层

线芯绝缘工序如图4-8所示。

图4-7　铜棒拉丝生产过程　　　　图4-8　线芯绝缘生产过程

在这个工序，要特别注意保证绝缘外径、同轴度和延伸率。表4-1所示为绝缘线检测项目、检测指标和测试方法。

表4-1　绝缘线检测项目、指标和方法

序　号	检 查 项 目	指　标	检 查 方 法
1	导体直径（mm）	0.511	激光测径仪
2	绝缘外径（mm）	0.92	激光测径仪
3	绝缘最大偏心（mm）	≤0.020	激光测径仪
4	导体伸长率（%）	20～25	伸长试验仪
5	同轴电容（pF/m）	228	电容测试仪
6	火花击穿数（个）	≤2个（3 500 V直流电压）	火花记录器
7	颜色	孟塞尔色标	比色

3）第三道工序：电缆绞对

电缆制造过程中，将绝缘线芯绞合成线组，除了保持回路传输参数稳定，增加电缆弯曲性能便于使用，还可以减少电缆组间的电磁耦合，利用其交叉效应来减小线对/组间的串音。线对绞对的节距大小及节距的配合情况直接影响电缆的串音指标。可用线组绞合节距的相互配合来减少组间的直接系统性耦合，以达到减小串音的目的。绞对工艺过程如图4-9所示，检测项目、指标和测试方法要求见表4-2。

表4-2　绞对检测项目、指标和方法

序号	检 查 项 目	指　标	检 查 方 法
1	节距	白蓝10mm，白橙15.6mm，白绿12.5mm，白棕18mm	直尺测量
2	绞向	Z向（右向）	目测
3	单根导线直流电阻	≤93Ω	电阻表
4	绞对前后电阻不平衡	≤2%	$\frac{大电阻值-小电阻值}{大电阻值+小电阻值}\times100\%$
5	耐高压	2kV直流，3s，无击穿	高压发生器

4）第四道工序：成缆

为提高生产效率和产量，多数厂家常用群绞设备，群绞机在成缆时联动了绞对和成缆，缩短了绞对工序与成缆工序之间的等待时间，减少了生产周期，提高了生产效率。

4对非屏蔽双绞线电缆的成缆相对比较简单，束绞或S-Z绞都是可以采用的工艺方式，以一定的成缆节距，减小线对间的串音等。图4-10所示为光缆成缆生产过程。

5）第五道工序：护套

护套工序在生产中类似于电力电缆的绝缘工序，该工序为已经绞绕好的8芯电缆覆盖一层保护外套，如图4-11和图4-12所示，分别是覆盖保护套和护套印字生产过程。

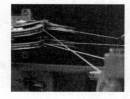   

图4-9　电缆绞对过程　　图4-10　光缆成缆过程　　图4-11　覆盖保护套　　图4-12　护套印字

电缆护套一般分为屏蔽或非屏蔽，阻燃或非阻燃，室内或室外等多种规格。表4-3所示为超五类非屏蔽室内双绞线电缆护套检测项目、指标和方法。

表4-3　护套检测项目、指标和方法

序　号	检　查　项　目	指　　标	检　查　方　法
1	外观检测	光滑、圆整、无孔洞、无杂质	目测
2	最小护套厚度（mm）	标称：0.6mm	游标卡尺
3	偏心（mm）	≤0.20（在电缆同一截面上测量）	游标卡尺
4	电缆外径（mm）	标称：5.4mm	纸带法
5	记米长度误差	≤0.5%	卷尺

3. 非屏蔽双绞线电缆

目前，非屏蔽双绞线电缆的市场占有率高达90%，主要用于建筑物楼层管理间到工作区信息插座等配线子系统部分的布线，也是综合布线工程中施工最复杂，材料用量最大，质量最主要的部分，非屏蔽双绞线电缆又分为超五类，六类，七类等。图4-13所示为常用超五类非屏蔽双绞线电缆，图4-14所示为六类非屏蔽双绞线电缆。

图4-13　超五类非屏蔽双绞线电缆　　　　图4-14　六类非屏蔽双绞线电缆

4. 屏蔽双绞线电缆

目前普遍使用的屏蔽双绞线电缆屏蔽层结构分为两大类，第一类为总屏蔽技术，就是在4对芯线外添加屏蔽层，第二类为线对屏蔽技术，就是在每组线对外添加屏蔽层，而线对屏蔽技术与总屏蔽技术相组合，再加上屏蔽材料的变化，就形成了各式各样的屏蔽双绞线电缆。

5. 超五类双绞线电缆

超5类双绞线电缆具有衰减小，串扰少的特点，并且具有更高的衰减与串扰的比值和信噪比、更小的时延误差，性能得到很大提高。图4-15和图4-16分别为超五类非屏蔽双绞线电缆和超五类屏蔽双绞线电缆。

6. 六类双绞线电缆

2002年6月24日，TIA正式出版六类布线标准，作为商业建筑布线系统系列标准TIA/EIA 568-B中的一个附录，这是TIA发布的最成功的标准之一。新的六类标准对平衡双绞电缆、连接硬件、跳线、通道和永久链路作了详细的要求，提供了1～250 MHz频率范围内实验室和现场测试程序的实际性能检验。六类标准还包括提高电磁兼容性时对线缆和连接硬件平衡的要求，为用户选择更高性能的产品提供了依据，同时，它也应当满足网络应用标准组织的要求。图4-17和图4-18分别为六类非屏蔽双绞线电缆和六类屏蔽双绞线电缆。

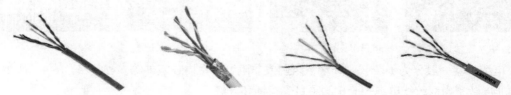

图4-15 超五类电缆　　图4-16 超五类屏蔽电缆　　图4-17 六类电缆　图4-18 六类屏蔽电缆

7. 七类双绞线电缆

七类标准是一套在100Ω双绞线上支持最高600 MHz带宽传输的布线标准。1997年9月，ISO/IEC确定开始进行七类布线标准的研发。与四类、五类、超五类和六类相比，七类具有更高的传输带宽（至少600MHz）。从七类标准开始，布线历史上出现了"RJ"型和"非RJ"型接口的划分。图4-19所示为"RJ"型接口，由于"RJ型"接口目前达不到600 MHz的传输带宽，七类标准还没有最终论断，目前国际上正在积极研讨七类标准草案。

"非RJ型"七类布线技术完全打破了传统的8芯模块化RJ型接口设计，从RJ型接口的限制脱离出来，不仅使七类的传输带宽达到1.2 GHz，还开创了全新的1、2、4对的模块化形式，这是一种新型的满足线对和线对隔离、紧凑、高可靠性、安装便捷的接口形式，如图4-20所示。

图4-19 RJ型接口　　　　　　图4-20 非RJ型接口

8. 大对数双绞线电缆

1）大对数双绞线电缆的组成

大对数电缆是由25对具有绝缘保护层的铜导线组成的。它有三类25对大对数双绞线，五类25对大对数双绞线，为用户提供更多的可用线对，并被设计为扩展的传输距离上实现高速数据通信应用，传输速度为100 MHz。导线色彩由蓝、橙、棕、灰和白、红、黑、黄、紫编码组成。

2）大对数双绞线电缆的品种

大对数电缆品种分为屏蔽大对数双绞线电缆和非屏蔽大对数双绞线电缆，如图4-21和图4-22所示。其中，非屏蔽大对数双绞线电缆主要用于综合布线工程中的垂直子系统，它提供建筑物的干线电缆，负责连接管理间子系统到设备间子系统，也可使用光缆进行连接。而大对数屏蔽双绞线电缆则是在线缆外皮和线对之间增加了一层铝箔屏蔽层，起到减小电磁干扰的作用，从而起到更好的屏蔽作用。

图4-21 屏蔽大对数线

图4-22 非屏蔽大对数线

3）大对数双绞线电缆的色谱

大对数电缆的色谱必须符合相关国际标准和中国标准，共有10种颜色组成，如表4-4所示。主色为白、红、黑、黄、紫五种，副色为蓝、橙、绿、棕、灰五种。

表4-4 10种颜色排列表

主色	白	红	黑	黄	紫
副色	蓝	橙	绿	棕	灰

5种主色和5种副色组成25种色谱，其色谱如下：

白蓝，白橙，白绿，白棕，白灰；
红蓝，红橙，红绿，红棕，红灰；
黑蓝，黑橙，黑绿，黑棕，黑灰；
黄蓝，黄橙，黄绿，黄棕，黄灰；
紫蓝，紫橙，紫绿，紫棕，紫灰；

50对电缆由2个25对组成，100对电缆由4个25对组成，依此类推。每组25对再用副色标识，如蓝、橙、绿、棕、灰。

4.1.2 光缆

为了直观的介绍光缆，方便教学和学生参观实训，快速掌握常用光缆知识，认识产品和积累工程经验，我们以"西元网络综合布线器材展示柜"中光缆展示柜为例，逐一介绍和说明，如图4-23所示。

1. 光缆的分类和用途

光缆结构的主旨在于保护内部光纤，不受外界机械应力和水、潮湿的影响。因此光缆设计、生产时，需要按照光缆的应用场合、敷设方法设计光缆结构。不同材料构成了光缆不同的机械、环境特性，有些光缆需要使用特殊材料从而达到阻燃、阻水等特殊性能。光缆可根据不同分类方法加以区分，通常的分类方法有：

图4-23 "西元"光缆展示

（1）按照应用场合分为室内光缆、室外光缆、室内外通用光缆等。

（2）按照敷设方式分为架空光缆、直埋光缆、管道光缆、水底光缆等。

（3）按照结构分为紧套型光缆、松套型光缆、单一套管光缆等。

2．光纤现场快速端接技术

光纤与光纤之间的接续常见于室外及室内主干之间，主干与分支之间，以及光纤到管理配线架，可采用热熔接或机械接续的方式。光纤与光纤的接续不因光纤连接头种类的不同而受影响。

热熔接方式相对其他接续方式速度较快，每芯接续在1分钟内完成，接续成功率较高，传输性能、稳定性及耐久性均有所保障。机械接续是将光纤进行切割清洁后，插入接续匹配盘（有的产品称作V型槽）中对准、相切并锁定。机械接续可多次操作，速度也较快。

3．室内光缆

室内光缆可能会同时用于语音、数据、视频、遥测和传感等。由于室内环境比室外要好得多，一般不需要考虑自然的机械应力和雨水等因素，所以多数室内光缆是紧套、干式、阻燃、柔韧型的光缆，但是，由于光缆布放在用户端的区域或者室内，主要由用户使用，因此对其易损性应给予更积极的关注。图4-24所示为室内光缆。

室内光缆通常由光纤，加强件和护套组成，其结构如图4-25所示。

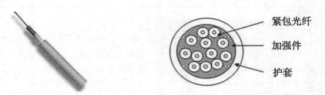

图4-24　室内光缆　　图4-25　12芯室内光缆典型结构图

对于特定场所的光缆需求，也可以选择金属铠装、非金属铠装的室内光缆，这种光缆松套和紧套的结构都有，类似室外光缆结构，其机械性能要优于无铠装结构的室内光缆，主要用于环境、安全性要求较高的场所，通常有如图4-26所示的结构。

4．室外光缆

室外光缆的抗拉强度较大，保护层较厚重，并且通常为铠装（即金属皮包裹）。图4-27和图4-28分别为室外单模光缆和室外多模光缆。

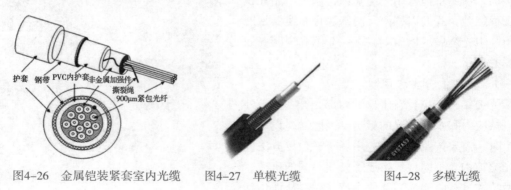

图4-26　金属铠装紧套室内光缆　　图4-27　单模光缆　　图4-28　多模光缆

4.2　网络综合布线系统连接器件

4.2.1　电缆连接器件

为了直观地介绍电缆连接器件，方便教学和学生参观实训，快速掌握常用电缆连接器件，认识产品和积累工程经验，我们以"西元网络综合布线器材展示柜"中铜缆展示柜为例，逐一介绍和说明，如图4-2所示。

1. **网络模块**

1）网络模块的种类

网络模块主要有以下几类：

（1）五类模块。五类模块如图4-29所示。

（2）超五类模块。超五类模块是目前使用较为广泛的一类模块，分为超五类屏蔽模块和超五类非屏蔽模块。其中，屏蔽模块主要用于具有电磁干扰的环境，如图4-30所示。

（3）六类模块。六类模块执行标准是 EIA/TIA 568B.2-1，其核心部件是线路板，它的设计结构、制作工艺，基本上决定了产品的性能指标。六类模块的外形如图4-31所示。

图4-29 五类模块　　　图4-30 超五类模块　　　图4-31 六类模块

（4）七类模块。七类标准是一套在100Ω双绞线上支持最高600 MHz带宽传输的布线标准。"非RJ型"7类/F级具有光纤所不具备的功能。在工作区或电信间，有1对、2对、4对模块连接插头形式，实现了在同一插座连接多种应用设备的功能，如图4-32所示。

（5）非屏蔽模块。非屏蔽模块在网络中传递数字和模拟的语音、数据和视频信号，适用于所有超五类/六类应用，如图4-33和图4-34所示。

（6）屏蔽模块。屏蔽模块通过屏蔽外壳将外部电磁波与内部电路完全隔离。因此它的屏蔽层需与双绞线的屏蔽层连接后，形成完整的屏蔽结构。

① RJ-45型屏蔽模块与非RJ-45型屏蔽模块如图4-35和图4-36所示。

图4-32 七类模块　　图4-33 超五类模块　　图4-34 六类模块　图4-35 RJ-45型　图4-36 非RJ-45型

② 屏蔽模块的名称及外形示意图：

CS型屏蔽模块：一种含螺丝安装孔的一体化屏蔽模块，铸造型壳体，如图4-37所示。

DataGate1型：内置防尘盖，可防止尘土和杂质进入连接器，在跳线没有插牢时，弹簧支撑的防尘盖会弹出跳线，并可实现单手插入和拔出跳线，如图4-38所示。

DataGate2型：具有坚固的压铸外壳，提供更优越的电磁保护能力。目前可以达到的物理带宽超过500 MHz，如图4-39所示。

E500型：目前可以达到的物理带宽超过500 MHz，如图4-40所示。

图4-37　CS型模块

图4-38　DataGate1型模块

图4-39　DataGate2型模块

图4-40　E500型模块

（7）免打模块。免打模块是不需要使用打线工具的模块，如图4-41所示。一般的免打模块上都按颜色标有线序，接线时，将剥好的线插入对应的颜色下，再合上免打模块的盖子即可。

图4-41　免打模块

2）网络模块的结构与工作原理

首先介绍网络模块的结构和工作原理，网络模块的结构如图4-42所示，常见的超五类非屏蔽网络模块长31 mm，宽19 mm，高19 mm。每个网络模块由5部分组成，分别是：塑料线柱、刀片、水晶头插口、电路板、防尘盖。

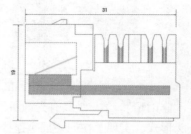
图4-42　网络模块结构示意图

第一，塑料线柱的结构如图4-43所示，每个线柱内镶有一个刀片，如图4-44所示，刀片长12 mm，宽4 mm。刀片下端固定在电路板上，上端穿入塑料线柱中，如图4-45所示。线芯压入塑料线柱时，被刀片划破绝缘层，夹紧铜导体，实现电气连接功能。

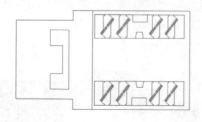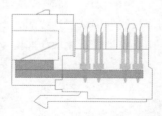

图4-43　塑料线柱　　　　图4-44　刀片　　　图4-45　刀片位置图

第二，水晶头插口如图4-46和图4-47所示，插口内有8个弹簧插针，弹簧插针一端固定在电路板上，通过电路与刀片连通，另一端与电路板成30°角。水晶头插入后，8个弹簧插针与水晶头上的8个刀片紧密接触。这样就实现了水晶头与模块的电气连接。

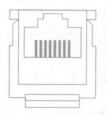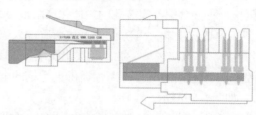

图4-46　水晶头插口　　　图4-47　水晶头与网络模块连接示意图

3）屏蔽模块结构与电气工作原理

（1）介绍常见的六类屏蔽卡装式免打网络模块的机械结构和电气工作原理。图4-48为六类屏蔽卡装式免打网络模块，外形尺寸为：长41 mm，宽17 mm，高26 mm。图4-49为部件图，由网络模块、塑料压盖和屏蔽外壳等三个部件组成。图4-50为零件图。

图4-48　屏蔽网络模块

图4-49　部件图

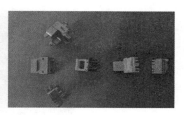
图4-50　零件图

（2）网络模块部件如图4-51所示，由 2个塑料注塑件（见图4-52）、1块PCB，8个刀片，8个弹簧插针组成。刀片如图4-53所示，长12 mm，宽4 mm。线芯压入塑料线柱时，被刀片划破绝缘层，夹紧铜导体，实现电气连接功能。将8个刀片和8个弹簧插针焊接在PCB上，通过PCB实现RJ-45插口与模块的电气连接。PCB与两个塑料注塑件固定在一起，装入屏蔽外壳中，组成完整的网络模块，如图4-54所示。

图4-51　网络模块部件图

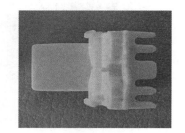
图4-52　塑料注塑件图

图4-53　刀片结构示意图

图4-54　网络模块图

（3）塑料压盖如图4-55所示，左端有8个卡线槽。右端下部为圆弧，上部为长方形凸台，中间为穿线孔。上下两面有线序标记。

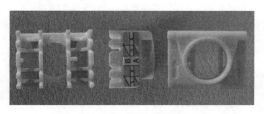
图4-55　模块压盖图

（4）屏蔽外壳如图4-56所示，由三个金属铸件组成，中间为RJ-45插口，上部设计有与配线架固定的卡台。两边为活动压盖。压盖内部贴有绝缘片，避免线头与外壳接触短路。特别注意压盖上有双箭头，箭头向下表示压在下边，箭头向上表示压在上边。压盖一端设计有适合绑扎电缆的圆槽。

（a）屏蔽外壳分开图

（b）箭头图

（c）微开图

（d）闭合图

图4-56　金属外壳图

2. 网络配线架

配线架是管理子系统中最重要的组件，是实现垂直干线和水平布线两个子系统交叉连接的枢纽。配线架通常安装在机柜或墙上。

1）五类配线架

五类配线架是使用较早的一类配线架，可提供100 MHz的带宽。五类配线架采用19英寸RJ-45口110配线架，此种配线架背面进线采用110端接方式，正面全部为RJ-45口用于跳接配线，它主要分为24口、36口、48口、96口几种，全部为19英寸机架/机柜式安装，其优点是体积小，密度高，端接较简单且可以重复端接，如图4-57所示。

2）超五类配线架

超五类配线架主要用于千兆网上，但现在也普通应用于局域网中，由于价格方面与五类线相差不多，因此目前在一般局域网中常见的是超五类或者六类配线架，特别是目前的超五类和六类配线架可以轻松提供155MHz的通信带宽，并拥有升级至千兆的带宽潜力，因此，成为当今水平布线的首选，如图4-58所示。

图4-57　五类配线架

图4-58　超五类配线架

3）六类配线架

六类配线架一般用于ATM网络中，公司局域网中暂时还不推荐采用。六类配线架同超五类配线架一样，可以轻松提供155MHz的通信带宽，并拥有升级至千兆的带宽潜力，因此，成为当今水平布线的首选，如图4-59所示。

4）七类配线架

七类配线架是目前最新的配线架。如图4-60所示。整个七类布线系统，以达到万兆以太网标准，永久链路传输带宽以500 MHz为目标。

图4-59　六类配线架

图4-60　七类配线架

5）非屏蔽配线架

非屏蔽配线架上的模块是非屏蔽的，因此不能达到屏蔽双绞线的作用，线芯之间依然存在电磁耦合，其示意图如图4-61所示。

6）屏蔽配线架

屏蔽配线架上设置了接地汇集排和接地端子，汇集排将屏蔽模块的金属壳体联结在一起。屏蔽模块的金属壳体通过接地汇集排连至机柜内的接集汇接排完成接地。屏蔽配线架可为屏蔽模块+配线架组合和一体化两类结构，如图4-62所示。

图4-61　非屏蔽配线架图

图4-62　屏蔽配线架

3．通信跳线架

通信跳线架与配线架作用相同，都是为了防止长时间的插拔，导致接口的松动和损坏。因此使用跳线架和配线架解决设备间的连接问题。不同的是，通信跳线架主要用于语音配线系统。一般采用110跳线架，主要是上级程控交换机过来的接线与到桌面终端的语音信息点连接线之间的连线和跳线部分，以便于管理、维护和测试。

1）25对跳线架

25对跳线架满足T-568A超五类传输标准，符合T568A和T568B线序，适用于设备间的水平布线或设备端接，以及集中点的互配端接，如图4-63所示。

2）50对跳线架

50对跳线架与25对跳线架具有相同的作用，但是承载的信息量却是25对跳线架的一倍，如图4-64所示。

3）五对连接块

由于大对数电缆都是5的倍数，如25对电缆，如果仅仅使用四对连接块，用6个就会多出一对线，用5个则多出5对线。而五对连接块的出现，很好地解决了这一问题（四对连接块×5+五对连接块×1=25对）。因此，对于大对数电缆来说，使用五对连接块可方便凑数。五对连接块外形如图4-65所示。

图4-63　25对跳线架　　　图4-64　50对跳线架　　　图4-65　五对连接块

4．网络水晶头

网络水晶头有两种，一种是RJ-45，一种是RJ-11。

RJ-45指的是由IEC（60）603-7标准化，使用国际性的接插件标准定义的8个位置（8针）的模块化插孔或者插头。也就是说RJ-45是一种国际标准化的接插件。

RJ-11外形定义为6针的连接器件，原名为WExW，这里的x表示"活性"，触点或者打线针。例如，WE6W有全部6个触点，编号1～6；WE4W只用4针，最外面的两个触点（1和6）不用；WE2W只使用中间两针。对于RJ-11，信息来源是矛盾的，它可以是2芯或4芯的6针连接插件，更加混淆的是，RJ-11并不仅是代表6针接插件，它还指4针的版本，也就是说RJ-11是一种非标的接插件。

1）水晶头的种类和用途

（1）五类水晶头。五类水晶头是使用较为广泛的一类水晶头，是直线排列，如图4-66所示。

（2）超五类水晶头。超五类水晶头一般使用超五类双绞线，也兼容五类双绞线。但是使用超五类线，传输距离和特性都有所增强。超五类水晶头外形如图4-67所示。

（3）六类水晶头。六类水晶头一般使用六类线（也可使用五类或超五类线），因为六类线比五类线粗一些，因此，从外观上就能看出六类和五类水晶头的区别。此外，六类水晶头的线芯是上下分层排列的，上排4根，下排4根，如图4-68所示。

（4）七类水晶头。七类标准是一套在100 Ω双绞线上支持最高600 MHz带宽传输的布线标准。从七类标准开始，布线历史上出现了和"RJ型"和"非RJ"型接口的划分。七类水晶头外形结构如图4-69所示。

图4-66　五类水晶头　　图4-67　超五类水晶头　　图4-68　六类水晶头　　图4-69　七类水晶头

（5）非屏蔽水晶头。非屏蔽水晶头即普通水晶头，无金属屏蔽层，如图4-70所示。

（6）屏蔽水晶头。屏蔽水晶头带有金属屏蔽层，抗干扰性能优于非屏蔽水晶头，如图4-71所示。但应用的条件比较苛刻，不是用了屏蔽的双绞线，在抗干扰方面就一定强于非屏蔽双绞线。屏蔽双绞线的屏蔽作用只在整个电缆均有屏蔽装置，并且两端正确接地的情况下才起作用。所以，最好整个系统全部是屏蔽器件，包括电缆、插座、水晶头和配线架等，同时建筑物需要有良好的地线系统。事实上，在实际施工时，很难全部完美接地，从而使屏蔽层本身成为最大的干扰源，导致性能甚至远不如非屏蔽双绞线UTP。

图4-70　非屏蔽水晶头

图4-71　屏蔽水晶头

2）超五类水晶头的结构与工作原理

下面介绍超五类水晶头的机械结构和工作原理。

图4-72所示为RJ45水晶头，每个水晶头由9个零件组成，包括1个插头体和8个刀片。同时每个水晶头配套一个塑料护套，如图4-73所示。

图4-72　水晶头实物照片

图4-73　水晶头护套实物照片

（1）如图4-74所示，插头体由透明塑料一次注塑而成，常见的插头体高13 mm，宽11 mm，长22 mm。如图4-75所示，插头体中安装有8个刀片，每个刀片高度为4 mm，宽度为3.5 mm，厚度为0.3 mm。

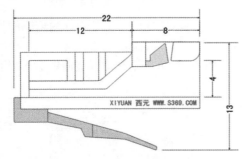
图4-74　插头体结构图（五类）

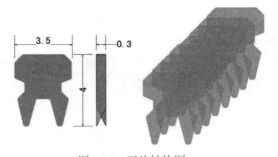
图4-75　刀片结构图

（2）插头体下边有一个弹性塑料限位手柄，弹性塑料手柄的结构如图4-76所示，手柄上有个卡装结构，用于将水晶头卡在RJ-45接口内。安装时，压下手柄，能够轻松插拔水晶头；松开手柄，水晶头就卡装在RJ-45接口内，保证可靠的连接。

（3）插头体的右端设计有三角形塑料压块，压接水晶头前，三角形塑料压块没有向下翻转，位置如图4-77所示，此时，插头体右端插入网线的入口尺寸为高4 mm，宽9 mm，网线可以轻松插入。

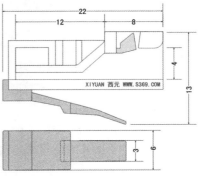
图4-76　弹性塑料手柄结构图

（4）如图4-78所示，水晶头压接时，三角形塑料压块向下翻转，卡装在水晶头内，将网线的护套压扁固定。这时，插头体右端的入口高度变为2 mm。图4-78为水晶头压接后实物照片。

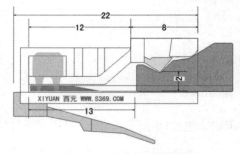

图4-77　水晶头压接结构图

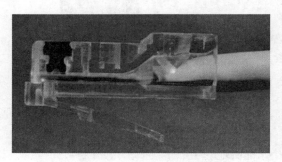

图4-78　水晶头压接后实物照片

（5）插头体中间有8个限位槽，每个限位槽的尺寸稍微大于线芯直径，刚好安装1根线芯，防止两根线芯同时插入一个限位槽中。

注意：五类、超五类水晶头的8个限位槽并排排列，如图4-79所示。

（6）如图4-80所示，插头体8个限位槽上方，分别安装有8个刀片，刀片突出插头体表面约1毫米。图4-80为五类水晶头压接前刀片位置。

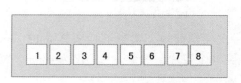

图4-79　五类水晶头限位槽结构图

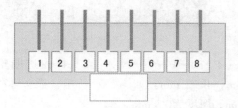

图4-80　五类水晶头压接前刀片位置

如图4-81所示，压接后8个刀片分别划破绝缘层插入8个铜线导体中，实现刀片与铜线的长期可靠连接，实现电气连接功能。

（7）如图4-82所示，刀片材料为高硬度钢材制造，硬度远远大于铜导体，表面镀金或镀铜处理，刀片前端设计有2个针刺。

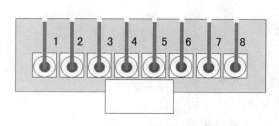

图4-81　五类水晶头压接后刀片位置

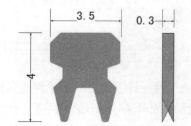

图4-82　五类水晶头刀片结构图

（8）如图4-83所示，压接时刀片下端的针刺首先穿透外绝缘层，然后扎入铜导体中，实现电气可靠连接。

通过对水晶头机械结构的了解，我们掌握了水晶头的工作原理，即用8个刀片针刺穿透网线绝缘层，扎入8个铜导体可靠连接，实现电气连接。

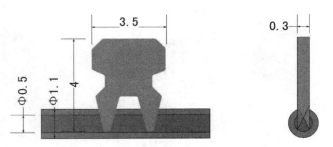

图4-83 刀片针刺扎入铜导体结构图（五类）

3）六类水晶头的结构与工作原理

六类水晶头和超五类水晶头结构表面看起来大体相似，其实有很大不同。

（1）限位槽排列方式不同。五类、超五类水晶头的8个限位槽并排排列。但六类水晶头的8个限位槽上下两排排列，如图4-84所示。

（2）水晶头压接前刀片位置不同。图4-85为六类水晶头压接前刀片位置。

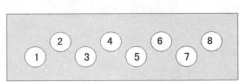

图4-84　六类水晶头限位槽结构图

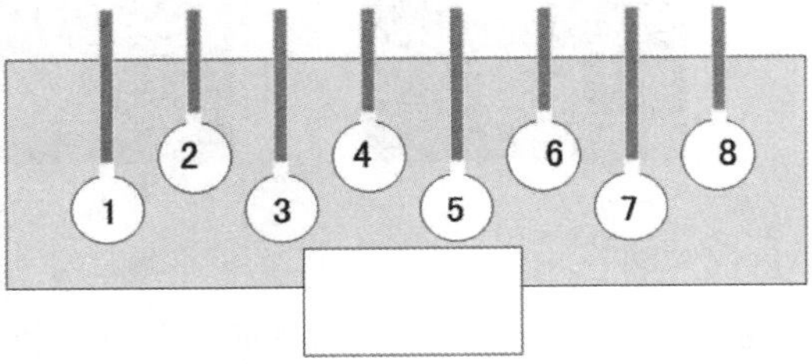

图4-85　六类水晶头压接前刀片位置

（3）水晶头压接后刀片位置不同。图4-86为六类水晶头压接后刀片位置。

（4）水晶头刀片结构不同。六类水晶头刀片前端设计有3个针刺，如图4-87所示；五类水晶头刀片前端设计有2个针刺。

4）屏蔽水晶头的结构

屏蔽水晶头与普通水晶头的结构类似，最大区别在于屏蔽水晶头带有金属屏蔽外壳，通过屏蔽外壳将外部电磁波与内部电路完全隔离。因此它的屏蔽层需要与模块以及传输线缆等综合布线系统的屏蔽层连接后，形成完整的屏蔽结构。屏蔽外壳一般保证在插入模块后裸露的四个面全部被金属屏蔽外壳完全包裹，只有水晶头插入部分和插入双绞线部分没有完全封闭。

常见屏蔽外壳的材料有铝、铜、塑料镀金属等，它是防护电磁干扰的屏障，因此屏蔽水晶头的抗干扰性能优于非屏蔽水晶头，如图4-88所示。

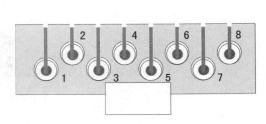

图4-86　六类水晶头压接后刀片位置

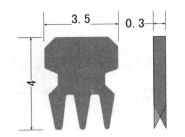

图4-87　六类水晶头刀片结构图

单元4　综合布线工程常用器材和工具

图4-88　屏蔽水晶头

5）组合水晶头的结构

组合水晶头一般是为了高质量保证连接的可靠性及安全防护性能设计的，常用于国家高标准单位、高端要求的公司。不同厂家的产品略有不同，如图4-89所示。

（a）三件套　　　　　　　　（b）四件套　　　　　　　　（c）五件套

图4-89　组合水晶头

如图4-89（a）所示，三件套每套包括分线器、理线器、水晶头三件。

如图4-89（b）所示，四件套每套包括分线器、水晶头、理线器、护套四件。

如图4-89（c）所示，五件套每套包括卡环、理线器、水晶头、压板、尾卡五件。

5．网络跳线

1）网络跳线制作技术要求

网络跳线制作主要技术要求如下：

（1）8芯导线插入的正确长度为13 mm。

为了保证电气连接可靠，要求8芯导线必须插到底，保证刀片的两个针刺都能扎入导线。根据水晶头机械结构，8芯导线插入的正确长度应该为13 mm，如图4-90所示，保证两个针刺都能扎入导线。

如果插入导线长度小于13 mm时，例如只有10 mm时，可能只有一个针刺扎入导线，如图4-91所示，电气连接不可靠。

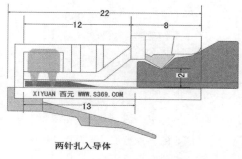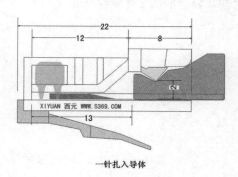

图4-90　两个针刺同时扎入导线　　　　　　　图4-91　只有1个针刺扎入导线

如果插入导线长度更短时，例如8 mm时，两个针刺都不能插入导线，如图4-92所示，造成开路，没有实现电气连接。

如果插入导线长度很长，超过13 mm，例如20 mm时，虽然左端能够保证两个针刺都插入导线，但是右端网线外护套不能被三角形压块压扁固定，网线容易拔出，如图4-93所示。

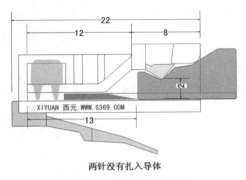

图4-92　没有针刺扎入导线

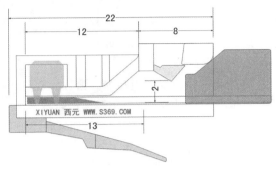

图4-93　网线外护套没有压扁固定

（2）剪掉撕拉线

网线中一般都有1根撕拉线，在制作水晶头时，必须剪掉露出的撕拉线，因为撕拉线韧性很大，可能影响针刺插入导线。

六类跳线制作时，必须剪掉网线中间的塑料十字骨架。

（3）保证跳线长度

在设备间和管理间的机柜中，大量使用跳线连接配线架和交换机等设备，对跳线长度的要求较高，因此在制作跳线时，必须保证跳线长度。跳线长度指的是包括两端水晶头的总长度。

（4）保证水晶头端接线序正确

制作跳线时，必须保证水晶头端接线序正确。端接方式又称为接线图，如图4-94和图4-95所示。

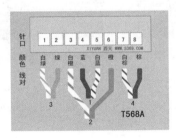

图4-94　T568A线序

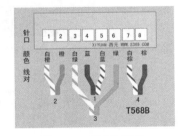

图4-95　T568B线序

标准规定有两种端接方式，T568A和T568B，两者电气性能相同，唯一区别在于1、2和3、6线对的颜色不同，特别注意3、6线对必须跨接在4、5线对两侧，否则，不能通过电气测试，并且会影响电气性能。

T568A线序为白绿、绿、白橙、蓝、白蓝、橙、白棕、棕。

T568B线序为白橙、橙、白绿、蓝、白蓝、绿、白棕、棕。

2）双绞线的剥线方法

下面我们介绍双绞线的剥线方法。

（1）调整剥线器刀片进深高度，剥除网线外护套

由于剥线器可用于剥除多种直径的网线护套，每个厂家的网线护套直径也不相同，因此，在每次制作前，必须调整剥线器刀片进深高度，保证在剥除网线外护套时，不划伤导线绝缘层或者铜导体。如图4-96所示，切割网线外护套时，刀片切入深度应控制在护套厚度的60%~90%,而不是彻底切透。

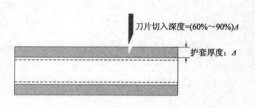

图4-96　剥除护套切割深度示意图

（2）剥除网线外护套

首先将网线放入剥线器中，顺时针方向旋转剥线器1~2周，然后用力取下护套，因为刀片没有完全将护套划透，因此不会损伤线芯。

剥除护套的长度宜为20 mm，如果剥除护套太长，拆开线对比较费时；如果剥除护套太短，捋直线对会比较困难。

（3）剪掉撕拉线。

用剪刀剪掉撕拉线，六类线还需要剪掉中间的十字骨架。

3）超五类水晶头跳线的制作

（1）剥开外绝缘护套和拆开4对双绞线。先将已经剥去绝缘护套的4对单绞线分别拆开相同长度，将每根线轻轻捋直；

（2）将8根线排好线序，并剪齐线端。按照T568B线序（白橙，橙，白绿，蓝，白蓝，绿，白棕，棕）水平排好，如图4-97（a）、（b）所示。将8根线端头一次剪掉，留13 mm长度，从线头开始，至少10 mm导线之间不应有交叉，如图4-97（c）所示。

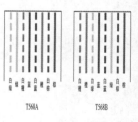

（a）T568B线序图　　（b）剥开排好T568B线序照片　　（c）剪齐的双绞线照片

图4-97　剥开外绝缘护套

（3）插入RJ-45水晶头，并用压线钳压接。将双绞线插入RJ-45水晶头内，如图4-98（a）所示。注意一定要插到底。如图4-98（b）所示。

（a）导线插入RJ-45插头　　　　（b）双绞线全部插入水晶头

图4-98　双绞线插入RJ-45水晶头

4）六类水晶头的制作

这里简单介绍一下六类水晶头的制作方法。六类水晶头一般使用六类线，因为六类线比五类线粗一些，因此，从外观上就能看出六类和五类水晶头的区别。此外，六类水晶头的纤芯采用线芯双层排列方式，目的是尽可能减少线对开绞长度，从而降低串扰影响。即上下分层排列，上排4根，下排4根，如图4-99所示。具体水晶头的制作步骤如图4-100所示。

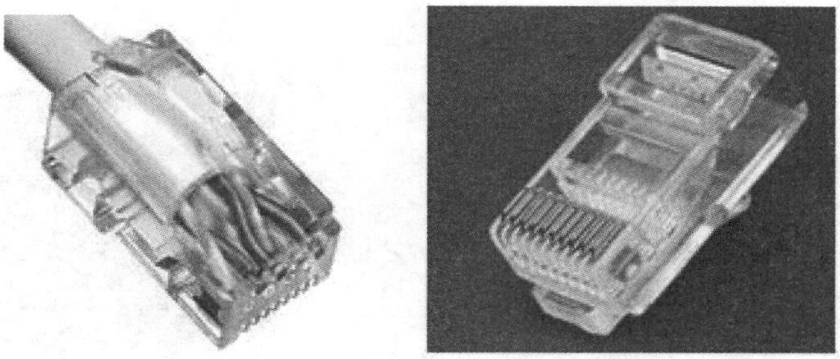

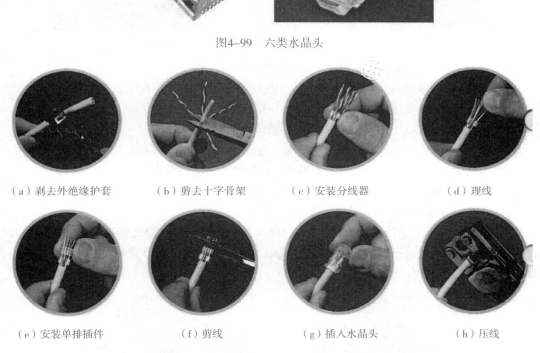

图4-99　六类水晶头

（a）剥去外绝缘护套　　　（b）剪去十字骨架　　　（c）安装分线器　　　（d）理线

（e）安装单排插件　　　（f）剪线　　　（g）插入水晶头　　　（h）压线

图4-100　"三部件" 6类RJ-45水晶头的制作

5）四件套组合水晶头的制作

（1）将护套穿入已经裁好的网线。如图4-101所示。

（2）使用剥线器，沿网线外护套，顺时针方向旋转一周，剥除30 mm的外护套。特别注意，剥除外护套前，需要根据网线直径，调整剥线器刀片高度，保证不能损伤线芯和屏蔽层，如图4-102所示。

（3）首先拆开铝箔屏蔽层和塑料纸，然后用剪刀剪掉牵引线、铝箔屏蔽层和塑料纸。注意保留接地线，不得剪断，如图4-103所示。

（4）拆开4对双绞线。首先把绿线对中自己，然后把四对双绞线拆成十字形，按照蓝、橙、绿、棕逆时针方向顺序排列，如图4-104所示。

图4-101　穿入护套

图4-102　剥线

图4-103　剪掉牵引线、铝箔屏蔽层和塑料纸

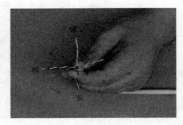

图4-104　拆线

（5）将每对网线分别拆开，并把8芯线分别捋直。

（6）首先将金属分线器插入8芯线中间，注意：把分线器的凹口向上，有Y槽面朝向自己。

然后把白绿线和绿线压入分线器的Y槽内，白绿线在左，绿线在右。

其次把白蓝线和蓝线压入分线器的I槽内，蓝线在左，白蓝线在右。

再次把白橙线和橙线压入分线器的左槽内，白橙线在左，橙线在右。

最后把白棕线和棕线压入分线器的右槽内，白棕线在左，棕线在右。

这样就完成了分线工作，8芯线按照T568B线序整齐排列，如图4-105所示。

（7）首先将线端剪齐，注意剪成斜角，方便穿线。

然后，将8芯线插入塑料理线器。注意：理线器一面有刀口和箭头标志，因此必须将理线器，有箭头的一面朝向自己，按照箭头方向插入8芯线。嵌入到金属分线器的凹口内。沿塑料分线器的端头把8芯线剪掉，如图4-106所示。

图4-105　分线

图4-106　插入塑料理线器

（8）首先把水晶头有刀片的一面朝向自己，将网线插入。注意把网线插到底，接地线不能插入。然后，把水晶头放入压线钳进行压接，如图4-107所示。

（9）将接地线折叠到网线护套外边，用尖嘴钳把水晶头的屏蔽层与网线固定，剪掉多余的接地线。注意：接地线必须放在屏蔽层下边，网线与水晶头保持直线，如图4-108所示。

图4-107　压接

（10）将护套向前插入水晶头，护套上的两孔卡入水晶头上的两个凸台中，这样就完成了水晶头的制作，如图4-109所示。

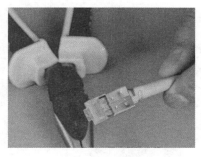
图4-108　固定

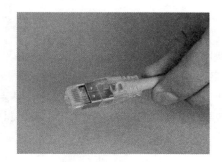
图4-109　插入护套

6. 信息插座

墙面安装的插座一般为86系列，插座为正方形，边长86 mm，常见的为白色塑料制造。一般采用暗装方式，把插座底盒暗藏在墙内，只有信息面板凸出墙面，如图4-110所示，暗装方式一般配套使用线管，线管也必须暗装在墙面内。也有凸出墙面的明装方式，插座底盒和面板全部明装在墙面，适合旧楼改造或者无法暗藏安装的场合，如图4-111所示。

地面安装的插座也称为"地弹插座"，使用时只要推动限位开关，就会自动弹起。一般为120系列，常见的插座分为正方形和圆形两种，正方形长120 mm，宽120 mm，如图4-112所示为方形地弹插座，圆形直径为150 mm，如图4-113所示圆形地弹插座，地面插座要求抗压和防水功能，因此都是黄铜材料铸造。

图4-110　墙面暗装底盒

图4-111　墙面明装底盒

图4-112　方形地弹插座

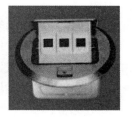
图4-113　圆形地弹插座

插座底盒内安装有各种信息模块，有光模块、电模块、数据模块、语音模块等。

按照缆线种类区分，有与电缆连接的电模块和与光缆连接的光模块。

按照屏蔽方式区分，有屏蔽模块和非屏蔽模块。

按照传输速率区分，有五类模块、超五类模块、六类模块、七类模块。

按照实际用途区分：有数据模块和语音模块等。

1）面板

常用面板分为单口面板和双口面板，面板外型尺寸符合国标86型、120型。

86型面板的宽度和长度分别是86 mm，如图4-114所示。通常采用高强度塑料材料制成，适合安装在墙面，具有防尘功能，如图4-115所示。此面板应用于工作区的布线子系统。面板表面带嵌入式图表及标签位置，便于识别数据和语音端口；配有防尘滑门用以保护模块、遮蔽灰尘和污物进入。

120型面板的宽度和长度是120 mm，通常采用铜等金属材料制成，适合安装在地面，具有防尘、防水功能，如图4-116所示。

图4-114　86型面板

图4-115　防尘面板

图4-116　120型面板

2）底盒

常用底盒分为明装底盒和暗装底盒。明装底盒通常采用高强度塑料材料制成，如图4-117所示，而暗装底盒有塑料材料制成的也有金属材料制成，如图4-118所示。

图4-117　明装底盒

图4-118　暗装底盒

4.2.2　光缆连接器件

光缆连接器件指的是装置在光缆末端使两根光缆实现光信号传输的连接器。其目的是使发射光纤输出的光能量能最大限度地耦合到接收光纤中去，并使由于其介入光链路而对系统造成的影响减到最小。我们以"西元网络综合布线器材展示柜"中光缆展示柜为例，逐一介绍和说明。

1. ST连接器和跳线

ST连接器（见图4-119）使用的跳线有6种，分别是：ST/ST单模跳线，ST/ST多模跳线，ST/SC单模跳线，ST/SC多模跳线，FC/ST单模跳线，FC/ST多模跳线。

2. SC连接器和跳线

SC连接器（见图4-120）使用的跳线有6种，分别是：SC/SC单模跳线，SC/SC多模跳线，ST/SC单模跳线，ST/SC多模跳线，FC/SC单模跳线，FC/SC多模跳线。

3. FC连接器和跳线

FC连接器（见图4-121）使用的跳线有8种：FC/FC单模跳线，FC/FC多模跳线，FC/SC单模跳线，FC/SC多模跳线，FC/ST单模跳线，FC/ST多模跳线，FC/LC单模跳线，FC/LC多模跳线。

图4-119　ST连接器

图4-120　SC连接器

图4-121　FC连接器

4. 光缆底盒与面板

光缆底盒的安装不同于铜缆底盒，光纤信息插座模块安装的底盒大小应充分考虑到水平光缆（2芯或4芯）终接处的光缆盘留空间和满足光缆对弯曲半径的要求。图4-122所示为86型光缆安装底盒。面板的选择应根据底盒总信息模块的数量而确定，且外形尺寸必须一致，因此建议选择配套的光缆底盒和面板，图4-123所示为86型光缆面板。

图4-122　86型光缆底盒

图4-123　86型光缆面板

4.3　网络机柜

4.3.1　标准U机柜

机柜是存放设备和线缆交接地方。标准U机柜以U为单位（1 U=44.45 mm）。

标准的机柜：内部安装尺寸宽度19英寸，机柜宽度为600 mm，一般情况下:服务器机柜的深≥800 mm，而网络机柜的深≤800 mm。具体规格如表4-5所示。

表4-5　网络机柜规格表

产品名称	用户单元	规格型号/mm（宽×深×高）	产品名称	用户单元	规格型号/mm（宽×深×高）
普通墙柜系列	6U	530×400×300	普通网络机柜系列	18U	600×600×1000
	8U	530×400×400		22U	600×600×1200
	9U	530×400×450		27U	600×600×1400
	12U	530×400×600		31U	600×600×1600
普通服务器机柜系列（加深）	31U	600×800×1600		36U	600×600×1800
	36U	600×800×1800		40U	600×600×2000
	40U	600×800×2000		45U	600×600×2200

4.3.2　配线机柜

配线机柜是为综合布线系统特殊定制的机柜。其特殊点在于增添了布线系统特有的一些附件，并对电源的布局提出了特别的要求，常见的配线机柜如图4-124所示。

图4-124　配线机柜

4.3.3 服务器机柜

常用服务器机柜一般安装在设备间子系统中，如图4-125所示。

图4-125 服务器机柜

4.3.4 壁挂式机柜

壁挂式机柜主要用于摆放轻巧的网络设备，外观轻巧美观，全柜采用全焊接式设计。牢固可靠。机柜背面有四个挂墙的安装孔，可将机柜挂在墙上节省空间，如图4-126所示。

小型挂墙式机柜，有体积小，纤巧，节省机房空间等特点。广泛用于计算机数据网络、布线、音响系统、银行、金融、证券、地铁、机场工程、工程系统等。

图4-126 壁挂式网络机柜

4.4 线 管

线管是综合布线工程中不可缺少的配件，我们以"西元网络综合布线器材展示柜"中配件展示柜为例，逐一介绍和说明，如图4-127所示，综合布线工程中常用的线管如下所述。

PVC线管（ϕ40/ϕ20）——水平布线使用。

PVC管卡（ϕ40/ϕ20）——固定ϕ40线圈。

PVC接头（ϕ40/ϕ20）——与同规格线管连接处配套使用。

PVC弯头（ϕ40）——与同规格线管拐弯处配套使用。

PVC三通（ϕ40）——与同规格线管连接处配套使用。

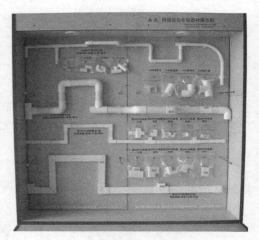

图4-127 "西元"配件展示柜

4.5 线 槽

线槽又名走线槽、配线槽、行线槽，是用来将电源线、数据线等线材规范整理，固定在墙上或者天花板上的布线工具。线槽一般有塑料和金属两种材质，可以起到不同的作用。

4.6 桥 架

桥架是建筑物内综合布线不可缺少的一个部分。图4-128所示为"西元"桥架展示系统。

图4-128 西元桥架展示系统

（1）托盘式桥架展示系统：托盘式电缆桥架是应用最为广泛的一种桥架设备。它具有很多优异的特点，重量轻，载荷大，造型美观、结构简单，而且安装方便等优点，它不但适用于动力电缆的安装，而且也适用于控制电缆的敷设等。

（2）槽式桥架展示系统：槽式电缆桥架，是一种全封闭型电缆桥架，它最适用于敷设计算机电缆、通信电缆、热电偶电缆及其他高灵敏系统的控制电缆。在屏蔽干扰和重腐蚀环境中对电缆的防护都有较好的效果。

（3）梯级式桥架系统：梯级式电缆桥架具有重量轻、成本低、造型别致、安装方便、散热、透气性好等特点，它适用于一般直径较大的电缆的敷设，特别适用于高、底压动力电缆的敷设。

4.7 常 用 工 具

在综合布线工程中，要用到电缆施工工具和光缆施工工具。我们以"西元"综合布线工具箱（KYGJX-12）和"西元"光纤工具箱（KYGJX-31）为例分别进行进行说明。

1. 铜缆工具箱

图4-129所示为"西元"综合布线工具箱，其工具名称和用途如下。

图4-129 "西元"综合布线工具箱

（1）RJ-45口网络压线钳：主要用于压接RJ-45水晶头，辅助作用是剥线，如图4-130所示。

（2）单口网络打线钳：主要用于跳线架打线。打线时应注意打线刀头是否良好；打线时应对正模块，快速打下，并且用力适当；打线刀头属于易耗品，刀头裁线次数≤1000次，超过使用次数后请及时更换，如图4-131所示。

（3）2 m钢卷尺：主要用于量取耗材、布线长度；属于易耗品，如图4-132所示。

（4）150 mm活扳手：主要用于拧紧螺母；使用时应调整钳口开合与螺母规格相适应，并且用力适当，防止扳手滑脱，如图4-133所示。

（5）150 mm十字螺丝刀：主要用于十字槽螺钉的拆装；使用时应将螺丝刀十字卡紧螺钉槽内，并且用力适当，如图4-134所示。

图4-130 RJ-45口压线钳　图4-131　单口打线钳　图4-132　2m钢卷尺　图4-133　150mm活扳手

（6）锯弓：主要用于锯切PVC管槽，如图4-135所示。

（7）锯弓条：配合锯弓用于切割管槽等耗材，如图4-135所示。

（8）美工刀：主要用于切割实训材料或剥开线皮，如图4-136所示。

（9）线管剪：主要用于剪切PVC线管，如图4-137所示。

图4-134　150 mm十字螺丝刀　图4-135　锯弓和锯弓条　图4-136　美工刀　图4-137　线管剪

（10）200 mm老虎钳：主要用于拔插连接块、夹持线缆等器材，剪断钢丝等，如图4-138所示。

（11）150 mm尖嘴钳：主要用于夹持线缆等器材，剪断线缆等，如图4-139所示。

（12）镊子：主要用于夹取较小的物品；使用时注意防止尖头伤人，如图4-140所示。

（13）300 mm不锈钢角尺：主要用于量取尺寸，画直角线等，如图4-141所示。

图4-138　200 mm老虎钳　图4-139　150 mm尖嘴钳　图4-140　镊子　图4-141　300 mm不锈钢角尺

（14）400mm条形水平尺：用于量取线槽、线管布线是否水平等，如图4-142所示。

（15）ϕ20弯管器：用于弯制PVC冷弯管，如图4-143所示。

（16）计算器：主要用于施工过程中的数值计算，如图4-144所示。

（17）麻花钻头（ϕ10，ϕ8，ϕ6）：用于在需要开孔的材料上钻孔；应根据钻孔尺寸选用合适规格的钻头；钻孔时应使钻夹头夹紧钻头，保持电钻垂直于钻孔表面，并且用力适当，防止钻头滑脱，如图4-145所示。

图4-142　400 mm条形水平尺　图4-143　ϕ20弯管器　图4-144　计算器　图4-145　麻花钻头

100

（18）M6丝锥：主要用于对螺纹孔的过丝，如图4-146所示。

（19）十字批头：配合电动螺丝刀用于十字槽螺钉的拆装，使用时应确认十字批头安装良好，如图4-147所示。

（20）RJ-45水晶头：实训耗材，如图4-148所示。

（21）M6×16螺钉：实训耗材，如图4-149所示。

图4-146　M6丝锥　　　图4-147　十字批头　　图4-148　RJ-45水晶头　图4-149　M6×16螺钉

（22）线槽剪：主要用于剪切PVC线槽，也适用于剪软线、牵引线；使用时手应远离刀口，快要切断时应用力适当，如图4-150所示。

（23）弯头模具：主要用于锯切一定角度的线管、线槽；使用时将线槽水平放入弯头模具内槽中，如图4-151所示。

（24）旋转网络剥线钳：用于剥取网线外皮；使用时将工具顺时针旋转剥线，如图4-152所示。

（25）丝锥架：与丝锥配合用于对螺纹孔的过丝，如图4-153所示。

   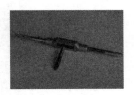

图4-150　线槽剪　　图4-151　弯头模具　　图4-152　旋转网络剥线钳　　图4-153　丝锥架

2. 光缆工具箱

光缆工具箱主要用于通信光缆线路的施工、维护、巡检及抢修等，提供从通信光纤的截断、开剥、清洁以及光纤端面的切割等工具。我们以"西元"光纤工具箱（KYGJX-31）为例进行说明，图4-154所示为"西元"光纤工具箱，其工具名称和用途如下所述。

图4-154　"西元"光纤工具箱

（1）束管钳：主要用于剪切光缆中的钢丝绳，如图4-155所示。

（2）8英寸多用剪：适合剪一些相对柔软的物件，如牵引线等，不宜用来剪硬物，如图4-156所示。

（3）剥皮钳：主要用于光缆或者尾纤的护套剥皮，不适合剪切室外光缆的钢丝。剪剥外皮时，要注意剪口的选择，如图4-157所示。

（4）美工刀：用于裁剪跳线、双绞线内部牵引线等，不可用来切硬物，如图4-158所示。

图4-155　束管钳　　　　图4-156　8英寸多用剪　　　图4-157　剥皮钳　　　图4-158　美工刀

（5）150 mm尖嘴钳：适用于拉开光缆外皮或夹持小件物品，如图4-159所示。

（6）200 mm钢丝钳：俗名老虎钳，主要用来夹持物件，剪断钢丝，如图4-160所示。

（7）150 mm斜口钳：主要用于剪光缆外皮，不适合剪钢丝，如图4-161所示。

（8）光纤剥线钳：适用于剪剥光纤的各层保护套，有3个剪口，可依次剪剥尾纤的外皮、中层保护套和树脂保护膜。剪剥时注意剪口的选择，如图4-162所示。

图4-159　150 mm尖嘴钳　图4-160　200 mm钢丝钳　图4-161　150 mm斜口钳　图4-162　光纤剥线钳

（9）150 mm活动扳手：用于紧固螺钉，如图4-163所示。

（10）横向开缆刀：用于切割室外光缆的黑色外皮，如图4-164所示。

（11）清洁球：用于清洁灰尘，如图4-165所示。

（12）背带：便于携带工具箱。

（13）酒精泵：盛放酒精，不可倾斜放置，盖子不能打开，以防止挥发，如图4-166所示。

图4-163　150mm活动扳手　图4-164　横向开缆刀　　　图4-165　清洁球　　　图4-166　酒精泵

（14）2 m钢卷尺：测量长度。

（15）镊子：用于夹持细小物件。

（16）记号笔：用于标记。

（17）红光笔：可简单检查光纤的通断。

（18）酒精棉球：蘸取酒精擦拭裸纤，平时应保持棉球的干燥，如图4-167所示。

（19）组合螺丝批：又称组合螺丝刀，用于紧固相应的螺钉，如图4-168所示。

（20）微型螺丝批：又称微型螺丝刀，用于紧固相应的螺钉，如图4-169所示。

（21）光纤熔接机：光纤熔接机主要用于光通信中光纤的施工和维护。其原理是靠电弧将两头光纤熔化，同时运用准直原理平缓推进，以实现光纤模场的耦合。图4-170所示为"西元"光纤熔接机。

图4-167 酒精棉球

图4-168 组合螺丝批

图4-169 微型螺丝批

图4-170 光纤熔接机

4.8 典型行业应用案例

——电子配线架的应用

1. 概述

传统布线系统的管理只能依靠手工对管理记录进行更新，设备和连接的改动往往很难在第一时间反应在管理文档中。随着布线建设的规模化，传统的布线管理已经不能满足现代布线建设的要求。智能布线系统就是在这样的背景下诞生的，它的特点如下：

- 实时性：避免管理的时间延迟。
- 逻辑性：避免管理的低效率。
- 集中性：避免人力资源的过多投入。
- 安全性：侦测非法设备的侵入。

通过智能布线系统，将网络连接的架构及其变化自动传给系统管理软件，管理系统将收到的实时信息进行处理，用户通过查询管理系统，便可随时了解布线系统的最新结构。通过管理元素全部电子化，可以做到直观、实时和高效的无纸化管理。

2. 智能布线发展历程

第一代智能布线系统出现在1995年，第二代智能布线系统出现在2000年前后，采用智能型配线架和智能型跳线。第三代智能布线系统在第二代的基础上实现了和网络设备的通信，从而实现更完善的管理功能。经过多年的发展和完善，智能布线系统已经能够实现如下功能：实时监测端到端网络连接，控制工作任务（比如跳线等）的执行，图形化显示物理层的连接架构，自动识别网络和拓扑结构，侦测非法设备的侵入，支持PBX系统，支持IP电话系统，搜索功能，报告功能，资产管理和其他智能系统的结合。

3. 智能布线的系统构成

信息终端通过跳线连接到信息插座，信息插座通过配线子系统的线缆端接到管理间的电子配线架，形成永久链路。楼层交换机也端接到另外一个电子配线架上，形成永久链路，两个电子配线架之间通过跳线进行连接，这种交叉连接方式大大地方便了网络的扩展和维护。管理单元用于管理电子配线架，将电子配线架的动态信息持久化到SQL服务器进行存储，方便用户查阅和管理。智能布线系统的系统构成示意图如图4-171所示。

4. 智能布线系统的优势

1）实时监测端到端网络连接

智能布线系统采用智能型配线架和智能型跳线，每个端口都包含电子信息。

当智能型跳线插入或拔出智能型配线架的端口时候，端口的电子信息及其连接或断开的信息就可以及时地通过管理设备传达到管理软件，可以通过声光邮件等形式对紧急事件进行报警，管理人员就能及时知道网络连接的变化，对其进行报警处理。

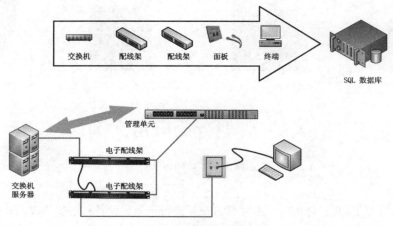

图4-171　智能布线系统的系统构成

同时，连接变化后，新的网络结构便会被管理软件所自动记录，不会有遗漏或延迟等情况出现。

智能型铜缆配线架、跳线和传统型铜缆配线架、跳线可以互相通用；智能型光缆配线架、跳线和传统型光缆配线架、跳线也可以互相通用。

2）LED指示灯动态指示，并可控制工作任务的执行

智能型配线架与传统型配线架相比较，另一个不同点就是，智能型配线架每个端口上都有LED指示灯。LED指示灯为执行现场操作提供重要的依据，和传统布线系统相比，大大提高了现场操作的准确性和效率。

管理人员可以通过软件将需要执行的任务（比如跳线等）下达到每个管理设备，继而下达到配线架。操作人员到达现场后，只需要根据LED指示灯的示意操作，就可以保证其准确率，节省大量的时间，保证了高效的管理。如果操作人员操作有误，系统会通过LED指示灯提示操作人员，管理人员也可以即时通过软件的报警功能得知。

当任务被下达给不同的操作人员时，这些人员可以通过PDA等设备，从管理设备下载属于自己的任务，相互实施，互不干扰，如图4-172所示。

3）图像化的显示

图4-172　利用PDA下载任务

智能布线系统的管理软件可以图形化显示物理层的连接架构，如所在的国家、城市、建筑物、楼层、房间、机架、配线架、线缆、插座和网络设备等，十分直观。远在不同国家不同城市不同建筑物的设备，也可以在同一个管理软件里进行管理。网络连接发生变化后，管理软件内的图形化架构会实时更新，非常高效，避免了人力资源的重复投入。管理人员面对图形化管理界面，就如同是面对微缩的布线系统，并可以通过软件了解到任意管理元素的详细内容。

4.9 工 程 经 验

1．在配线架打线之后一定要做好标记

有一次在施工中，有几个信息点在安装配线架打线完成后，没有及时做标记。等开通网络的时候，端口无法对上，工程师逐个检查后才处理好。这样不但延长了施工工期，而且还加大了工程的成本。

2．制作跳线不通

我们在制作跳线RJ–45头时往往会遇到制作好后有些芯不通，这主要的原因有两点：

（1）网线线芯没有完全插到位。

（2）在压线的时候没有将水晶头压实。

3．打线方法要规范

有些施工工人在打线的时候，并不是按照T568A或者T568B的打线方法进行打线的，而是按照1、2线对打白色和橙色，3、4线对打白色和绿色，5、6线对打白色和蓝色，7、8线对打白色和棕色，这样打线在施工的过程中是能够保证线路畅通的，但是它的线路指标却是很差的，特别是近端串扰指标特别差，会导致严重的信号泄漏，造成上网困难和间接性中断。因此，项目经理一定要提醒制作工人不要犯这样的错误。

4.10 练 习 题

1．填空题

（1）目前，在综合布线工程中常使用的传输介质有＿＿＿＿＿、大对数双绞线、＿＿＿＿等。

（2）＿＿＿＿＿是综合布线工程中最常用的传输介质。

（3）双绞线是由两根具有绝缘保护层的＿＿＿＿组成，其英文缩写是TP。

（4）目前，常用的双绞线电缆一般分为两大类，第一大类为＿＿＿＿，简称UTP网线，第二大类为＿＿＿＿，简称为STP。

（5）五类，超五类双绞线的传输速率能达到＿＿＿＿，六类双绞线的传输速率能达到250 Mbit/s，七类双绞线的传输速率能达到620 Mbit/s。

（6）在双绞线的制作工艺中，首先将铜棒拉制成直径为＿＿＿＿的铜导线。

（7）在综合布线标准中规定，双绞线直流电阻不得大于＿＿＿＿Ω，每对间的差异不能太大（小于0.1Ω），否则表示接触不良。

（8）衰减串扰比（ACR）是反映电缆性能的另一个重要参数，较大的ACR值表示对抗干扰的能力更＿＿＿＿，系统要求至少大于＿＿＿＿。

（9）GB 50311—2007《综合布线系统工程设计规范》中对双绞线电缆类型的命名方法规定U为＿＿＿＿，F为＿＿＿＿，S为＿＿＿＿。

（10）屏蔽双绞线比非屏蔽双绞线，更能防止＿＿＿＿，以避免数据传输速率降低。

2．选择题

（1）下列哪些属于有线传输的介质？（　　　　）

A. 双绞线 　　　　B. 同轴电缆 　　　　C. 光缆 　　　　D. 微波

（2）双绞线按频率和信噪比目前可分为几类，以下属于其中的是（　　　）。

A. 五类线 　　　　B. 超五类线 　　　　C. 六类线 　　　　D. 七类线

（3）对于双绞线电缆，主要技术参数有哪些？（　　　）

A. 衰减 　　　　B. 直流电阻 　　　　C. 特征阻抗 　　　　D. 近端串扰比

（4）下列属于光纤连接器类型的是（　　　）。

A. ST 　　　　B. SC 　　　　C. FC 　　　　D. CT

（5）ANSI/EIA/TIA568B中规定，双绞线的线序是（　　　）。

A. 白橙、橙、白绿、蓝、白蓝、绿、白棕、棕

B. 白橙、橙、白绿、绿、白蓝、蓝、白棕、棕

C. 白绿、绿、白橙、蓝、白蓝、橙、白棕、棕

D. 以上都不是

（6）若要求网络传输带宽达到600 Mbit/s，则选择（　　　）双绞线。

A. 五类 　　　　B. 超五类 　　　　C. 六类 　　　　D. 七类

（7）以下哪些选项会影响网络双绞线传输速率和距离？（　　　）

A. 4对绞绕节距和松紧度 　　　　　　B. 两芯线绞绕节距和松紧度

C. 布线拉力 　　　　　　　　　　　D. 护套厚度

（8）关于非屏蔽双绞线电缆的说法错误的是（　　　）。

A. 大量用于水平子系统的布线 　　　　B. 无屏蔽外套，直径小

C. 比屏蔽电缆成本低 　　　　　　　D. 比同类的屏蔽双绞线更能抗干扰

（9）一电缆护套上标有F/UTP字样，它属于以下哪类线缆？（　　　）

A. 光缆 　　　　　　　　　　　　　B. 在最外层没有使用屏蔽层的双绞线

C. 每对线芯都有屏蔽层 　　　　　　D. 每对线芯没有屏蔽，但是最外层有屏蔽

（10）某项目位于电视塔附近，电磁干扰很严重，且要求信道传输带宽达到200 Mbit/s，则应选择下列哪类双绞线？（　　　）

A. 超五类线UTP 　　B. 六类线UTP 　　C. 超五类STP 　　D. 六类STP

3. 思考题

（1）常用的网络连接线缆都有哪些？并列举其特点和用途。

（2）综合布线中的连接器件都有哪些？说明其用途。

（3）超五类，六类和七类综合布线的标准分别是什么？

（4）综合布线过程中的常用工具有哪些？使用时应该注意哪些问题？

（5）综合布线过程中使用的耗材有哪些？加工这些耗材应注意哪些问题？

4.11　实　训　项　目

本项目为2010年北京市职教教师网络组建与应用竞赛题目（竞赛现场见图4-173）。

图4-173　北京市职教教师网络组建与应用竞赛现场

4.11.1　网络跳线制作及测试实训

现场制作网络跳线，要求跳线长度误差控制在±5 mm以内，线序正确，压接护套到位，剪掉牵引线，符合GB 50312规定，跳线测试合格，其余符合以下要求：

（1）1根超五类非屏蔽铜缆跳线，T568B–T568B线序，长度600 mm。

（2）1根超五类屏蔽铜缆跳线，T568B–T568B线序，长度500 mm。

（3）1根六类非屏蔽铜缆跳线，T568B–T568B线序，长度400 mm。

特别要求：将做好的跳线在西元跳线测试仪上进行线序测试，并把全部跳线装入收集袋，检查确认收集袋编号与机位号相同后，摆放在工作台上，供裁判组收集和评判。

1．实训目的

● 掌握RJ-45水晶头和网络跳线的制作方法和技巧。

● 掌握网络线的色谱、剥线方法、预留长度和压接顺序。

● 掌握各种RJ-45水晶头和网络跳线的测试方法。

● 掌握网络线压接常用工具和操作技巧。

2．实训要求和课时

（1）完成网络线的两端剥线，不允许损伤线缆铜芯，长度合适。

（2）完成4根网络跳线制作实训，共计压接8个RJ-45水晶头。

（3）要求压接方法正确，每次压接成功，压接线序检测正确，正确率100%。

（4）2人一组，2课时完成。

3．实训设备、材料和工具

（1）"西元"牌网络配线实训装置，型号KYPXZ – 01 – 05。

（2）实训材料包1个。RJ-45水晶头8个，500 mm网线4根。

（3）剥线器1把，压线钳1把，钢卷尺1个。

4．实训步骤

（1）剥开双绞线外绝缘护套。首先剪裁掉端头破损的双绞线，使用专门的剥线剪或者压线钳沿双绞线外皮旋转一圈，剥去约30mm的外绝缘护套。如图4-174、图4-175所示。

特别注意不能损伤8根线芯的绝缘层，更不能损伤任何一根铜线芯。

图4-174　剥开护套

图4-175　抽取绝缘护套

（2）拆开4对双绞线。将端头已经抽去外皮的双绞线按照对应颜色拆开成为4对单绞线。拆开4对单绞线时，必须按照绞绕顺序慢慢拆开，同时保护2根单绞线不被拆开和保持比较大的曲率半径，图4-176所示为正确的操作结果。不允许硬拆线对或者强行拆散，形成比较小的曲率半径，图4-177表示已经将一对绞线硬折成很小的曲率半径。

图4-176　拆开双绞线

图4-177　折成小曲率半径

（3）拆开单绞线。将4对单绞线分别拆开。注意：RJ-45水晶头制作和模块压接线时线对拆开方式和长度不同。

RJ-45水晶头制作时注意，双绞线的接头处拆开线段的长度不应超过20 mm，压接好水晶头后拆开线芯长度必须小于14 mm，过长会引起较大的近端串扰。

模块压接时，双绞线压接处拆开线段长度应该尽量短，能够满足压接就可以了，不能为了压接方便拆开很长线芯，过长会引起较大的近端串扰。

（4）拆开单绞线和8芯线排好线序。把4对单绞线分别拆开，同时将每根线轻轻捋直，按照T568B线序水平排好，在排线过程中注意从线端开始，至少10 mm导线之间不应有交叉或者重叠。T568B线序为白橙，橙，白绿，蓝，白蓝，绿，白棕，棕，如图4-178所示。

（5）剪齐线端。把整理好线序的8根线端头一次剪掉，留14 mm长度，如图4-179所示。

图4-178　排好线序

图4-179　剪齐线端

（6）插入RJ-45水晶头并压接。把水晶头刀片一面朝自己，将白橙线对准第一个刀片插入8芯双绞线，每芯线必须对准一个刀片，插入RJ-45水晶头内，保持线序正确，而且一定要插到底。然后放入压线钳对应的刀口中，用力一次压紧，如图4-180和图4-181所示。

图4-180 插入RJ-45水晶头	图4-181 压接后的水晶头

（7）网络跳线测试。把跳线两端RJ-45头分别插入测试仪上下对应的插口中，观察测试仪指示灯闪烁顺序，如图4-182所示。T568B线序为白橙，橙，白绿，蓝，白蓝，绿，白棕，棕。如果跳线线序和压接正确时，上下对应的8组指示灯会按照1-1，2-2，3-3，4-4，5-5，6-6，7-7，8-8顺序轮流重复闪烁。

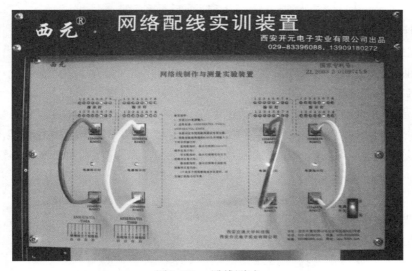

图4-182　跳线测试

如果有一芯或者多芯没有压接到位时，对应的指示灯不亮。

如果有一芯或者多芯线序错误时，对应的指示灯将显示错误的线序。

5. 实训报告

（1）写出网络线8芯色谱和T568B端接线顺序。

（2）写出RJ-45水晶头端接线的原理。

（3）总结出网络跳线制作方法和注意事项。

4.11.2　测试链路端接实训

在西元网络综合布线实训台上，按照图4-183所示的路由和端接位置，完成4组测试链路布线和端接。每组链路有3根跳线，端接6次，每组链路路由为：仪器RJ-45口→通信跳线架模块下层→通信跳线架模块上层→配线架网络模块→配线架RJ-45口→仪器RJ-45口。

要求链路端接正确，每段跳线长度合适，端接处拆开线对长度合适，剪掉牵引线。

图4-183中的颜色只是为了区别每组链路的3根跳线，比赛中请用现场提供的缆线。

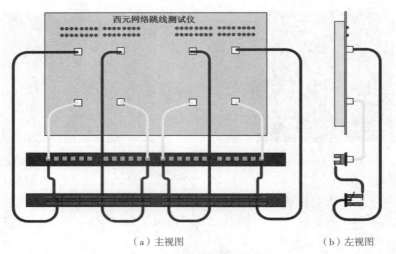

（a）主视图　　　　　　　　　（b）左视图

图4-183　测试链路的路由示意图

1. 实训目的

- 设计测试链路端接路由图。
- 熟练掌握跳线制作、110通信跳线架和RJ-45网络配线架端接方法。
- 掌握链路测试技术。

2. 实训要求和课时

（1）完成4根网络跳线制作，一端插在测试仪RJ-45口中，另一端插在配线架RJ-45口中。

（2）完成4根网线端接，一端端接在配线架模块中，另一端端接在通信跳线架连接块下层。

（3）完成4根网线端接，一端插在测试仪RJ-45口中，另一端端接在通信跳线架连接块上层。

（4）完成四个网络永久链路，每个链路端接6次48芯线，端接正确率100%。

（5）2人一组，2课时完成。

3. 实训设备、材料和工具

（1）"西元"牌网络配线实训装置（见图4-184）或网络综合布线实训台（见图4-185）或综合布线故障检测实训装置（见图4-186）。

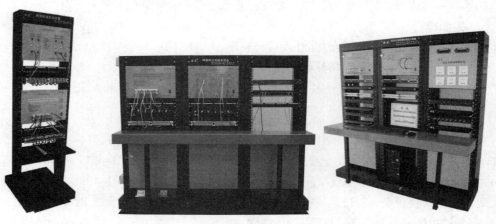

图4-184　网络配线实训装置　　图4-185　网络综合布线实训台　　图4-186　综合布线故障检测实训装置

（2）实训材料包1个。RJ-45水晶头12个，500 mm网线12根。

（3）剥线器1把，压线钳1把，打线钳1把，钢卷尺1个。

4．实训步骤

（1）准备材料和工具，打开电源开关。

（2）按照RJ-45水晶头的制作方法，制作第一根网络跳线，两端RJ-45水晶头端接，测试合格后将一端插在测试仪下部的RJ-45口中，另一端插在配线架RJ-45口中。

（3）把第二根网线一端按照568B线序端接在网络配线架模块中，另一端端接在110通信跳线架下层，并且压接好5对连接块。

（4）把第三根网线一端端接好RJ-45水晶头，插在测试仪上部的RJ-45口中，另一端端接在110通信跳线架模块上层，端接时对应指示灯直观显示线序和电气连接情况。

完成上述步骤就形成了有6次端接的一个永久链路。

（5）测试。压接好模块后，16个指示灯会依次闪烁，显示线序和电气连接情况。

（6）重复以上步骤，完成四个网络永久链路和测试。

5．实训报告

（1）设计1个复杂永久链路图。

（2）总结永久链路的端接和施工技术。

（3）总结网络链路端接种类和方法。

4.11.3 复杂链路端接实训

在实训台上，按照图4-187所示的路由和端接位置，完成6组复杂链路布线和端接。每组链路有3根跳线，端接6次，每组链路路由为：仪器面板通信模块→通信跳线架模块下层→通信跳线架模块上层→配线架网络模块→配线架RJ-45口→仪器面板通信模块。

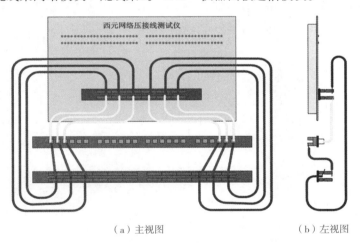

（a）主视图　　　　　　　（b）左视图

图4-187　复杂链路的路由示意图

要求链路端接正确，每段跳线长度合适，端接处拆开线对长度合适，剪掉牵引线。

图4-187中的颜色只是为了区别每组链路的3根跳线，比赛中请用现场提供的缆线。

1．实训目的

●熟练掌握通信跳线架模块端接方法。

●掌握网络配线架模块端接方法。

• 掌握常用工具和操作技巧。

2. 实训要求和课时

（1）完成6根网线端接，一端与RJ–45水晶头端接，另一端与通信跳线架模块的端接。

（2）完成6根网线端接，一端与配线架模块端接，另一端与跳线架模块下层端接。

（3）完成6根网线端接，两端与两个通信跳线架模块上层端接。

（4）排除端接中出现的开路、短路、跨接、反接等常见故障。

（5）2人一组，2课时完成。

3. 实训设备、材料和工具

（1）"西元"牌网络配线实训装置。

（2）实训材料包1个。500 mm网线18根，RJ–45水晶头6个。

（3）剥线器1把，打线钳1把，钢卷尺1个。

4. 实训步骤

（1）从实训材料包中取出3根网线，打开压接线实验仪电源。

（2）完成第一根网线端接，一端进行RJ–45水晶头端接，另一端与跳线架模块端接。

（3）完成第二根网线端接，一端与配线架模块端接，另一端与跳线架模块下层端接。

（4）完成第三根网线端接，把两端分别与两个通信跳线架模块的上层端接，这样就形成了一个有6次端接的网络链路，对应的指示灯直观显示线序。

（5）仔细观察指示灯，及时排除端接中出现的开路、短路、跨接、反接等常见故障。

（6）重复以上步骤，完成其余5根网线端接。

5. 实训报告

（1）写出通信跳线架模块端接线方法。

（2）写出网络配线架模块端接线方法。

（3）总结出通信跳线架模块和网络配线架模块的端接经验。

通过本单元内容的学习，熟悉工作区子系统的设计思路和方法，掌握工作区子系统安装和施工技术。

学习目标
- 独立完成工作区子系统的设计。
- 掌握工作区子系统所用设备和耗材。
- 掌握工作区子系统安装和施工技术。

5.1 工作区的基本概念和工程应用

综合布线系统工作区的应用，在智能建筑中随处可见，就是安装在建筑物墙面或者地面的各种信息插座，有单口插座，也有双口插座，图5-1所示为工作区子系统实际应用案例图。

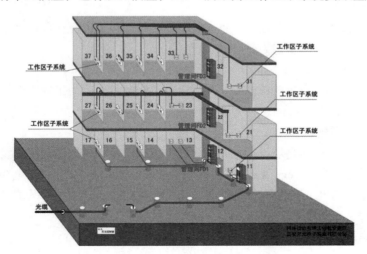

图5-1 工作区子系统实际应用案例图

在GB 50311—2007《综合布线系统工程设计规范》中，明确规定了综合布线系统工程"工作区"的基本概念，工作区就是"需要设置终端设备的独立区域"。这里的工作区是指需要安装计算机、打印机、复印机、考勤机等网络终端设备的一个独立区域。在实际工程应用中一个网络插口为1个独立的工作区，也就是一个网络模块对应一个工作区，而不是一个房间为1个工作区，在一个房间往往会有多个工作区。

如果一个插座底盒上安装了一个双口面板和两个网络插座，标准规定为"多用户信息插座"。在工程实际应用中，为了降低工程造价，通常使用双口插座，有时为双口网络模块，有时为双口语音模块，有时为1口网络模块和1口语音模块组合成多用户信息插座。

5.2　工作区子系统的设计原则

在工作区子系统的设计中，一般要遵守下列原则：

1. 优先选用双口插座原则

一般情况下，信息插座宜选用双口插座。不建议使用三口或者四口插座，因为一般墙面安装的网络插座底盒和面板的尺寸为长86 mm，宽86 mm，底盒内部空间很小，无法保证和容纳更多网络双绞线的曲率半径。

2. 插座高度300 mm原则

在墙面安装的信息插座距离地面高度为300 mm，在地面设置的信息插座必须选用金属面板，并且具有抗压防水功能。在学生宿舍家居遮挡等特殊应用情况下信息插座的高度也可以设置在写字台以上的位置。

3. 信息插座与终端设备5 m以内原则

为了保证传输速率和使用方便及美观，GB 50311规定，信息插座与计算机等终端设备的距离宜保持在5 m范围内。

4. 信息插座模块与终端设备网卡接口类型一致原则

GB 50311规定，插座内安装的信息模块必须与计算机、打印机、电话机等终端设备内安装的网卡类型一致。例如：终端计算机为光模块网卡时，信息插座内必须安装对应的光模块。计算机为六类网卡时，信息插座内必须安装对应的六类模块。

5. 数量配套原则

一般工程中大多数使用双口面板，也有少量的单口面板。因此在设计时必须准确计算工程使用的信息模块数量、信息插座数量、面板数量等。

6. 配置电源插座原则

在信息插座附近必须设置电源插座，减少设备跳线的长度。为了减少电磁干扰，电源插座与信息插座的距离应大于200 mm。

7. 配置软跳线原则

从信息插座到计算机等终端设备之间的跳线一般使用软跳线，软跳线的线芯应为多股铜线组成，不宜使用线芯直径0.5 mm以上的单芯跳线，长度一般小于5 m。六类电缆综合布线系统必须使用六类跳线，七类电缆综合布线系统必须使用七类跳线，光纤布线系统必须使用对应的光纤跳线。注意：在屏蔽布线系统中，禁止使用非屏蔽跳线。

8. 配置专用跳线原则

工作区子系统的跳线宜使用工厂专业化生产的跳线，尽量少在现场制作跳线，这是因为现场制作跳线时，往往会使用工程剩余的短线，而这些短线已经在施工过程中承受了较大拉力和多次拐弯，缆线结构已经发生了很大变化。另外实际工程经验表明在信道测试中影响最大的就是跳线，在六类、七类布线系统中尤为明显，信道测试不合格主要原因往往是两端的跳线造成的。

9. 配置同类跳线原则

跳线必须与布线系统的等级和类型相配套。例如，在六类布线系统中必须使用六类跳线，不能使用五类跳线，在屏蔽布线系统中不能使用非屏蔽跳线，在光缆布线系统中必须使用配套的光缆跳线，光缆跳线使用室内光纤，没有铠装层和钢丝，比较柔软。国际电联标准对光缆跳线的规定是橙色为多模跳线，黄色为单模跳线。

5.3 工作区子系统的设计步骤和方法

在工作区子系统设计前，首先需要研读用户提供的设计委托书，初步了解设计要求，然后需要与用户进行充分的技术交流，了解建筑物结构、面积及用户需求，再次认真阅读建筑物设计图纸，根据建筑物使用功能，配置和计算信息点数量，最后确定信息插座类型和位置等，进行规划、设计和预算，完成设计任务。一般工作流程和步骤如图5-2所示。

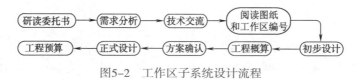

图5-2 工作区子系统设计流程

5.3.1 研读委托书

一般工程的项目设计按照用户设计委托书的需求来进行，在设计前必须认真研究和阅读设计委托书。重点了解网络综合布线项目的内容，例如建筑物用途、数据量的大小，人员数量等，也要熟悉强电、水暖的路由和位置。智能建筑项目设计委托书中一般重点为土建设计内容，往往对综合布线系统的描述和要求较少，这就要求设计者把与综合布线系统有关的问题整理出来，需要与用户再进行需求分析。

5.3.2 需求分析

需求分析是综合布线系统设计的首项重要工作，对后续工作的顺利开展是非常重要的，也直接影响最终工程造价。需求分析主要掌握用户的当前用途和未来扩展需要，目的是把设计按照写字楼、宾馆、综合办公室、生产车间、会议室、商场等类别进行归类，为后续设计确定方向和重点。

需求分析首先从整栋建筑物的用途开始进行，然后按照楼层进行分析，最后再到楼层的各个工作区或者房间，逐步明确和确认每层和每个工作区的用途和功能，分析这个工作区的需求，规划工作区的信息点数量和位置。

现在的建筑物往往有多种用途和功能，例如：一栋18层的建筑物可能会有这些用途，地下-2层为空调机组等设备安装层，地下-1层为停车场，1～2层为商场，3～4为餐厅，5～10写字楼，11～18层为宾馆。

5.3.3 技术交流

在进行需求分析后，要与用户进行技术交流，这是非常必要的。不仅要与技术负责人交流，也要与项目或者行政负责人进行交流，进一步充分和广泛的了解用户的需求，特别是未来的发展需求。在交流中重点了解每个房间或者工作区的用途、工作区域、工作台位置、工作台尺寸、设备安装位置等详细信息。在交流过程中必须进行详细的书面记录，每次交流结束后要及时整理书面记录，这些书面记录是初步设计的依据。

5.3.4 阅读图纸和工作区编号

索取和认真阅读建筑物设计图纸是不能省略的程序，通过阅读建筑物图纸掌握建筑物的土建结构、强电路径、弱电路径，特别是主要电器设备和电源插座的安装位置，重点掌握在综合布线路径上的电器设备、电源插座、暗埋管线等。在阅读图纸时，进行记录或者标记，这有助于将网络和电话等插座设计在合适的位置，避免强电或者电器设备对网络综合布线系统的影响。

工作区信息点命名和编号是非常重要的一项工作，命名首先必须准确表达信息点的位置或者用途，要与工作区的名称相对应，这个名称从项目设计开始到竣工验收及后续维护最好一致。如果出现项目投入使用后用户改变了工作区名称或者编号的情况，必须及时制作名称变更对应表，作为竣工资料保存。

5.3.5 初步设计

1. 工作区面积的确定

随着智能建筑和数字化城市的普及和快速发展，建筑物的功能呈现多样性和复杂性，智能化管理系统普遍应用。建筑物的类型也越来越多，大体上可以分为商业、文化、媒体、体育、医院、学校、交通、住宅、通用工业等类型，因此，对工作区面积的划分应根据应用的场合做具体的分析后确定。

工作区子系统包括办公室、写字间、作业间、技术室等须用电话、计算机终端、电视机等设施的区域和相应设备的统称。一般建筑物设计时，网络综合布线系统工作区面积的需求参照表5-1所示的内容。

表5-1　工作区面积划分表（GB 50311—2007规定）

建筑物类型及功能	工作区面积/m²
网管中心、呼叫中心、信息中心等终端设备较为密集的场地	3 ~ 5
办公区	5 ~ 10
会议、会展	10 ~ 60
商场、生产机房、娱乐场所	20 ~ 60
体育场馆、候机室、公共设施区	20 ~ 100
工业生产区	60 ~ 200

2. 工作区信息点的配置

一个独立的需要设置终端设备的区域宜划分为一个工作区，每个工作区需要设置一个计算机网络数据点或者语音电话点，或按用户需要设置。也有部分工作区需要支持数据终端、电视机及监视器等终端设备。

同一个房间或者同一区域面积按照不同的应用需求，其信息点种类和数量差别有时非常大，从现有的工程实际应用情况分析，有时1个信息点，有时可能会有10个信息点。有的只需要铜缆信息模块，有时还需要预留光缆备份的信息插座模块。因为建筑物用途不一样，功能要求和实际需求也不同。信息点数量的配置，不能只按办公楼的模式确定，要考虑多功能和未来扩展的需要，尤其是对于内外两套网络系统同时存在和使用的情况，更应加强需求分析，做出合理的配置。

每个工作区信息点数量可按用户的性质、网络构成和需求来确定。

在综合布线系统工程实际设计和应用中，一般按照下述面积或者区域配置来确定信息点数量。表5-2是作者根据多年项目设计经验总结的配置原则，提供读者参考。

表5-2 常见工作区信息点的配置原则

工作区类型及功能	安 装 位 置	信息点数量	
		数 据	语 音
网管中心、呼叫中心、信息中心等终端设备较为密集的场地	工作台附近的墙面集中布置的隔断或地面	1个/工位	1个/工位
集中办公区域的写字楼、开放式工作区等人员密集场所	工作台附近的墙面集中布置的隔断或地面	1个/工位	1个/工位
研发室、试制室等科研场所	工作台或试验台处墙面或者地面	1个/台	1个/台
董事长、经理、主管等独立办公室	工作台处墙面或者地面	2个/间	2个/间
餐厅、商场等服务业	收银区和管理区	1个/50m²	1个/50m²
宾馆标准间	床头或写字台或浴室	1个/间，写字台	1~3个/间
学生公寓（4人间）	写字台处墙面	4个/间	4个/间
公寓管理室、门卫室	写字台处墙面	1个/间	1个/间
教学楼教室	讲台附近	2个/间	0
住宅楼	书房	1个/套	2~3个/套
小型会议室/商务洽谈室	主席台处地面或者台面会议桌地面或者台面	2~4个/间	2个/间
大型会议室，多功能厅	主席台处地面或者台面会议桌地面或者台面	5~10个/间	2个/间
大于5000m²的大型超市或者卖场	收银区和管理区	1个/100m²	1个/100m²
2000~3000m²中小型卖场	收银区和管理区	1个/30~50m²	1个/30~50m²

3. 工作区信息点点数统计表

工作区信息点点数统计表简称点数表，是设计和统计信息点数量的基本工具和手段。

初步设计的主要工作是完成点数表，初步设计的程序是在需求分析和技术交流的基础上，首先确定每个房间或者区域的信息点位置和数量，然后制作和填写点数统计表。

点数统计表的做法是首先按照楼层，然后按照房间或者区域逐层逐房间的规划和设计网络数据、语音信息点数，再把每个房间规划的信息点数量填写到点数统计表对应的位置。每层填写完毕，就能够统计出该层的信息点数，全部楼层填写完毕，就能统计出该建筑物的信息点数。

点数统计表能够一次准确和清楚的表示和统计出建筑物的信息点数量。点数表的制作方法为，利用Microsoft Excel工作表软件进行，一般常用的表格格式为房间按照行表示，楼层按列表示。

第一行为设计项目或者对象的名称，第二行为房间或者区域名称，第三行为数据或者语音类别，其余的行填写每个房间的数据或者语音点数量，为了清楚和方便统计，一般每个房间有两行，一行数据，一行语音。最后一行为合计数量。在点数表填写中，房间编号由大到小按照从左到右的顺序填写。

第一列为楼层编号，填写对应的楼层编号，中间列为该楼层的房间号，为了清楚和方便统计，一般每个房间有两列，一列数据，一列语音。最后一列为合计数量。在点数表填写中，楼层编号由大到小按照从上往下顺序填写。

在填写点数统计表时，从楼层的第一个房间或者区域开始，逐间分析需求并划分工作区，确认信息点数量和大概位置。在每个工作区首先确定网络数据信息点的数量，然后考虑电话语音信息点的数量，同时还要考虑其他控制设备的需要，例如：在门厅和重要办公室入口位置考虑设置指纹考勤机、门警系统网络接口等。

表5-3所示为西安开元电子公司生产基地科研楼点数统计表，按照单元1中图1-24至图1-27的楼层功能布局图设计，共设计有477个数据信息点和305个语音信息点。从这个点数表中我们看到各层的信息点分配情况和总信息点数量如下：

（1）一层共设计有数据信息点240个，语音信息点96个。

（2）二层共设计有数据信息点76个，语音信息点54个。

（3）三层共设计有数据信息点90个，语音信息点88个。

（4）四层共设计有数据信息点71个，语音信息点67个。

关于这些信息点的设计情况，我们将在5.4节中详细说明。

表5-3　研发楼信息点数统计表

西安开元电子生产基地　研发楼综合布线点数统计表

房间号	x01	x02	x03	x04	x05	x06	x07	x08	x09	x10	x11	x12	x13	x14	x15	合计 (TO/TP/Σ)
四层 TO	2	8	2	0	10	15	10	4	10		10					71
四层 TP		2	8	2	0	15	10	0	10		10					67
三层 TO	2	10	1	10	2	0	2	15	4	10	10	4	10		10	90
三层 TP		2	10				2			10	10		10		10	88
二层 TO	4		2	2			2			4	16	4	22	12		76
二层 TP		2	2	1	2		2	2		4	16	4	2	12		54
一层 TO		34	14	0	24		17		116		16		14			240
一层 TP		34	2		24			1			16		2			96
合计 TO																477
合计 TP																305
合计 Σ																782

编写：蔡永亮　审核：樊果　审定：王公儒　西安开元电子实业有限公司　2010年12月12日

5.3.6　工程概算

在初步设计的基础上最后要给出该项目的概算，这个概算是指整个综合布线系统工程的造价概算，当然也包括工作区子系统的造价。工程概算的计算方法公式如下。

工程概算=信息点数量×信息点的概算价格

例如：按照表5-3点数表统计的数据信息点数量为782个，每个信息点的概算价格按照200元计算，该工程分项概算=782×200元=156 400元。

每个信息点的概算中应该包括材料费、工程费、运输费、管理费、税金等全部费用。材料中应该包括机柜、配线架、配线模块、跳线架、理线环、网线、模块、底盒、面板、桥架、线槽、线管等全部材料及配件。

5.3.7　方案确认

初步设计方案主要包括点数统计表和概算两个文件，因为工作区子系统信息点数量直接决定综合布线系统工程的造价，信息点数量越多，工程造价越大。工程概算的多少与选用产品的品牌和质量有直接关系，工程概算多时宜选用高质量的知名品牌，工程概算少时宜选用区域知名品牌。点数统计表和概算也是综合布线系统工程设计的依据和基本文件，因此必须经过用户确认。

用户确认的一般程序如图5-3所示。

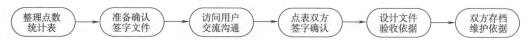

整理点数统计表 → 准备确认签字文件 → 访问用户交流沟通 → 点表双方签字确认 → 设计文件验收依据 → 双方存档维护依据

图5-3　点数统计表用户确认程序

用户确认签字文件至少一式四份，双方各两份。设计单位留一份存档，一份作为设计依据。

5.3.8　正式设计

用户确认初步设计方案和概算后，就必须开始进行正式设计，正式设计主要工作为准确设计每个信息点的位置，确认每个信息点的名称或编号，核对点数统计表最终确认信息点数量，为整个综合布线工程系统设计奠定基础。

1. 新建建筑物

根据GB 50311—2007《综合布线系统工程设计规范》的规定，从2007年10月1日起新建筑物必须设计网络综合布线系统，因此建筑物的原始设计图纸中必须有完整的初步设计方案和网络系统图。必须认真研究和读懂设计图纸，特别是与弱电有关的网络系统图、通信系统图、电气图等。

如果土建工程已经开始或者封顶，必须到现场实际勘测，并且与设计图纸对比。

新建建筑物的信息点底盒必须暗埋在建筑物的墙内，一般使用金属底盒。

2. 旧楼增加网络综合布线系统的设计

当旧楼改造需要增加网络综合布线系统时，设计人员必须到现场勘察，根据现场使用情况具体设计信息插座的位置、数量。

旧楼增加信息插座一般多为明装86系列插座，也可以在墙面开槽暗装信息插座。

3. 信息点安装位置

信息点的安装位置宜以工作台为中心进行设计，如果工作台靠墙布置时，信息点插座一般设计在工作台侧面的墙面，通过网络跳线直接与工作台上的计算机连接。避免信息点插座远离工作台，这样网络跳线比较长，既不美观，也可能影响网络传输速度或者稳定性，也不宜设计在工作台的前后位置。

如果工作台布置在房间的中间位置或者没有靠墙时，信息点插座一般设计在工作台下面的地面，通过网络跳线直接与工作台上的计算机连接。在设计时必须准确估计工作台的位置，避免信息点插座远离工作台。

如果是集中或者开放办公区域，信息点的设计应该以每个工位的工作台和隔断为中心，将信息插座安装在地面或者隔断上。目前市场销售的办公区隔断上都预留有2个86×86系列信息点插座和电源插座安装孔。新建项目选择在地面安装插座时，有利于一次完成综合布线，适合在办公家具和设备到位前综合布线工程竣工，也适合工作台灵活布局和随时调整，但是地面安装插座施工难度比较大，地面插座的安装材料费和工程费成本是墙面插座成本的10～20倍。对于已经完成地面铺装的工作区不宜设计地面安装方式。对于办公家具已经到位的工作区宜在隔断安装插座。

在大门入口或者重要办公室门口宜设计门警系统信息点插座。

在公司入口或者门厅宜设计指纹考勤机、电子屏幕使用的信息点插座。

在会议室主席台、发言席、投影机位置宜设计信息点插座。

在各种大卖场的收银区、管理区、出入口宜设计信息点插座。

4. 信息点面板

每个信息点面板的设计非常重要，首先必须满足使用功能需要，然后考虑美观，同时还要考虑费用成本等。

地弹插座面板一般为黄铜制造，只适合在地面安装，每只售价为100～200元，地弹插座面板一般都具有防水、防尘、抗压功能，使用时打开盖板，不使用时，盖好盖板与地面高度相同。地弹插座有双口RJ-45，双口RJ-11，单口RJ-45+单口RJ-11组合等规格，外型有圆形的也有方型的。地弹插座面板不能安装在墙面。

墙面插座面板一般为塑料制造，只适合在墙面安装，每只售价为5～20元，具有防尘功能，使用时打开防尘盖，不使用时，防尘盖自动关闭。墙面插座面板有双口RJ-45，双口RJ-11，单口RJ-45+单口RJ-11组合等规格。墙面插座面板不能安装在地面，因为塑料结构容易损坏，而且不具备防水功能，灰尘和垃圾进入插口后无法清理。

桌面型面板一般为塑料制造，适合安装在桌面或者台面，在设计中很少应用。

信息点插座底盒常见的有两个规格，适合墙面或者地面安装。墙面安装底盒为长86 mm，宽86 mm的正方形盒子，设置了2个M4螺孔，孔距为60 mm，又分为暗装和明装两种，暗装底盒的材料有塑料和金属材质两种，暗装底盒外观比较粗糙。明装底盒外观美观，一般由塑料注塑。

地面安装底盒比墙面安装底盒大，为长100 mm，宽100 mm的正方形盒子，深度为55 mm（或65 mm），设置了2个M4螺孔，孔距为84mm，一般只有暗装底盒，由金属材质一次冲压成型，表面电镀处理。面板一般为黄铜材料制成，常见有方型和圆型面板两种，方型的长为120 mm，宽120 mm，圆形的直径为150 mm。

5.3.9 工程预算

正式设计完毕后，所有方案已确定。可按照概算的公式进行系统造价预算。同样，预算中每个信息点应该包括材料费、工程费、运输费、管理费、税金等全部费用。材料中应该包括机柜、配线架、配线模块、跳线架、理线环、网线、模块、底盒、面板、桥架、线槽、线管等全部材料及配件。

工作区信息点的图纸设计是基础工作，直接影响工程造价和施工难度，大型工程也直接影响工期，因此工作区子系统信息点的设计工作非常重要。

在一般综合布线工程设计中，不会单独设计工作区信息点布局图，而是在综合网络系统图纸中。为了清楚的说明信息点的位置和设计的重要性，将在以后各节中给出常见工作区信息点的位置设计图。

5.4 工作区子系统设计案例

本节我们将以单元1中介绍的西安开元电子公司生产基地项目为例，说明工作区子系统的设计要求和设计方法。图5-4所示为该基地科研楼一层功能布局图，科研楼一层是园区建筑物信息点最多，应用最广泛的一个楼层，其中有单人办公室、集体办公室、会议室、展室、大厅等多种应用。

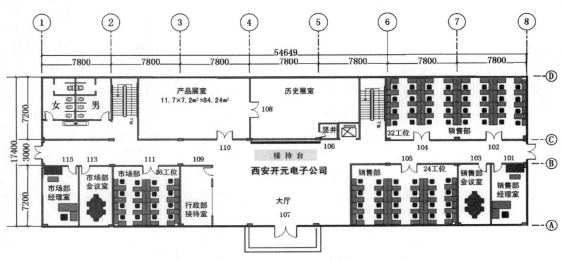

图5-4 研发楼一层功能布局图

5.4.1 单人办公室信息点设计

我们以研发楼一层的销售部经理办公室为例，说明单人办公室信息点的设计。

1. 确定工作区人员数量

从图5-4中我们看到，销售部经理室设计1人使用，因此按照单人办公室设计信息点。

2. 分析业务需求

从单元1西安开元电子公司机构设置图中，我们看到销售部经理向上对副总经理负责，管理公司遍布全国各地的办事处和代理商。从西安开元电子公司企业网络应用图中看到，公司的销售管理系统主要有商务系统、销售系统和市场推广系统等。销售部经理不仅业务量大，管理范围覆盖全国，数据和语音需求非常重要，而且这些需求也很频繁和持续，需要经常召开网络会议和电话会议，同时销售部经理也是公司关键岗位，在信息点设计时要特别关注。

3. 确定信息点数量

按照表5-2的规定，经理室应分配2个数据信息点和2个语音信息点，因此我们对销售部经理室设计两个双口信息插座，每个插座安装1个RJ-45数据口，1个RJ-11语音口。

4. 确定安装位置

根据图5-4所示，销售部经理室办公桌靠墙摆放，我们就把1个双口信息插座设计在办公桌旁边的墙面，距离窗户墙面3.0 m，距离地面高度0.30 m，用网络跳线与计算机连接，用语音跳线与电话机连接。另1个双口信息插座设计在沙发旁边的墙面，距离门口墙面1.0 m，方便在办公室召开小型会议时就近使用计算机，也可以坐在沙发上召开电话会议。

5. 确定工作区材料规格和数量

完成以上四步后，我们就能清楚的确定该工作区的材料规格和数量，具体见表5-4。

表5-4 销售部经理办公室材料规格和数量

序号	材料名称	型号/规格	数量	单位	厂家/品牌	使用说明
1	信息插座底盒	86系列，金属，镀锌	2	个	西元	土建施工 墙内安装
2	信息插座面板	86系列，双口，白色塑料	2	个	西元	弱电施工安装
3	信息插座模块	网络模块，RJ-45，非屏蔽，六类	2	个	西元	弱电施工安装1个/面板
4	信息插座模块	语音模块，RJ-11	2	个	西元	弱电施工安装1个/面板

6. 弱电施工详图设计

一般建筑设计院提供的建筑物设计图纸中，对于信息点没有详细的具体位置和尺寸，需要业主根据使用功能进行二次施工详图设计，业主单位一般委托专门的网络公司进行施工设计。设计时一般使用AutoCAD软件进行，网络公司往往也用Visio软件进行设计。图5-5和图5-6就是用Visio软件设计的两种典型单人办公室信息点施工详图。图5-5所示为销售部经理办公室的工作区信息点施工设计详图，图5-6所示为董事长室信息点施工设计详图。

其他重要的单人办公室，像总经理、副总经理、总监、市场部经理等办公室也按照上面的步骤和方法进行设计。

图5-5 销售部经理室施工详图

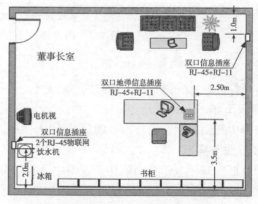

图5-6 董事长室信息点施工设计详图

5.4.2 多人办公室信息点设计

我们定义多人办公室为2～4人工作的独立房间。下面我们以单元1图1-26研发楼二层211房间财务部办公室为例说明多人工作区设计。

1. 确定工作区人员数量

从图1-26中我们看到，财务部设计有4人办公，一般两名会计，两名出纳，因此按照多人办公室设计信息点。

2. 分析业务需求

从西安开元电子公司机构设置图中，我们看到财务部业务主要有财务管理和成本管理两大业务，从西安开元电子公司企业网络应用图中看到，公司的财务管理系统主要有会计核算、应收账款、应付账款等。现在一般公司都使用网络版财务管理系统软件，财务收支也经常使用网络银行，因此财务部对数据和语音需求非常重要。

从图1-26中我们还可以看到，鉴于安全和保密需要，财务部办公室的布局与其他部门不同，往往要在门口设置1个柜台，把外来人员与财务人员隔离，隔台进行业务作业，同时财务部也是公司关键部门，在信息点设计时要特别关注。

3. 确定信息点数量

按照表5-2的规定，每个工位配置1个数据点和1个语音点的基本要求，财务部有四个工位，设计四个双口信息插座，每个插座安装1个RJ-45数据口，1个RJ-11语音口。

4. 确定安装位置

211室财务部两个出纳工位靠近门口，并且组成一个柜台，两个会计工位靠里边墙面布置。因此我们把两个出纳工位的信息插座设计在右边墙面，设计两个双口信息插座，距离门口墙面3.0 m，用网络跳线与计算机连接，用语音跳线与电话机连接。把两个会计工位的信息插座设计在里边墙面，设计两个双口信息插座，距离左边隔墙分别为1.5 m和3.0 m，全部信息插座距离地面高度0.30 m。

5. 确定工作区材料规格和数量

完成以上四步后，我们就能清楚的确定该工作区的材料规格和数量，具体如表5-5所示。

表5-5 财务部办公室材料规格和数量

序号	材 料 名 称	型号/规格	数量	单位	厂家/品牌	使 用 说 明
1	信息插座底盒	86系列，金属，镀锌	4	个	西元	土建施工 墙内安装
2	信息插座面板	86系列，双口，白色塑料	4	个	西元	弱电施工安装
3	信息插座模块	网络模块，RJ-45，非屏蔽，六类	4	个	西元	弱电施工安装1个/面板
4	信息插座模块	语音模块，RJ-11	4	个	西元	弱电施工安装1个/面板

6. 弱电施工详图设计

按照以上确定的内容，设计财务部信息点施工设计详图，如图5-7所示。图5-8为采供部信息点施工设计详图。

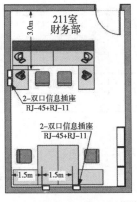
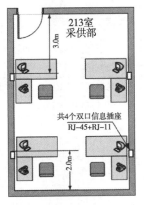

图5-7 财务部信息点施工设计详图　　图5-8 采供部信息点施工设计详图

其他2人、3人、4人等多人办公室，也按照上面的步骤和方法进行设计。

5.4.3　集体办公室信息点设计

我们定义集体办公室为大于4人工作的独立房间，现在集体办公室一般使用隔断分割成工位。下面我们以研发楼一层102房间销售部办公室为例说明集体工作区设计。

1．确定员工数量

由图5-4可以看到，研发楼一层102房间销售部办公室共可容纳32人同时办公，因此按照集体办公室设计信息点。

2．业务需求分析

从单元1图1-31可以看出，销售部主要由遍布全国各地的办事处和代理商组成。同时与商务部进行配合完成整个销售流程。结合单元1图1-34，销售管理系统由商务系统，销售系统和市场推广三部分组成。主要工作有产品销售。合同签订。方案制作等，对数据和语音有很大需求。因此，销售部的数据信息点和语音信息点设计尤为重要。

3．确定信息点数量

按照表5-2的规定，每个工位配置1个数据点和1个语音点的基本要求，销售部办公室32个工位，设计32个双口信息插座，每个插座安装1个RJ-45数据口，1个RJ-11语音口。同时在两侧墙面分别多设计1个插座，用于传真机或预留插座。因此，销售部办公室共有68个信息点，其中数据信息点34个，语音信息点34个。

4．确定安装位置

由图5-9可知，102销售部办公室共设置有32个工位，其中14个工位靠墙设置，18个工位没有靠墙放置。对于靠墙的工位，我们设计1个双口插座在办公桌旁边的墙面，距离地面0.3 m，用网络跳线与计算机连接，用语音跳线与电话机连接。对于没有靠墙的工位，我们设计为地弹插座，安装在对应办公桌下的地面。多设计的两个插座分别安装在左右两侧墙面靠近门口的一端。

5．确定工作区材料规格和数量

完成以上4步后，我们就能清楚地确定该工作区的材料规格和数量，具体如表5-6所示。

表5-6　销售部办公室材料规格和数量

序号	材料名称	型号/规格	数量	单位	品牌	使 用 说 明
1	信息插座底盒	86系列，金属	16	个	西元	土建施工，墙内安装
2	信息插座底盒	120系列，金属	18	个	西元	土建施工，墙内安装
3	信息插座面板	86系列，双口，白色塑料	16	个	西元	弱电施工安装
4	地弹信息面板	120系列，双口，金属镀锌	18	个	西元	弱点施工安装
5	信息插座模块	网络模块，RJ-45，非屏蔽，六类	34	个	西元	弱电安装1个/面板
6	信息插座模块	语音模块，RJ-11	34	个	西元	弱电安装1个/面板

6. 弱电施工详图设计

按照以上确定的内容，设计销售部信息点施工设计详图，如图5-9所示。

其他集体办公室，像市场部办公室，生产部办公室等，也按照上面的步骤和方法进行设计。

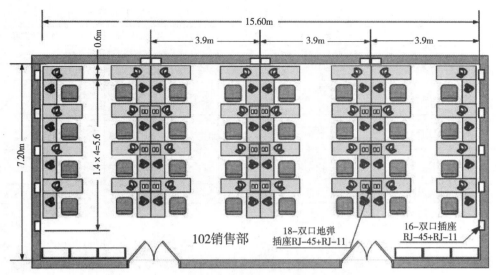

図5-9　销售部信息点施工设计详图

5.4.4　会议室信息点设计

我们将会议室分为小型会议室和大型会议室。小型会议室指可容纳12人开会的房间，一般为圆桌型布置，大型会议室指可容纳12人以上同时进行会议的房间，一般为课桌式布置。

我们以研发楼一层103销售部会议室为例说明小型会议室信息点设计方法。

1. 确定员工数量

由图5-4中可以看到，销售部会议室为圆桌型布置，按照最多12人开会设计。

2. 业务需求分析

销售部会议室为销售部召开会议的场所。销售部需要管理全国各地的分公司、办事处以及代理商，经常需要召开网络会议和电话会议，同时也需要接待来访客户或者召开部门内部会议，经常使用笔记本式计算机、投影机等设备，这个会议室使用最频繁，需要在销售部会议室设置较多的信息点，满足与会人员的需要。

3. 确定信息点数量

根据以上分析和图5-4所示，该会议室最多为12人，根据对称原则，在销售部会议室设计8个双口信息插座，其中14个网络数据插口，2个电话语音插口。

4. 确定安装位置

根据图5-10中会议室的布置，在两边墙面分别安装2个双口插座，全部安装8个RJ-45网络模块。会议桌下的地面安装4个双口插座，安装6个RJ-45网络模块和2个语音模块，与会计算机小于6台时，使用会议桌下面的地弹插座，与会计算机多于6台时，使用两边墙面的插座。

5. 确定工作区材料规格和数量

完成以上四步后，我们就能清楚的确定该工作区的材料规格和数量，具体见表5-7。

表5-7　销售部会议室材料规格和数量

序号	材料名称	型号/规格	数量	单位	厂家/品牌	使 用 说 明
1	信息插座底盒	86系列，金属，镀锌	4	个	西元	土建施工 墙内安装

125

单元5　工作区子系统的设计和安装技术

序号	材料名称	型号/规格	数量	单位	厂家/品牌	使用说明
2	信息插座底盒	120系列，金属，镀锌	4	个	西元	土建施工 墙内安装
3	信息插座面板	86系列，双口，白色塑料	4	个	西元	弱电施工安装
4	地弹信息面板	120系列，双口，金属镀锌	4	个	西元	弱点施工安装
5	信息插座模块	网络模块，RJ-45，非屏蔽，六类	14	个	西元	弱电施工安装1个/面板
6	信息插座模块	语音模块，RJ-11	2	个	西元	弱电施工安装1个/面板

6. 弱电施工详图设计

按照以上确定的内容，设计销售部会议室信息点施工设计详图，如图5-10所示。

图5-11所示为研发楼三层309会议室，309会议室为大型会议室，48人同时参加会议。

大型会议室为课桌式布置，一般在主席台前沿的左右两边设置2个信息插座，方便主席台使用，同时在墙面也要设置2个信息插座，方便投影机等其他设备使用。大型会议室一般不在听众席设置信息点。

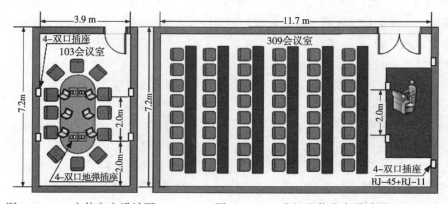

图5-10　103室信息点设计图　　　　图5-11　309会议室信息点设计图

其他会议室，像市场部会议室，也按照上面的步骤和方法进行设计。

5.4.5 培训室信息点设计

下面我们以单元1图1-28研发楼四层408房间培训室为例说明培训室工作区的设计。

1. 确定员工数量

从图5-12中我们看到，培训室设计有1个主讲台和48个课桌，可接纳48人进行培训。

2. 业务需求分析

培训室是公司进行业务培训的场所，一般使用计算机、投影机等多媒体设备。

3. 确定信息点数量

根据以上分析和图5-12所示，信息点主要在讲台周围使用，我们为培训室设计2个双口网络插座，全部安装网络模块，共4个数据信息点。

4. 确定安装位置

根据图5-12中408培训室的布置，在讲台下沿设计1个双口网络插座，供讲台使用，同时在

综合布线工程实用技术（第2版）

黑板墙面下方设计1个双口网络插座，以备增加设备时使用。其中讲台下沿网络插座距离内墙2.4 m，墙面信息插座距离内墙1.0 m。

5. 确定工作区材料规格和数量

完成以上四步后，我们就能清楚的确定该工作区的材料规格和数量，具体见表5-8。

表5-8 培训室材料规格和数量

序号	材料名称	型号/规格	数量	单位	厂家/品牌	使用说明
1	信息插座底盒	86系列，金属	2	个	西元	土建施工
2	信息插座面板	86系列，双口，白色塑料	2	个	西元	弱电施工安装
3	信息插座模块	网络模块，RJ-45，非屏蔽，六类	4	个	西元	弱电施工安装1个/面板
4	信息插座模块	语音模块，RJ-11	0	个	西元	弱电施工安装1个/面板

6. 弱电施工详图设计

按照以上确定的内容，培训室信息点施工设计详图，如图5-12所示。

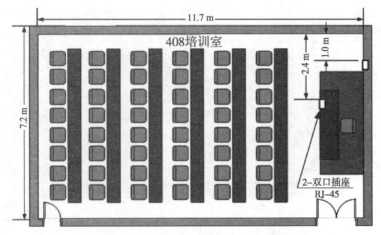

图5-12 培训室信息点施工设计详图

5.4.6 大厅信息点设计

接待大厅位于研发楼一层中间位置，是公司管理层和研发人员出入主通道，也是接待客户的必经场所，同时接待大厅拥有很多多媒体设备，因此接待大厅的设计非常重要。下面以研发楼一层107大厅为例，说明该区域的信息点设计。

1. 确定员工数量

由图5-4中可以看到，大厅设有接待台，一般安排2名工作人员。

2. 业务需求分析

大厅是公司最重要的场所，代表了公司形象，大厅综合布线的设计既隐蔽，也要满足业务需要。一般接待大厅的主要业务应用有接待台工作计算机、电话、传真机，宣传使用的电子屏、触摸屏和数字电视，管理使用的考勤机、门警系统和监控摄像机等。

3. 确定信息点数量

根据以上分析和图5-13所示，我们来确定大厅的信息点数量。

（1）接待台2名工作人员，配有2台计算机、2部电话机、1部传真机，设计3个地弹插座，安装3个信息点和3个语音点。

（2）电子屏有2处，分别位于背景墙上方和门口，分别设计1个双口网络插座，各安装2个网络模块。

（3）电视机和触摸屏处分别设计1个双口网络插座，各安装2个网络模块。

（4）考勤机、门警和监控摄像机处分别设计1个双口网络插座，各安装2个网络模块。

按照以上设计，在大厅共设计了3个地弹插座，7个双口插座，共计安装17个数据点和3个语音点。

4. 确定安装位置

根据图5-13大厅设备位置，接待台处3个地弹插座安装在地面，电子屏处2个信息插座安装在距离地面2.8 m处，其余5个安装在距离地面0.3 m处。具体位置如图5-13所示。

5. 确定工作区材料规格和数量

完成以上四步后，我们就能清楚的确定该工作区的材料规格和数量，具体见表5-9。

6. 弱电施工详图设计

按照以上确定的内容，接待台信息点施工设计详图，如图5-13所示。

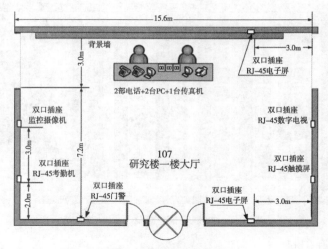

图5-13　接待台布线图

表5-9　接待台材料规格和数量

序号	材料名称	型号/规格	数量	单位	厂家/品牌	使用说明
1	信息插座底盒	86系列，金属，镀锌	7	个	西元	土建施工 墙内安装
2	信息插座底盒	120系列，金属，镀锌	3	个	西元	土建施工 墙内安装
3	信息插座面板	86系列，双口，白色塑料	7	个	西元	弱电施工安装
4	地弹信息面板	120系列，双口，金属镀锌	3	个	西元	弱点施工安装
5	信息插座模块	网络模块，RJ-45，非屏蔽，六类	17	个	西元	弱电施工安装1个/面板
6	信息插座模块	语音模块，RJ-11	3	个	西元	弱电施工安装1个/面板

5.4.7　展室信息点设计

展室一般为用户陈列公司产品的独立房间。下面以研发楼一层110房间产品展室为例，说明展室的信息点设计。

1. 确定员工数量

由图5-14中可以看到，产品展室只陈列展品，室内不设专门工作人员。

2. 业务需求分析

产品展室内一般陈列公司主流或者热销产品，也是公司的亮点，经常安排用户参观，需要考虑设备对信息点的需求。图5-14所示为展室设备布局图，我们仔细分析这些设备的功能和对信息点的需求，然后设计展示信息点规格和位置。主要产品对信息点的需求如下。

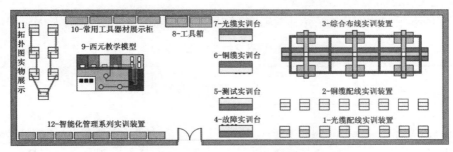

图5-14　展室设备布局图

（1）"西元"光缆配线实训装置，有光纤网络信息点需求。

（2）"西元"铜缆配线实训装置，有RJ-45网络信息点需求。

（3）"西元"综合布线实训装置，有光纤和RJ-45网络信息点需求。

（4）"西元"故障实训台，有RJ-45网络信息点需求。

（5）"西元"测试实训台，有RJ-45网络信息点需求。

（6）"西元"铜缆实训台，有RJ-45网络信息点需求。

（7）"西元"光缆实训台，有RJ-45网络信息点需求。

（8）"西元"工具箱，有RJ-45网络信息点需求。

（9）"西元"西元教学模型，有RJ-45网络信息点需求。

（10）"西元"常用工具器材展示柜，有RJ-45网络信息点需求。

（11）"西元"拓扑图实物展示，有光纤和RJ-45网络信息点需求。

（12）"西元"智能化管理系列实训装置，有光纤和RJ-45网络信息点需求。

3. 确定信息点数量

根据第二步对设备信息点逐一需求分析，首先满足设备需要，同时预留部分插座，共计需要安装63个网络插座，其中17个为地弹网络插座。每个插座安装2个模块，共计需要126个信息点。

4. 确定安装位置

根据图5-14展室设备安装位置，许多设备位于展室中间位置，需要在地面安装地弹网络插座，在地弹插座内安装光纤模块或者电缆模块，地弹插座的位置设计在产品附近，与地面高度相同。对于靠墙安装的设备将信息插座安装在墙面，选择使用钢制底盒和塑料面板，位置设计在产品附近，距离地面高度0.3 m，这样不仅布线成本低，而且连接方便，如图5-15所示。

图5-15　展室信息点施工详图

5. 确定工作区材料规格和数量

完成以上4步后，我们就能清楚的确定该工作区的材料规格和数量，具体见表5-10。

表5-10　展室材料规格和数量

序号	材料名称	型号/规格	数量	单位	品牌	使用说明
1	信息插座底盒	86系列，金属，镀锌	46	个	西元	土建墙内安装
2	信息插座面板	86系列，双口，塑料	46	个	西元	弱电施工安装
3	地弹插座底盒	120，钢制	17	个	西元	土建地面安装
4	地弹插座面板	120，铜制，抗压防水	17	个	西元	弱电施工安装
5	信息模块	RJ-45，非屏蔽，六类	110	个	西元	弱电施工安装
6	信息模块	RJ-11，语音模块	10	个	西元	弱电施工安装
7	光纤模块	ST口，多模	6	个	西元	弱电施工安装

6. 弱电施工详图设计

按照以上确定的内容，设计展室信息点施工详图，如图5-15所示。

其他展室可以参考上面的步骤和方法进行设计。

5.5　工作区子系统器材选用原则

5.5.1　工作区适配器的选用原则

网络适配器又称网卡或网络接口卡。选择合适的网络适配器，可以使综合布线系统的输出与用户终端设备之间保持网络兼容。

网络适配器的选用应遵循以下原则：

（1）当设备连接器需要使用不同于信息插座的连接器时，可用专用电缆及适配器；

（2）当在单一信息插座上进行两种服务时，可使用"Y"形适配器；

（3）当在水平子系统中使用的电缆类别不同于设备所需的电缆类别时，可使用适配器；

（4）当连接数模转换设备、光电转换设备及数据速率转换设备等使用不同信号的装置时，可使用适配器；

（5）当为了实现某些特殊应用以达到网络兼容时，可使用转换适配器；

（6）根据工作区内不同的电信终端设备（例如ADSL终端）可使用相应的适配器，常见的适配器类型如表5-11所示。

表5-11 常见网络适配器技术参数表

技术参数 \ 类别	ISA适配器	EISA适配器	PCI适配器
带宽/（Mbit/s）	10	10	10～1 000
总线方式/位	1	32	32
电气接口方式	RJ-45接口为主	RJ-45接口为主	RJ-45接口为主

5.5.2 信息插座选用原则

每个工作区至少要配置一个插座。对于难以再增加插座的工作区，要至少安装两个分离的插座。信息插座是终端（工作站）与水平子系统连接的接口。其中最常用的为RJ-45信息插座，即RJ-45连接器。

信息插座的选用应遵循以下原则：

（1）对于墙面式安装的信息插座，应选用普通信息插座。一般为86系列。分为底盒和面板两部分，在面板中卡装网络模块。一般底盒为钢制或者塑料制品，面板为塑料制品。

（2）对于地面式安装的信息插座，应选用地弹信息插座。一般为方形120系列和圆形150系列。分为底盒和面板两部分，在面板中卡装网络模块。一般底盒为钢制，面板为铸铜制造，具有防水抗压功能。

（3）家居布线应注重美观因素，对于墙面安装的信息插座，应采用暗装方式，将底盒暗埋于墙内。

（4）工作区宜选用双口插座。

5.5.3 跳线的选用原则

（1）跳线使用的缆线必须与水平子系统缆线类别和等级相同，并且符合相关标准的规定。例如，在屏蔽系统只能使用专用屏蔽跳线，不能使用非屏蔽跳线。

（2）跳线宜使用软跳线，不宜使用单芯跳线。

（3）每个信息点需要配置1根跳线。

（4）跳线的长度通常为2～3 m，最长不超过5 m。

（5）跳线宜选用工业化专业生产的成品，不宜手工制作。在六类或七类双绞线布线系统尤为重要。

（6）如果水平子系统采用光缆布线，光纤跳线芯径和类别必须与水平子系统布线保持一致。

常见的跳线规格如表5-12所示。

表5-12 跳线种类和规格表

技术参数 \ 类别	五类跳线	超五类跳线	六类跳线	七类跳线
频率/MHz	1～100	1～100	1～250	1～600
带宽/（Mbit·s^{-1}）	100	100	250	620
特性阻抗/Ω	100	100	100	100

5.6 工作区子系统的安装技术

5.6.1 信息插座安装位置

GB 50311—2007《综合布线系统工程设计规范》第6章安装工艺要求内容中，对工作区的安装工艺提出了具体要求。

（1）地面安装的信息插座，必须选用地弹插座，嵌入地面安装，使用时打开盖板，不使用时盖板应该与地面高度相同。

（2）墙面安装的信息插座底部离地面的高度宜为0.3 m，嵌入墙面安装，使用时打开防尘盖插入跳线，不使用时，防尘盖自动关闭。与电源插座保持一定的距离。

5.6.2 信息插座安装原则

信息插座的安装包括底盒安装、模块安装和面板安装。我们先来介绍信息插座安装原则，然后分别陈述底盒、模块和面板的安装步骤。

信息插座的安装，需要遵循下列原则。

（1）在教学楼、学生公寓、实验楼、住宅楼等不需要进行二次区域分割的工作区，信息插座宜设计在非承重的隔墙上，并靠近设备使用位置。

（2）写字楼、商业、大厅等需要进行二次分割和装修的区域，信息点宜设置在四周墙面上，也可以设置在中间的立柱上，但要考虑二次隔断和装修时的扩展方便性和美观性。大厅、展厅、商业收银区在设备安装区域的地面宜设置足够的信息点插座。墙面插座底盒下缘距离地面高度为0.3 m，地面插座底盒应低于地面。

（3）学生公寓等信息点密集的隔墙，宜在隔墙两面对称设置。

（4）银行营业大厅的对公区、对私区和ATM自助区信息点的设置要考虑隐蔽性和安全性。特别是离行式ATM机的信息插座不能暴露在客户区。

（5）电子屏幕、指纹考勤机、门警系统信息插座的高度宜参考设备的安装高度设置。

5.6.3 插座底盒安装步骤

插座底盒安装时，一般按照下列步骤进行。

第一步：检查外观质量和螺钉孔。打开产品包装，检查合格证，目视检查产品的外观质量情况和配套螺钉孔。重点检查底盒螺钉孔是否正常，如果其中有1个螺钉孔损坏，坚决不能使用。

第二步：去掉挡板。根据进出线方向和位置，取掉底盒预留孔中的挡板。注意需要保留其他挡板，如果全部取消后，在施工中水泥砂浆会灌入底盒。

第三步：固定底盒。明装底盒按照设计要求用膨胀螺钉直接固定在墙面。暗装底盒首先使用专门的管接头把线管和底盒连接起来，这种专用接头的管口有圆弧，既方便穿线，又能保护线缆不被划伤或者损坏。然后用膨胀螺钉或者水泥沙浆固定底盒。

同时注意底盒嵌入墙面不能太深，如果太深，配套的螺钉长度不够，无法固定面板。

第四步：成品保护。暗装底盒的安装一般在土建过程中进行，因此在底盒安装完毕后，必须进行成品保护，特别要保护螺钉孔，防止水泥沙浆灌入螺钉孔或者穿线管内。一般做法是在底盒外侧盖上纸板，也有用胶带纸保护螺钉孔的做法。具体过程如图5-16至图5-19所示。

图5-16　检查底盒　　　图5-17　去掉上方挡板　　　图5-18　固定底盒　　　图5-19　底盒保护

5.6.4　网络模块安装步骤

1. 网络模块端接技术要求和注意事项

网络模块端接主要技术要求如下。

1）保证模块的端接线序正确

如图5-20所示，模块上的8个塑料线柱分别对应着水晶头内的1～8根线芯，左边的4个线柱从上到下依次对应水晶头的2、1、6、3线芯；右边的4个线柱从上到下依次对应8、7、4、5线芯。当插入的水晶头为T568A线序和T568B线序时，模块上对应的压接线序如图5-20所示。

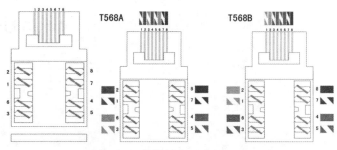

图5-20　模块线序示意图

2）8芯导线必须压入塑料线柱刀片底部

网线的8芯导线必须压入塑料线柱刀片底部，否则塑料线柱中的刀片没有完全穿透导线绝缘层，接触到铜导体；造成线芯接触不良，而且容易被拔出。

3）使用打线钳时，较长的一侧刀口向外

使用打线钳时，较长的一侧刀口向外，用于切断外部多余的线芯，如果刀口方向放反，则会将内部压接到刀片的导线切断，不能实现电气连接。

2. 网络模块端接操作步骤

网络模块端接需要的材料有：网线1根、网络模块1个、防尘盖1个；

工具包括：剪刀、剥线器、打线钳、卷尺。

网络模块端接的操作步骤如下：

第一步：计算所需网线的长度，用卷尺测量，剪刀裁剪，注意应留有一定的余量。

第二步：调整剥线器刀片进深高度，由于剥线器可用于剥除多种直径的网线护套，每个厂家的网线护套直径也不相同，因此，在每次制作前，必须调整剥线器刀片进深高度，保证在剥除网线外护套时，不划伤导线绝缘层或者铜导体。如图5-21所示，切割网线外护套时，刀片切入深度应控制在护套厚度的60%～90%,而不是彻底切透。

第三步：剥除网线外护套，首先将网线放入剥线器中，顺时针方向旋转剥线器1～2周，然后用力取下护套，剥除长度为30 mm，如图5-22所示，因为刀片没有完全将护套划透，因此不会损伤线芯。

刀片切入深度=(60%～90%)Δ

护套厚度：Δ

图5-21　剥除护套切割深度示意图

第四步：剪掉撕拉线，用剪刀剪掉撕拉线，如图5-23所示，六类线还需要剪掉中间的十字骨架，如图5-24所示。

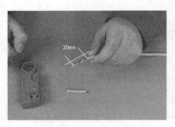
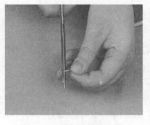

图5-22　剥除外护套　　　　图5-23　剪掉牵引线　　　　图5-24　剪掉十字骨架

第五步：拆开4对双绞线按照模块外壳侧面色标的线序，将4对双绞线拆开排好，如图5-25所示。

第六步：用手将8芯线压入网络模块对应的8个塑料线柱刀片中，如图5-26所示，注意检查线序是否正确。

第七步：用打线钳将8根线芯压到塑料线柱底部，同时打断多余的线头，注意打线钳刀口的方向不可错放，如图5-27所示。

第八步：盖上防尘盖，如图5-28所示。

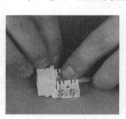

图5-25　排线序　　　　图5-26　打线　　　　图5-27　打线钳刀头　　　　图5-28　盖防尘盖

本节详细操作方法见本教材附带光盘中的教学视频《网络模块端接方法》。

网络数据模块和电话语音模块的安装方法基本相同，一般安装步骤如下：

准备材料和工具→清理和标记→剥线→分线→压线→安装防尘盖→理线→卡装模块，详细步骤如下：

第一步：准备材料和工具。在每次开工前，必须一次领取当班需要的全部材料和工具，包括网络数据模块、电话语音模块、标记材料、压接工具等，如图5-29所示。

第二步：清理和标记。清理和标记非常重要，在实际工程施工中，一般在底盒安装和穿线较长时间后，才能开始安装模块，因此安装前要首先清理底盒内堆积的水泥砂浆或者垃圾，然后将双绞线从底盒内轻轻取出，清理表面的灰尘重新做编号标记，标记位置距离管口60～80 mm，注意做好新标记后才能取消原来的标记，如图5-30所示。

第三步：剥线。剥线之前需要先确定剥线长度（30 mm），然后使用带剥线功能的压接工具剥掉双绞线的外皮，特别注意不要损伤线芯和线芯绝缘层，如图5-31所示。

第四步：分线。一般按照T568B线序将双绞线分为4对线，穿过相应的卡线槽，再将每对线分开，分成独立的8芯线，如图5-32所示。

   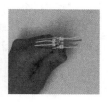

图5-29　准备材料和工具　图5-30　清理和标记　　　图5-31　剥线　　　　图5-32　分线

第五步：压线。按照模块上标记的线序色谱，将8芯线逐一放入对应的线槽内，完成压接，同时裁剪掉多余的线芯，如图5-33所示。

第六步：安装防尘盖。压接完成后，将模块配套的防尘盖卡装好，既能防尘又能防止线芯脱落，如图5-34所示。

第七步：理线。模块安装完毕后，把双绞线电缆整理好，保持较大的曲率半径，如图5-35所示。

第八步：卡装模块。把模块卡装在面板上，一般数据在左口，语音在右口，如图5-36所示。

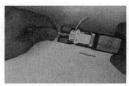

图5-33　压线　　　图5-34　安装防尘盖　　　图5-35　理线　　　图5-36　卡装模块

5.6.5　面板安装步骤

面板安装是信息插座最后一道工序，一般应该在端接模块后立即进行，以保护模块。安装时将模块卡接到面板接口中。如果双口面板上有网络和电话插口标记时，按照标记口位置安装。如果双口面板上没有标记时，宜将网络模块安装在左边，电话模块安装在右边，并且在面板表面做好标记。具体步骤如下：

第一步：固定面板。将卡装好模块的面板用两个螺钉固定在底盒上。要求横平竖直，用力均匀，固定牢固。特别注意墙面安装的面板为塑料制品，不能用力太大，以面板不变形为原则。

第二步：面板标记。面板安装完毕，立即做好标记，将信息点编号粘贴在面板上。

第三步：成品保护。在实际工程施工中，面板安装后，土建还需要修补面板周围的空洞，刷最后一次涂料，因此必须做好面板保护，防止污染。一般常用塑料薄膜保护面板。

5.7　典型行业应用案例

——四川省政务服务中心综合布线工程

1.　项目背景分析

四川省政务服务中心大楼是四川省和成都市政府办公服务窗口，建筑面积30 000多平方米，首批设立工商、物价、公安、民政等受理窗口44个，集中受理379项行政审批。大楼采用了超五类屏蔽布线系统。整个中心共设置超五类屏蔽信息点2 156个。系统共设有7个管理间，其中一层设1个，五层设3个，六层设3个，每个管理间通过6芯多模光纤与中心互连。

2. 工作区子系统设计

工作区子系统的数据与语音信息模块全部使用超五类屏蔽模块。系统共有2 156个信息模块，通过信息模块即可以连接语音、数据终端及其他传感器和打印机、传真机等设备。在插座内不但可以插入数据通信用的RJ–45接头，还可以使用RJ–11等插头。数据信息点与用户设备的连接使用成型跳线，以保证系统完好的屏蔽特性。

3. 水平子系统设计

水平子系统由各管理间至各个工作区之间的电缆构成。数据、语音信号的传输都采用超五类屏蔽8芯双绞线，数据传输速率可以达到100 Mbit/s，可以支持数字电话及一些多媒体应用。

4. 垂直子系统设计

垂直子系统主要用于连接各层管理间，并连接至5层的设备间。在5层的设备间以放射方式向1~6层各管理间配出光纤线缆。

数据系统采用6芯多模光纤，主要用于支持高带宽需求的用户，可提供高品质数据传输通道。

对于语音系统，采用25对三类大对数电缆，以5层的设备间为中心，向1~6层的管理间配出大对数电缆。

垂直子系统在竖井的电缆桥架内走线，水平部分走在吊顶内电缆桥架内。

5. 管理间子系统

管理间子系统由各层分设的管理间构成，根据信息点分布情况在第1层设1个管理间；5和6层各设3个管理间。

管理子系统设备全部采用19英寸的标准机柜和24口19英寸24U的机架型配线架，来管理所有线缆。同时设110型配线架以便管理语音的进线。此种配置的优点是信息点应用的灵活性最大。使用简易跳线跳接语音、数据系统端子，根据实际需要可将水平干线分别跳接到不同的垂直主干线系统上，使系统具有很高的灵活性及经济性。

6. 设备间子系统

设备间子系统由设备间中的电缆、连接器和相关支撑硬件组成，各楼层管理间子系统均在此交叉连接。设备间设在5层数据中心。主干25对大对数电缆端接在7个配线架上。数据中心主干光纤端接在2个光纤终端盒上。

5.8 工 程 经 验

1. 工程经验一：模块和面板安装时间

在工作区子系统模块、面板安装后，遇到过破坏和丢失的情况，纠其原因是我们在建筑土建还没有进行室内粉刷就先将模块、面板安装到位了，土建在粉刷的时候有将面板破坏或取走的。所以在安装模块和面板时一定要等土建将建筑物内部墙面进行粉刷结束后，安排施工人员到现场进行信息模块的安装。

2. 工程经验二：准备长螺钉

安装面板的时候，由于土建工程中埋设底盒的深度不一致，面板上配带的螺钉长度有时就太短了，需要另外购买一些长一点的螺钉。一般配50 mm长的螺钉就可以了。以免耽误工程施工的进度。

3．工程经验四：携带工具

我们在施工过程中经常会遇到少带工具的情况，所以在安装信息插座时，根据不同的情况，需要携带相应的使用工具。

1）在新建建筑物中施工

（1）安装模块时，需要携带的材料有：信息模块、标签纸、签字笔或钢笔、透明胶带或专用编号线圈。工具有斜口钳、剥线器、打线钳。

（2）安装面板时，需要携带的材料有：面板、标签。工具有十字螺丝刀。

2）在已建成的建筑物中施工

信息插座的底盒、模块和面板是同时安装的，需要携带的材料有：明装底盒、信息模块、面板、标签纸、签字笔或钢笔、透明胶带或专用编号线圈、木楔子。工具有电锤、钻头、斜口钳、十字螺丝刀、剥线器、RJ-45压线钳、打线钳。

4．工程经验五：标签

以前在安装模块和面板时，有时就忽略了在面板上做标签，给以后开通网络造成麻烦，所以在完成信息插座安装后，在面板上一定要进行标签标识，与实际必须一致。便于以后的开通使用和维护。

5．工程经验六：成品保护

暗装底盒一般由土建在建设中安装，因此在底盒安装完毕后，必须进行保护，防止水泥沙浆灌入穿线管内，同时对安装螺丝孔也要进行保护，避免破坏。一般是在底盒内塞纸团，也有用胶带纸保护螺孔的做法。

模块压接完成后，将模块卡接在面板中，然后立即安装面板。如果压接模块后不能及时安装面板时，必须对模块进行保护，一般做法是在模块上套一个塑料袋，避免土建在墙面施工时对模块的污染和损坏。

5.9 练 习 题

1．填空题

（1）墙面安装的插座一般为86系列，插座为正方形，长＿＿＿＿mm，宽＿＿＿＿mm。

（2）地面安装的插座也称为"地弹插座"，常见的插座分为正方形和圆形两种，正方形长＿＿＿＿mm，宽＿＿＿＿mm，圆形直径为＿＿＿＿mm。

（3）在新建的建筑物中，安装信息插座底盒时一般采用＿＿＿＿。

（4）信息模块按照实际用途区分为数据模块和＿＿＿＿等。

（5）在墙面安装的信息插座距离地面高度为＿＿＿＿。

（6）GB 50311规定，信息插座与计算机等终端设备的距离宜保持在＿＿＿＿范围内。

（7）若计算机为六类网卡时，则信息插座必须安装＿＿＿＿模块，跳线也要选择＿＿＿＿跳线。

（8）在信息插座附近必须设置电源插座，减少设备跳线的长度。为了减少电磁干扰，电源插座与信息插座的距离应大于＿＿＿＿。

（9）在光缆布线系统必须使用配套的光缆跳线，光缆跳线使用室内光纤，没有铠装层和钢丝，比较柔软。国际电联标准规定橙色为_____，黄色为_____。

（10）GB 50311—2007规定，信息中心的场地面积在3～5m²之间；办公区域的面积在_____之间。

2. 选择题

（1）插座底盒内安装了各种信息模块，包括下列哪些模块？（　　　　）

A. RJ-45模块　　　　B. RJ-11模块　　　　C. 5对通信连接块　　　　D. USB接口

（2）工作区子系统所指的范围：（　　　　）。

A. 信息插座到楼层配线架　　　　　　　　B. 信息插座到主配线架

C. 信息插座到用户终端　　　　　　　　　D. 信息插座到计算机

（3）安装在墙上的信息插座，其位置宜高出地面（　　　　）作用。

A. 100 mm　　　　B. 200 mm　　　　C. 300 mm　　　　D. 400 mm

（4）信息插座与计算机终端设备的距离一般保持在（　　　　）以内。

A. 2 m　　　　B. 5 m　　　　C. 10 m　　　　D. 4 m

（5）工作区子系统的连接器必须使用国际标准的（　　　　）针接口。

A. 10　　　　B. 8　　　　C. 9　　　　D. 4

（6）GB 50311—2007规定，面积在60～200m²的建筑物类型是（　　　　）。

A. 网络中心　　　　B. 办公区　　　　C. 商场　　　　D. 工业生产区

（7）信息模块端接一般用（　　　　）。

A. 打线钳　　　　B. 老虎钳　　　　C. 镊子　　　　D. 用手直接压接

（8）关于双绞线的线序的说法正确的是（　　　　）。

A. T568B和T568A标准规定的线序一致

B. T568B规定的线序的传输速率更快

C. T568A规定的线序的稳定性更高

D. 当跳线用于交叉连接时，一端用T568B线序，一端用T568A线序

（9）下列关于跳线的选用原则，正确的是（　　　　）。

A. 每个信息点需要一条跳线

B. 跳线的长度通常为2～3 m，最长不超过5 m

C. 如果采用六类或七类布线，从节约投资的角度看，可以手工制作跳线

D. 若采用多模光纤光缆，光纤跳线的必须采用多模光纤

（10）在信息模块的安装过程中，以下说法正确的是（　　　　）。

A. 在双绞线穿入后盖前，需要清理底盒并做好标记

B. 在穿入后盖前，须先将线剥好

C. 剥掉双绞线的外皮时，注意不要损伤线芯和线芯绝缘层

D. 如果双口面板上没有标记时，将网络模块安装在左边，电话模块安装在右边

3. 思考题

（1）工作区划分有什么原则？

（2）工作区子系统设计的原则有哪些？

（3）如何制作工作区信息点点数统计表？该表有什么作用？

（4）如何选择信息点插座面板？

（5）信息模块的安装有哪些步骤？需要使用哪些工具？

（6）请参考本单元中的"西安开元电子公司生产基地项目"的工作区子系统设计案例，为你所在的房间设计工作区子系统，并说明在设计中采用了哪些原则？

5.10 实 训 项 目

本实训内容以网络底盒、模块、面板的安装为主。

1. 实训目的

- 通过设计工作区信息点位置和数量，训练和掌握工作区子系统的设计。
- 通过预算、领取材料和工具、现场管理，训练和掌握工程管理经验。
- 通过信息点插座和模块安装，训练和掌握工作区子系统规范施工能力和方法。

2. 实训要求

（1）设计一种多人工作区域信息点的位置和数量，并且绘制施工图，如图5-37所示。

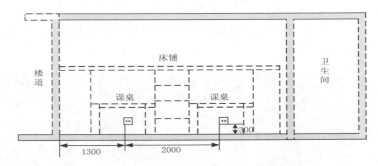

图5-37 某高校学生公寓信息插座位置图

（2）按照设计图，核算实训材料规格和数量，掌握工程材料核算方法，列出材料清单。

（3）按照设计图，准备实训工具，列出实训工具清单，独立领取实训材料和工具。

（4）独立完成工作区信息点的安装。

3. 实训设备、材料和工具（见表5-13）

表5-13 实训设备、材料和工具

序	设备、材料名称	数量	用 途
1	西元牌网络综合布线实训装置	1套	教学实训使用
2	86系列明装塑料底盒	若干/组	用于工作区实训
3	网络双绞线	若干	用于工作区实训
4	单口面板、双口面板	若干/组	用于工作区实训
5	M6螺钉	2个/组	用于固定明装塑料底盒
6	RJ-45网络模块、RJ-11电话模块	若干/组	用于工作区实训
7	十字螺丝刀	1个/人	用于固定螺钉
8	压线钳	1个/人	用于压接网络模块和电话模块
9	剥线钳	1个/人	用于剥网络双绞线
10	标签	2张	用于做标记

图5-38所示为"西元"网络综合布线实训装置。

4．实训步骤

（1）设计工作区子系统。3～4人组成一个项目组，每人设计一种工作区子系统，并且绘制施工图，集体讨论后由项目负责人指定一种设计方案进行实训。

（2）列出材料清单和领取材料。按照设计图，完成材料清单并且领取材料。

（3）列出工具清单和领取工具。根据实训需要，完成工具清单并且领取工具。

（4）安装底盒。

图5-38　西元网络综合布线实训装置

首先，检查底盒的外观是否合格，特别检查底盒上的螺钉孔必须正常，如果其中有一个螺钉孔损坏时坚决不能使用；然后，根据进出线方向和位置，取掉底盒预设孔中的挡板；最后，按设计图纸位置用M6螺钉把底盒固定在装置上，如图5-39所示。

① 穿线如图5-40所示。

底盒安装好后，将网络双绞线从底盒根据设计的布线路径布放到网络机柜内。

② 端接模块和安装面板如图5-41和图5-42所示。

图5-39　安装底盒　　　图5-40　穿线　　　图5-41　端接模块和安装面板　　　图5-42　网络插座的安装

安装模块时，首先要剪掉多余线头，一般在安装模块前都要剪掉多余部分的长度，留出100～120 mm长度用于压接模块或者检修；然后，使用专业剥线器剥掉双绞线的外皮，剥掉双绞线外皮的长度为15 mm，特别注意不要损伤线芯和线芯绝缘层，剥线完成后按照模块结构将8芯线分开，逐一压接在模块中。压接方法必须正确，一次压接成功；之后，装好防尘盖。模块压接完成后，将模块卡接在面板中，然后安装面板。

③ 标记。如果双口面板上有网络和电话插口标记时，按照标记口位置安装。如果双口面板上没有标记时，宜将网络模块安装在左边，电话模块安装在右边，并且在面板表面做好标记。

5．实训报告要求

（1）完成一个工作区子系统设计图。

（2）以表格形式写清楚实训材料和工具的数量、规格、用途。

（3）分步陈述实训程序或步骤以及安装注意事项。

（4）实训体会和操作技巧。

通过本单元内容的学习，了解水平子系统的设计思路和方法，掌握水平子系统的安装和施工技术。

学习目标

- 独立完成对水平子系统的设计。
- 熟悉水平子系统所用设备和耗材。
- 掌握水平子系统安装施工技术和经验。

6.1　水平子系统的基本概念和工程应用

水平子系统指从工作区信息插座至楼层管理间（FD–TO）的部分，在GB 50311国家标准中称为配线子系统，以往资料中也称水平干线子系统。

水平子系统一般在同一个楼层上，是从工作区的信息插座开始到管理间子系统的配线架，由用户信息插座、水平电缆、配线设备等组成。由于水平子系统最为复杂、布线路由长、拐弯多、造价高、安装施工时网络电缆承受拉力大，因此水平布线子系统的设计和安装质量直接影响信息传输速率，也是网络应用系统最为重要的组成部分。图6-1所示为水平子系统的实际应用案例示意图。

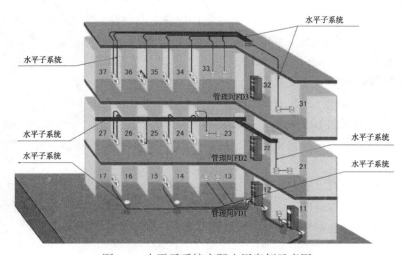

图6-1　水平子系统实际应用案例示意图

目前，网络应用系统全部采用星形拓扑结构，直接体现在水平子系统，也就是从楼层管理间直接向各个信息点布线。一般安装4对双绞线网络电缆，如果有磁场干扰或信息需要保密时，须安装屏蔽双绞线网络电缆或者全部采用光缆系统。

在实际工程中，水平子系统的安装布线范围一般全部在建筑物内部，常用的有三种布线方式，即暗埋管布线方式、桥架布线方式、地面敷设布线方式。

1. 暗埋管布线方式

暗埋管布线方式是将各种穿线管提前预埋设或者浇筑在建筑物的隔墙、立柱、楼板或地面中，然后穿线的布线方式。埋管时必须保证信息插座与管理间穿线管的连续性，根据布线要求、地板和隔墙厚度等空间条件设置，暗埋管布线一般采用薄壁钢管，设计简单明了，安装、维护都比较方便，工程造价也低。

比较大的楼层可分为若干区域，每个区域设置一个配线间或者配线箱，先由弱电井的楼层配线间，通过直埋钢管到各区域的配线间或者配线箱，然后通过暗埋管方式，将缆线引到工作区的信息点出口。

这种暗埋管布线方式在新建建筑物中普遍应用，也有在旧楼改造时墙面开槽埋管应用。

2. 桥架布线方式

桥架布线方式是将支撑缆线的金属桥架安装在建筑物楼道或者吊顶等区域，在桥架中再集中安装各种缆线的布线方式。桥架布线方式具有集中布线和管理缆线的优点。

3. 地面敷设布线方式

地面敷设布线方式是先在地面铺设线槽，然后把缆线安装在线槽中的布线方式。一般应用在机房，需要铺设抗静电地板。

6.2 水平子系统的设计原则

在水平子系统的设计中，一般遵循下列原则：

1. 性价比最高原则

这是因为水平子系统范围广、布线长、材料用量大，对工程总造价和质量有比较大的影响。

2. 预埋管原则

认真分析布线路由和距离，确定缆线的走向和位置。新建建筑物优先考虑在建筑物梁和立柱中预埋穿线管，旧楼改造或者装修时考虑在墙面刻槽埋管或者墙面明装线槽。因为在新建建筑物中预埋线管的成本比明装布管、槽的成本低，工期短，外观美观。

3. 水平缆线最短原则

为了保证水平缆线最短原则，一般把楼层管理间设置在信息点居中的房间，保证水平缆线最短。对于楼道长度超过100 m的楼层，或者信息点比较密集时，可以在同一层设置多个管理间，这样既能节约成本，又能降低施工难度，因为布线距离短时，线管和电缆也短，拐弯减少，布线拉力也小一些。

4. 水平缆线最长原则

按照GB 50311国家标准规定，铜缆双绞线电缆的信道长度不超过100 m，水平缆线长度一般不超过90 m。因此在前期设计时，水平缆线最长不宜超过90 m。

5. 避让强电原则

一般尽量避免水平缆线与36V以上强电供电线路平行走线。在工程设计和施工中，一般原则为网络布线避让强电布线。

如果确实需要平行走线时，应保持一定的距离，一般非屏蔽网络双绞线电缆与强电电缆距离大于30 cm，屏蔽网络双绞线电缆与强点电缆距离大于7 cm。

如果需要近距离平行布线甚至交叉跨越布线时，需要用金属管保护网络布线。

6. 地面无障碍原则

在设计和施工中，必须坚持地面无障碍原则。一般考虑在吊顶上布线，楼板和墙面预埋布线等。对于管理间和设备间等需要大量地面布线的场合，可以增加抗静电地板，在地板下布线。

6.3　水平子系统的设计步骤和方法

水平子系统设计的步骤一般为，首先进行需求分析，与用户进行充分的技术交流和了解建筑物用途，然后要认真阅读建筑物设计图纸，根据点数统计表，确认信息点位置和数量，然后进行水平子系统的规划和设计，确定每个信息点的水平布线路径，最后确定布线材料规格和数量，列出材料规格和数量统计表。一般工作流程如图6-2所示。

图6-2　水平子系统设计步骤

6.3.1　需求分析

需求分析对水平子系统的设计尤为重要，因为水平子系统是综合布线工程中最大的一个子系统，使用材料最多，工期最长，投资最大，也直接决定每个信息点的稳定性和传输速率。主要涉及布线距离、布线路径、布线方式、避让强电和材料的选择等，对后续水平子系统的施工是非常重要的，也直接影响网络综合布线工程的质量、工期，甚至影响最终工程造价。

智能建筑往往各个楼层功能不同，甚至同一个楼层不同区域的功能也不同，建筑结构也不同，这就需要针对每个楼层，甚至每个区域布线路由进行分析和设计。例如：地下停车场、商场、餐厅、写字楼、宾馆等楼层信息点的水平子系统有非常大的区别。

需求分析时须首先按照楼层进行分析，分析每个楼层的设备间到信息点的布线距离、布线路径，逐步明确和确认每个工作区信息点的布线距离和路径。

6.3.2　技术交流

需求分析后，要与用户进行技术交流，这是非常必要的。由于水平子系统往往覆盖每个楼层的立面和平面，布线路径也经常与照明线路、电器设备线路、电器插座、消防线路、暖气或者空调线路有多次的交叉或者并行，因此不仅要与技术负责人交流，也要与项目或者行政负责人进行交流。在交流中重点了解每个信息点路径上的电路、水路、气路和电器设备的安装位置等详细信息。在交流过程中必须进行详细的书面记录，每次交流结束后要及时整理书面记录。

6.3.3 阅读建筑物图纸

认真阅读建筑物设计图纸是不能省略的程序，通过阅读建筑物图纸，掌握建筑物的土建结构、强电路径、弱电路径，特别是主要电器设备和电源插座的安装位置，重点掌握在综合布线路径上的电器设备、电源插座、暗埋管线等。在阅读图纸时，进行记录或者标记，正确处理水平子系统布线与电路、水路、气路和电器设备的直接交叉或者路径冲突问题。

6.3.4 规划和设计

1. 水平子系统的拓扑结构

水平布线子系统为星形结构，如图6-3所示。每个信息点都必须通过一根独立的缆线与楼层管理间的配线架连接，然后通过跳线与交换机连接。

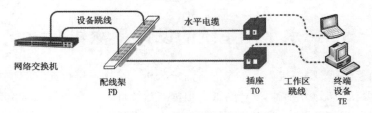

图6-3　水平子系统拓扑结构

2. 水平子系统的布线距离规定

GB 50311国家标准规定，水平子系统属于配线子系统中，对于缆线的长度做了统一规定，水平电缆和信道的长度应符合图6-4规定。

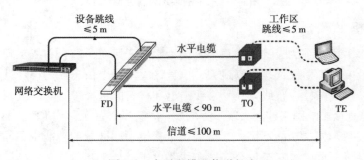

图6-4　水平电缆和信道长度

水平子系统的长度应符合下列要求：

（1）在电缆水平子系统中，信道最大长度不应大于100 m。其中水平电缆长度不大于90 m，一端工作区设备连接跳线不大于5 m，另一端管理间（设备间）的跳线不大于5 m，如果两端的跳线之和大于10 m时，水平电缆长度应适当减少，保证配线子系统信道最大长度不应大于100 m。

（2）信道总长度不应大于2 000 m。信道总长度包括了综合布线系统水平缆线和建筑物主干缆线及建筑群主干三部分缆线之和。

（3）建筑物或建筑群配线设备之间（FD与BD、FD与CD、BD与BD、BD与CD之间）组成的信道出现4个连接器件时，主干缆线的长度不应小于15 m。

3. 开放型办公室布线系统长度的计算

对于商用建筑物或公共区域大开间的办公楼、综合楼等场地，由于其使用对象数量的不确定性和流动性等因素，宜按开放办公室综合布线系统要求进行设计，并应符合下列规定：

采用多用户信息插座时，每一个多用户插座包括适当的备用量在内，宜能支持12个工作区所需的8位模块通用插座；各段缆线长度可按表6-1选用。

表6-1　各段缆线长度限值

电缆总长度/m	水平布线电缆H/m	工作区电缆W/m	电信间跳线和设备电缆D/m
100	90	5	5
99	85	9	5
98	80	13	5
97	75	17	5
97	70	22	5

也可按下式计算：

$$C=(102-H)/1.2$$
$$W=C-5$$

式中：C——工作区电缆、电信间跳线和设备电缆的长度之和，$C=W+D$，D 为电信间跳线和设备电缆的总长度；

W——工作区电缆的最大长度，且 $W \leqslant 22$ m；

H——水平电缆的长度。

4. CP集合点的设置

如果在水平布线系统施工中，需要增加CP集合点时，同一个水平电缆上只允许一个CP集合点，而且CP集合点与FD配线架之间水平线缆的长度应大于15 m。

CP集合点的端接模块或者配线设备应安装在墙体或柱子等建筑物固定的位置，不允许随意放置在线槽或者线管内，更不允许暴露在外边。

CP集合点只允许在实际布线施工中应用，规范了缆线端接做法，适合解决布线施工中个别线缆穿线困难时中间接续，实际施工中尽量避免出现CP集合点。在前期项目设计中不允许出现CP集合点。

5. 缆线的布放根数

在水平布线系统中，缆线必须安装在线槽或者线管内。

在建筑物墙或者地面内暗埋布线时，一般选择线管，不允许使用线槽。

在建筑物墙面明装布线时，一般选择线槽，很少使用线管。

在楼道或者吊顶上长距离集中布线时，一般选择桥架。

选择线槽时，建议宽高之比为2∶1，这样布出的线槽较为美观、大方。

选择线管时，建议使用满足布线根数需要的最小直径线管，这样能够降低布线成本。

缆线布放在管与线槽内的管径与截面利用率，应根据不同类型的缆线做不同的选择。管内穿放大对数电缆或4芯以上光缆时，直线管路的管径利用率应为50%～60%，弯管路的管径利用率应为40%～50%。管内穿放4对对绞电缆或4芯光缆时，截面利用率应为25%～35%。布放缆线在线槽内的截面利用率应为30%～50%。

常规通用线槽内布放缆线的最大条数表可以按照表6-2进行选择。

表6-2　线槽规格型号与容纳双绞线最多条数表

线槽/桥架的类型	线槽/桥架规格/（mm×mm）	容纳双绞线最多条数	截面利用率/%
PVC	20×10	2	30
PVC	25×12.5	4	30
PVC	30×16	7	30
PVC	39×18	12	30
金属、PVC	50×25	18	30
金属、PVC	60×22	23	30
金属、PVC	75×50	40	30
金属、PVC	80×50	50	30
金属、PVC	100×50	60	30
金属、PVC	100×80	80	30
金属、PVC	150×75	100	30
金属、PVC	200×100	150	30

常规通用线管内布放缆线的最大条数表可以按照表6-3进行选择。

表6-3　线管规格型号与容纳的双绞线最多条数表

线管类型	线管规格/mm	容纳双绞线最多条数	截面利用率/%
PVC、金属	16	2	30
PVC	20	3	30
PVC、金属	25	5	30
PVC、金属	32	7	30
PVC	40	11	30
PVC、金属	50	15	30
PVC、金属	63	23	30
PVC	80	30	30
PVC	100	40	30

常规通用线槽（管）内布放线缆的最大条数也可以按照以下公式进行计算和选择。

1）线缆截面积计算

网络双绞线按照线芯数量分，有4对，25对，50对等多种规格，按照用途分有屏蔽和非屏蔽等多种规格。但是综合布线系统工程中最常见和应用最多的是4对双绞线，由于不同厂家生产的线缆外径不同，不同用途缆线的外径也不同，下面按照外径6mm计算双绞线的截面积。

$$S=\frac{\pi}{4}d^2=\frac{1}{4}\times3.14\times(6mm)^2=28.26mm^2$$

式中：S——双绞线截面积；

　　　d——双绞线直径。

2）线管截面积计算

线管规格一般用线管的外径表示，线管内布线容积截面积应该按照线管的内直径计算，以管径25 mm PVC管为例，管壁厚1 mm，管内部直径为23 mm，其截面积计算如下：

$$S=\frac{\pi}{4}d^2=\frac{1}{4}\times3.14\times(13mm)^2=415.265mm^2$$

式中：S——线管截面积；

　　　d——线管的内直径。

3）线槽截面积计算

线槽规格一般用线槽的外部长度和宽度表示，线槽内布线容积截面积计算按照线槽的内部长和宽计算，以40×20线槽为例，线槽壁厚1 mm，线槽内部长38 mm，宽18 mm，其截面积计算如下：

$$S=L \times W=38 \text{ mm} \times 18 \text{mm}=684 \text{ mm}^2$$

式中：S——线槽截面积；

　　　L——线槽内部长度；

　　　W——线槽内部宽度。

4）双绞线最多容纳数量计算

布线标准规定，一般线槽（管）内允许穿线的最大面积70%，同时考虑线缆之间的间隙和拐弯等因素，考虑浪费空间40%～50%。因此容纳双绞线根数计算公式如下：

$$N=槽(管)截面积 \times 70\% \times (40\% \sim 50\%)/线缆截面积$$

式中：　　　N——容纳双绞线最多数量；

　　　　　70%——布线标准规定允许的空间；

40%～50%——线缆之间浪费的空间。

例1： 30×16线槽最多容纳双绞线的数量为

$$N=线槽截面积 \times 70\% \times 50\%/线缆截面积$$
$$=(28 \times 14) \times 70\% \times 50\%/(6^2 \times 3.14/4)$$
$$=5（根）$$

说明：上述计算的是使用30×16 PVC线槽铺设网线时，槽内容纳网线的数量。

具体计算分解如下：

30×16线槽的截面积是：长×宽=28mm×14mm=392mm²；

70%是布线允许的使用空间；

50%是线缆之间的空隙浪费的空间；

线缆的直径D为6mm，它的截面积是：$\pi D^2/4=(6\text{mm})^2 \times 3.14/4=28.26\text{mm}^2$。

例2： 直径为40 mm的PVC线管容纳双绞线最多数量计算如下：

$$N=线管截面积 \times 70\% \times 40\%/线缆截面积$$
$$=(36.6 \times 36.6 \times 3.14/4) \times 70\% \times 40\%/(6 \times 6 \times 3.14/4)$$
$$=10.4（根）$$

即使用直径为40 mm的PVC线管铺设网线时，管内容纳网线的数量最多为10根。

具体计算分解如下：

线管的截面积是：$\pi D^2/4=36.6\text{mm} \times 36.6\text{mm} \times 3.14/4=1051.56\text{mm}^2$；

70%是布线允许的使用空间；

40%是线缆之间的空隙浪费的空间；

线缆的直径D为6 mm，它的截面积是：$\pi D^2/4=(6\text{mm})^2 \times 3.14/4=28.26 \text{ mm}^2$。

6. 布线弯曲半径要求

布线中如果不能满足最低弯曲半径要求，双绞线电缆的缠绕节距会发生变化，严重时，电缆可能会损坏，直接影响电缆的传输性能。例如，在铜缆系统中，布线弯曲半径直接影响回波损耗值，严重时会超过标准规定值。在光纤系统中，则可能会导致高衰减。因此在设计布线路径时，尽量避免和减少弯曲，增加电缆的拐弯曲率半径值。

缆线的弯曲半径应符合下列规定：

（1）非屏蔽4对对绞电缆的弯曲半径应至少为电缆外径的4倍。

（2）屏蔽4对对绞电缆的弯曲半径应至少为电缆外径的8倍。

（3）主干对绞电缆的弯曲半径应至少为电缆外径的10倍。

（4）2芯或4芯水平光缆的弯曲半径应大于25 mm。

（5）光缆容许的最小曲率半径在施工时应当不小于光缆外径的20倍，施工完毕应当不小于光缆外径的15倍。

（6）其他芯数的水平光缆、主干光缆和室外光缆的弯曲半径应至少为光缆外径的10倍。线管允许的弯曲半径，见表6-4。

表6-4　管线敷设允许的弯曲半径

缆线类型	弯曲半径
4对非屏蔽电缆	不小于电缆外径的4倍
4对屏蔽电缆	不小于电缆外径的8倍
大对数主干电缆	不小于电缆外径的10倍
2芯或4芯室内光缆	大于25mm
其他芯数和主干室内光缆	不小于光缆外径的10倍
室外光缆、电缆	不小于缆线外径的10倍

注：当缆线采用电缆桥架布放时，桥架内侧的弯曲半径不应小于300 mm。

布线施工中布线曲率半径直接影响永久链路的测试指标，多次的实验和工程测试经验表明，如果布线曲率半径小于上表标准规定时，永久链路测试不合格，特别是六类布线系统中，曲率半径对测试指标影响非常大。

布线施工中穿线和拉线时缆线拐弯曲率半径往往是最小的，一个不符合曲率半径的拐弯经常会破坏整段缆线的内部物理结构，甚至严重影响永久链路的传输性能，在竣工测试中，永久链路会有多项测试指标不合格，而且这种影响经常是永久性的，无法恢复的。

在布线施工拉线过程中，缆线宜与管中心线尽量相同，如图6-5所示，以现场允许的最小角度按照A方向或者B方向拉线，保证缆线没有拐弯，保持整段缆线的曲率半径比较大，这样不仅施工轻松，而且能够避免缆线护套和内部结构的破坏。

在布线施工拉线过程中，缆线不要与管口形成90°拉线，如图6-6所示，这样就在管口形成了一个90°直角的拐弯，不仅施工拉线困难费力，而且容易造成缆线护套和内部结构的破坏。

在布线施工拉线过程中，必须坚持直接手持拉线，不允许将缆线缠绕在手中或者工具上拉线，也不允许用钳子夹住缆线中间拉线，这样操作时缠绕部分的曲率半径会非常小，夹持部分结构变形，直接破坏缆线内部结构或者护套。

如果遇到缆线距离很长或拐弯很多，手持拉线非常困难，可以将缆线的端头捆扎在穿线器端头或铁丝上，用力拉穿线器或铁丝。缆线穿好后将受过捆扎部分的缆线剪掉。

穿线时，一般从信息点向楼道或楼层机柜穿线，一端拉线，另一端必须有专人放线和护线，保持缆线在管入口处的曲率半径比较大，避免缆线在入口或者箱内打折形成死结或者曲率半径很小。

图6-5　正确拉线方向

图6-6　错误拉线方向

7. 网络缆线与电力电缆的间距

在水平子系统中，经常出现综合布线电缆与电力电缆平行布线的情况，为了减少电力电缆电磁场对网络系统的影响，综合布线电缆与电力电缆接近布线时，必须保持一定的距离。GB 50311—2007国家标准规定的间距应符合表6-5所示。

表6-5　综合布线电缆与电力电缆的间距

类　别	与综合布线接近状况	最小间距/mm
380V以下电力电缆 < 2 kV·A	与缆线平行敷设	130
	有一方在接地的金属线槽或钢管中	70
	双方都在接地的金属线槽或钢管中	10
380V电力电缆2~5 kV·A	与缆线平行敷设	300
	有一方在接地的金属线槽或钢管中	150
	双方都在接地的金属线槽或钢管中	80
380V电力电缆 > 5 kV·A	与缆线平行敷设	600
	有一方在接地的金属线槽或钢管中	300
	双方都在接地的金属线槽或钢管中	150

8. 缆线与电器设备的间距

综合布线电缆与附近可能产生高电平电磁干扰的电动机、电力变压器、射频应用设备等电器设备之间应保持必要的间距，为了减少电器设备电磁场对网络系统的影响，综合布线电缆与这些设备布线时，必须保持一定的距离。GB 50311—2007国家标准规定的综合布线系统缆线与配电箱、变电室、电梯机房、空调机房之间的最小净距宜符合表6-6的规定。

表6-6　综合布线缆线与电气设备的最小净距

名　称	最小净距/m	名　称	最小净距/m
配电箱	1	电梯机房	2
变电室	2	空调机房	2

9. 缆线与其他管线的间距

墙上敷设的综合布线缆线及管线与其他管线的间距应符合表6-7的规定。

表6-7　综合布线缆线及管线与其他管线的间距

其他管线	平行净距/mm	垂直交叉净距/mm
避雷引下线	1000	300
保护地线	50	20

其 他 管 线	平行净距/mm	垂直交叉净距/mm
给水管	150	20
压缩空气管	150	20
热力管（不包封）	500	500
热力管（包封）	300	300
煤气管	300	20

10. 其他电器防护和接地

综合布线系统应根据环境条件选用相应的缆线和配线设备，或采取防护措施，并应符合相关规定。

11. 缆线的暗埋设计

水平子系统缆线的路径，在新建筑物设计时宜采取暗埋管线。暗管的转弯角度应不小于90°，在路径上每根暗管的转弯角度不得多于2个，并不应有S弯出现，有弯头的管段长度超过20 m时，应设置管线过线盒装置；在有2个弯时，不超过15 m应设置过线盒。

设置在墙面的信息点布线路径宜使用暗埋钢管或PVC管，对于信息点较少的区域管线可以直接铺设到楼层的设备间机柜内，对于信息点比较多的区域先将每个信息点管线分别铺设到楼道或者吊顶上，然后集中进入楼道或者吊顶上安装的线槽或者桥架。

新建公共建筑物暗埋管路径一般有三种做法，分别是同层暗埋管、跨层暗埋管和地面暗埋管。第一种同层暗埋管，从信息插座处隔墙向上垂直埋管到横梁或者楼板，然后在横梁或楼板内水平埋管到楼道出口，最后引入楼道桥架，如图6-7所示。这种设计方式的优点是工作区信息插座与水平子系统和楼层管理间在同一个楼层，穿线、安装模块和配线架端接等比较方便，检测和维护也很方便。缺点就是穿线路由长，使用材料多，成本高，拐弯多，穿线时拉力大，对施工技术要求高。

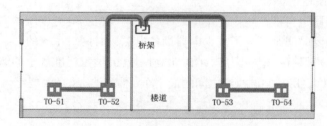

图6-7　水平子系统同层暗埋管示意图

第二种跨层暗埋管，从信息插座处隔墙向下垂直埋管到横梁或者楼板，然后在横梁或楼板内水平埋管到下一层楼道出口，最后引入楼道桥架。图6-8中TO-2信息插座所示。二层信息点对应的管理间机柜不在二层，而是在一层。就整栋楼来说，不仅减少了1个机柜，而且布线路由最短，材料用量少，成本低，拐弯少，穿线时拉力也比较小，比图6-7中布线路由缩短了约2.5 m。与图6-8中TO-2信息点布线路由相比减少了"U"字形拐弯。缺点就是工作区信息插座与楼层管理间不在同一个楼层，一般x层信息插座的对应管理间和设备在$(x-1)$层。由于跨越了一个楼层，模块安装和配线架端接等不方便，后期检测和维护更不方便。

第三种地面暗埋管，从信息插座处隔墙向下垂直埋管到地面，然后在地下水平埋管到一层

综合布线工程实用技术（第2版）

管理间出口。如图6-8中TO-1信息插座所示，这种暗埋管方式只适合建筑物一层。

12. 缆线的明装设计

住宅楼、老式办公楼、厂房进行改造或者需要增加网络布线系统时，一般采取明装布线方式。住宅楼增加网络布线常见的做法是，将机柜安装在每个单元的中间楼层，然后沿墙面安装PVC线槽到每户门上方墙面固定插座，如图6-9所示。使用线槽外观美观，施工方便，但是安全性比较差，使用线管安全性比较好。

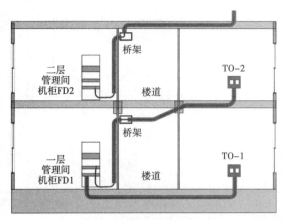

图6-8　水平子系统跨层暗埋管示意图

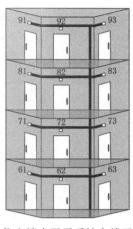

图6-9　住宅楼水平子系统布线示意图

在已经入住的住宅楼需要增加信息插座时，一般设计在楼道，位于入户门上方。这是因为每个住户家里的布局和装饰结构不同，进入室内施工不方便。

楼道明装布线时，宜选择PVC塑料线槽，线槽盖板边缘最好是直角，特别在北方地区不宜选择斜角盖板，斜角盖板容易落灰，影响美观，如图6-10所示。

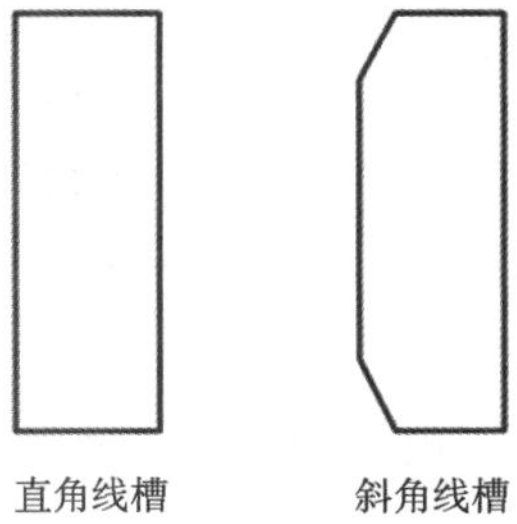

直角线槽　　斜角线槽

图6-10　PVC线槽外形图

6.3.5　材料规格和数量统计表

综合布线水平子系统材料的概算是指根据施工图纸核算材料使用数量，然后计算造价，这就要求我们熟悉施工图纸，掌握定额。本节主要介绍如何对材料进行计算。

对于水平子系统材料的计算，我们首先确定施工使用布线材料类型，列出一个简单的统计表，统计表主要是针对某个项目分别列出了各层使用的材料的名称，对数量进行统计，避免计算材料时漏项，方便材料的核算。

我们以图6-9为例简述材料计算方法。

从图6-9示意图我们看到，这是一个一梯三户的单元，图中表示了6~9层结构。我们按照层高3.2 m，楼道宽度3 m，每户2个信息点做材料统计表。使用的主要材料有PVC线槽、堵头、阴角、三通、四通、网络插座、双口面板、网络模块、网线等。电缆和线槽等从6层地面开始计算。线槽按照右边住户水平2 m，中间住户垂直3.2 m，水平2 m，左边住户水平2 m。线槽两端必须安装堵头，中间使用三通或者四通连接，我们看到在9层有一个三通，其余各层为四通。表6-8所示为完成的材料统计表。

表6-8 6～9层信息点材料统计表

材料\信息点	4–UTP 电缆/m	PVC线槽/m（40mm）	堵头/个（40mm）	三通/个（40mm）	四通/个（40mm）	插座底盒/个	双口面板/个	网络模块/个
903	16.6	2	1	0	0	1	1	2
902	14.6	5.2	0	1	0	1	1	2
901	11.6	2	1	0	0	1	1	2
803	13.4	2	1	0	0	1	1	2
802	11.4	5.2	0	0	1	1	1	2
801	8.4	2	1	0	0	1	1	2
703	10.2	2	1	0	0	1	1	2
702	8.2	5.2	0	0	1	1	1	2
701	5.2	2	1	0	0	1	1	2
603	7	2	1	0	0	1	1	2
602	5	5.2	0	0	1	1	1	2
601	2	2	1	0	0	1	1	2
合计	113.6	36.8	8	1	3	12	12	24

6.4 水平子系统的设计案例

以"西元"研发楼的典型水平子系统的设计为例讲述水平子系统的埋管布线设计方法。

6.4.1 研发楼一层地面埋管布线方式

图6-11所示为一层水平子系统埋管图。从图中我们可以看到，一层信息点全部采用地面暗埋管布线方式，一般在地面或者楼板埋管时只能使用 $\phi 16$、$\phi 20$ 或者 $\phi 25$ 管等直径较小的钢管，由于地面垫层或者楼板厚度的限制，不能使用较大直径的管子，因此往往从楼层管理间到信息点有很多管子铺满楼板。图6-12所示为一层信息点立面图，非常清楚的标明了地面埋管位置。具体布线路由和方式如下。

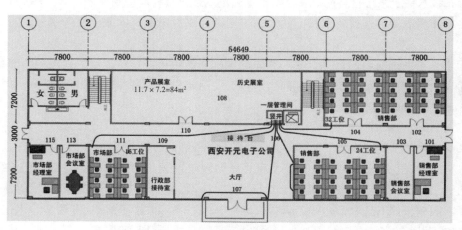

图6-11 一层地面埋管布线路由平面图

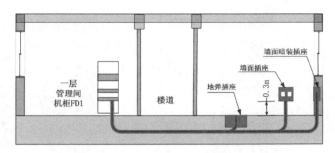

图6-12　埋管立面图

1）直接埋管布线到管理间方式

距离一层管理间比较近的展室、接待台、大厅右边和门口的信息点直接布线到一层管理间。一般选择使用ϕ20管，每根管子穿4根网线，先将4根网线敷设到第一个信息插座出线，然后将另外2根网线用ϕ16管敷设到第二个信息插座出线，如图6-13所示。

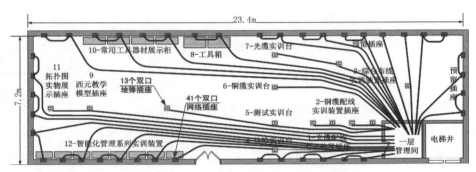

图6-13　展室信息点布线路由平面图

2）设置102房间分管理间方式

按照5.4.3节集体办公室信息点设计数量知道，102（104）销售部共设计有34个数据点和34个语音点计算。如果全部埋管布线到一层管理间时，不仅管路多，地面埋管困难，而且布线路由比较长，拐弯多。因此在102（104）房间设置1个分管理间，将全部信息点缆线通过暗埋管布线到该分管理间，然后从分管理间再连接到一层管理间，如图6-14所示。

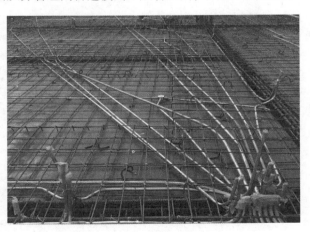

（a）现场布线照片

图6-14　现场布线照片及102销售部埋管布线路由平面图

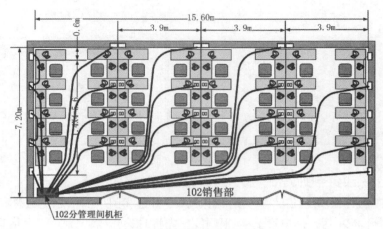

（b）102销售部埋管布线路由平面图

图6-14　现场布线照片及102销售部埋管布线路由平面图（续）

3）设置区域分管理间方式

对于信息点比较密集的几个房间一般划分为一个区域，设置区域分管理间。如图6-11中109接待室，111市场部办公室，113市场部会议室，115市场部经理办公室四个房间的信息点比较密集，就在111市场部设置了一个区域分管理间。

105销售部办公室，103销售部会议室，101销售部经理室三个房间也设置了一个区域分管理间。这样设计不仅布线路由短，施工方便，而且施工难度低。

6.4.2　二层至四层楼板埋管布线方式

图6-15所示为2～4层水平子系统埋管布线图，从图中我们可以看到，采用了跨层布线方式。四层信息点的桥架位于三层楼道，三层信息点的桥架位于二层楼道，二层信息点的桥架位于一层楼道。从信息插座处隔墙向下垂直埋管到横梁或者楼板，然后在横梁或楼板内水平埋管到下一层楼道出口，最后引入楼道桥架。这种设计方式不仅减少了桥架和机柜，而且布线路由最短，材料用量少，减少了"U"字形拐弯，拐弯少，成本低，穿线时拉力也比较小。

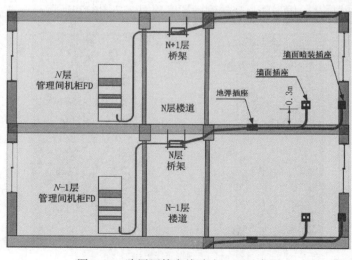

图6-15　跨层埋管布线路由立面示意图

6.5 水平子系统的安装施工技术

在综合布线工程中，水平子系统的管路非常多，与电气等其他管路交叉也多，这些在图纸中很难标注得非常清楚，需要在安装阶段根据现场实际情况安排管线，设计出最优敷设管路的施工方案，满足管线路由最短，便于安装的要求。在新建建筑物的水平安装施工中，一般涉及线管暗埋和桥架安装等，有时也会涉及少量线槽。因此主要介绍线管、桥架和线槽的安装施工技术。

6.5.1 水平子系统线管安装施工技术

在建筑设计院提供的综合布线工程设计图中，只会规定基本的安装施工路由和要求，一般不会把每根管路的直径和准确位置标记出来，这就要求在现场实际安装时，要根据每个信息点具体位置和数量，确定线管直径和准确位置。在预埋线管和穿线时一般遵守下列原则。

1. 埋管最大直径原则

预埋在墙体中间暗管的最大管外径不宜超过50 mm，预埋在楼板中暗埋管的最大管外径不宜超过25 mm，室外管道进入建筑物的最大管外径不宜超过100 mm。

2. 穿线数量原则

不同规格的线管，根据拐弯的多少和穿线长度的不同，管内布放线缆的最大条数也不同。同一个直径的线管内如果穿线太多时，拉线困难，如果穿线太少时增加布线成本，这就需要根据现场实际情况确定穿线数量，一般按照表6-3线管规格型号与容纳的双绞线最多条数表进行选择。

3. 保证管口光滑和安装护套原则

在钢管现场截断和安装施工中，两根钢管对接时必须保证同轴度和管口整齐，没有错位，焊接时不要焊透管壁，避免在管内形成焊渣。金属管内的毛刺、错口、焊渣、垃圾等必须清理干净，否则会影响穿线，甚至损伤缆线的护套或内部结构，如图6-16所示。

  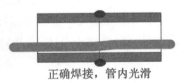

接头错位，出现毛刺　　　　　钢管焊透，出现毛刺　　　　　正确焊接，管内光滑

图6-16　钢管接头示意图

暗埋钢管一般都在现场用切割机裁断，如果裁断太快，在管口会出现大量毛刺，这些毛刺非常容易划破电缆外皮，因此必须对管口进行去毛刺工序，保持截断端面的光滑。

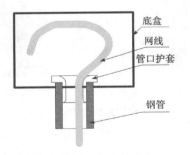

底盒
网线
管口护套
钢管

在与插座底盒连接的钢管出口，需要安装专用的护套，保护穿线时顺畅，不会划破缆线。这点非常重要，在施工中要特别注意。如图6-17所示。

图6-17　钢管端口安装保护套示意图

4. 保证曲率半径原则

金属管一般使用专门的弯管器成型，拐弯半径比较大，能够满足双绞线对曲率半径的要求。墙内暗埋 ϕ 16 mm、ϕ 20 mmPVC塑料布线管时，要特别注意拐弯处的曲率半径。宜用弯管器现场制作大拐弯的弯头连接，这样既保证了缆线的曲率半径，又方便轻松拉线，降低布线成本，保护线缆结构。

图6-18所示为现场自制大拐弯和工业成品弯头曲率半径的比较，以此ϕ20 mm PVC管内穿线为例进行计算和说明曲率半径的重要性。按照GB 50311国家标准的规定，非屏蔽双绞线的拐弯曲率半径不小于电缆外径的4倍。电缆外径按照6 mm计算，拐弯半径必须大于24 mm。

拐弯连接处不宜使用市场上购买的工业成品弯头，目前市场上没有适合网络综合布线使用的大拐弯PVC弯头，只有适合电气和水管使用的90°弯头。

图6-18表示市场购买的ϕ20 mm穿线管弯头的曲率半径，拐弯半径只有5 mm，半径5 mm÷电缆直径6 mm=0.8，远远低于标准规定的4倍。

图6-19所示为自制大拐弯弯头。直径为48 mm，半径24 mm÷电缆直径6 mm=4。

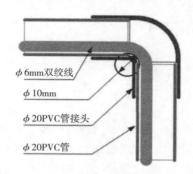

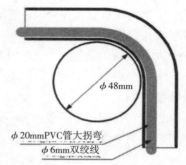

图6-18　工业成品弯头曲率半径示意图　　图6-19　自制大拐弯曲率半径示意图

现场自制大拐弯接头时，必须选用质量较好的冷弯管和配套的弯管器。如果使用的冷弯管与弯管器不配套时，管子容易变形。使用热弯管也无法冷弯成型。用弯管器自制大拐弯的方法和步骤如下：

第一步：准备冷弯管，确定弯曲位置和半径，做出弯曲位置标记，如图6-20所示。

第二步：插入弯管器到需要弯曲的位置。如果弯曲较长时，给弯管器绑一根绳子，放到要弯曲的位置，如图6-21所示。

第三步：弯管。两手抓紧放入弯管器的位置，用力弯曲。如图6-22所示。

第四步：取出弯管器，安装弯头。图6-23所示为已经安装到位的大拐弯。

  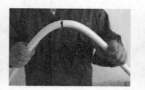 

图6-20　准备和标记　　　图6-21　插入弯管器　　　图6-22　弯管　　　图6-23　弯头安装

5. 横平竖直原则

土建预埋管一般都在隔墙和楼板中，为了垒砌隔墙方便，一般按照横平竖直的方式安装线管，不允许将线管斜放，如果在隔墙中倾斜放置线管，需要异型砖，影响施工进度。

6. 平行布管原则

平行布管就是同一走向的线管应遵循平行原则，不允许出现交叉或者重叠，如图6-13和图6-14所示。因为智能建筑的工作区信息点非常密集，楼板和隔墙中有许多线管，必须合理为这些线管进行布局，避免出现线管重叠。

7. 线管连续原则

线管连续原则是指从插座底盒至楼层管理间之间的整个布线路由的线管必须连续，如果出现一处不连续时将来就无法穿线。特别是在用PVC管布线时，要保证管接头处的线管连续，管内光滑，方便穿线，如图6-24所示。如果留有较大的间隙时，管内有台阶，将来穿牵引钢丝和布线困难，如图6-25所示。

8. 拉力均匀原则

水平子系统路由的暗埋管比较长，大部分都在20～50 m之间，有时可能长达80～90 m，中间还有许多拐弯，布线时需要用较大的拉力才能把网线从插座底盒拉到管理间。

综合布线穿线时应该采取慢速而又平稳的拉线，拉力太大时，会破坏电缆对绞的结构和一致性，引起线缆传输性能下降。

拉力过大还会使线缆内的扭绞线对层数发生变化，严重影响线缆抗噪声（NEXT、FEXT等）的能力，从而导致线对扭绞松开，甚至可能对导体造成破坏。四对双绞线最大允许的拉力为一根100 N，二根为150 N，三根为200 N。N根拉力为（$N \times 5+50$）N，不管多少根线对电缆，最大拉力不能超过400 N。

图6-24　PVC管连续

图6-25　PVC管有较大间隙

9. 预留长度合适原则

缆线布放时应该考虑两端的预留，方便理线和端接。在管理间电缆预留长度一般为3～6 m，工作区为0.3～0.6 m；光缆在设备端预留长度一般为5～10 m。有特殊要求的应按设计要求预留长度。

10. 规避强电原则

在水平子系统布线施工中，必须考虑与电力电缆之间的距离，不仅要考虑墙面明装的电力电缆，更要考虑在墙内暗埋的电力电缆。关于综合布线电缆与电力电缆的间距，可参考6.3.4小节的表6-5。

11. 穿牵引钢丝原则

土建埋管后，必须穿牵引钢丝，方便后续穿线。穿牵引钢丝的步骤如下。

第一步，把钢丝一端用尖嘴钳弯曲成一个ϕ10 mm左右的小圈，这样做是防止钢丝在PVC管内弯曲，或者在接头处被顶住。

第二步，把钢丝从插座底盒内的PVC管端往里面送，一直送到另一端出来。

第三步，把钢丝两端折弯，防止钢丝缩回管内。

第四步，穿线时用钢缆把电缆拉出来。

12. 管口保护原则

钢管或者PVC管在敷设时，应该采取措施保护管口，防止水泥砂浆或者垃圾进入管口，堵塞管道，一般用塞头封住管口，并用胶布绑扎牢固。

6.5.2 水平子系统桥架安装施工技术

1. 桥架吊装安装方式

在楼道有吊顶时水平子系统桥架一般吊装在楼板下，如图6-26所示。具体步骤如下。

第一步：确定桥架安装高度和位置。

第二步：安装膨胀螺栓、吊杆、桥架挂片，调整好高度。

第三步：安装桥架。并且用固定螺栓把桥架与挂片固定。

第四步：安装电缆和盖板。

2. 桥架壁装安装方式

在楼道没有吊顶的情况下，桥架一般采用壁装方式，如图6-27所示。具体安装步骤如下。

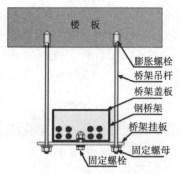

图6-26 吊装桥架

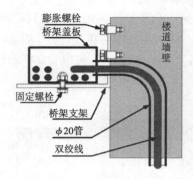

图6-27 壁装桥架

第一步：确定桥架安装高度和位置，并且标记安装高度。

第二步：安装膨胀螺栓、三角支架、调整好高度。

第三步：安装桥架。并且用固定螺栓把桥架与三角支架固定牢固。

第四步：安装电缆和盖板。

在楼道墙面安装金属桥架时，首先根据各个房间信息点出线管口在楼道高度，确定楼道桥架安装高度并且画线，其次先安装L形支架或者三角型支架，按照2~3个/米。支架安装完毕后，用螺栓将桥架固定在每个支架上，并且在桥架对应管出口处开孔。

如果各个信息点管出口在楼道高度偏差太大时，也可以将桥架安装在管出口的下边，将双绞线通过弯头引入桥架，这样施工方便，外型美观。缆线引入桥架时，必须穿保护管，并且保持比较大的曲率半径。

3. 楼道大型线槽安装方式

在一般小型工程中，有时采取暗管明槽布线方式，在楼道使用较大的PVC线槽代替金属桥架，不仅成本低，而且比较美观。一般安装步骤如下。

第一步：根据线管出口高度，确定线槽安装高度，并且画线。

第二步：固定线槽。

第三步：布线。

第四步：安装盖板。

水平子系统也可以在楼道墙面安装比较大的塑料线槽，例如宽度60 mm、100 mm、150 mm

白色PVC塑料线槽，具体线槽高度必须按照需要容纳双绞线的数量来确定，选择常用的标准线槽规格，不要选择非标准规格。安装方法是首先根据各个房间信息点出线管口在楼道高度，确定楼道大线槽安装高度并且画线，其次按照2～3处/米将线槽固定在墙面，楼道线槽的高度宜遮盖墙面管出口，并且在线槽遮盖的管出口处开孔，如图6-28所示。

如果各个信息点管出口在楼道高度偏差太大时，宜将线槽安装在管出口的下边，将双绞线通过弯头引入线槽，这样施工方便，外型美观。

将楼道全部线槽固定好以后，再将各个管口的出线逐一放入线槽，边放线边盖板，放线时注意拐弯处保持比较大的曲率半径，如图6-29所示。

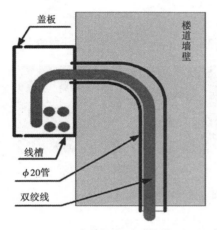

图6-28　楼道线槽安装方式

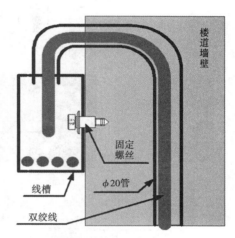

图6-29　楼道线槽安装方式

6.5.3　水平子系统线槽安装施工技术

在旧楼改造中，水平子系统有时会用到明装线槽布线。线槽布线施工一般从安装信息点插座底盒开始，具体步骤如下：

第一步：安装插座底盒，给线槽起点定位。

第二步：钉线槽。

第三步：布线和盖板。

1. 线槽的曲率半径

线槽拐弯处也有曲率半径问题，线槽拐弯处曲率半径容易保证，图6-30所示为宽度20 mm PVC线槽90°拐弯形成的最大曲率半径。直径6 mm的双绞线电缆在线槽中最大弯曲情况和布线最大曲率半径值为45 mm（直径90 mm），布线弯曲半径与双绞线外径的最大倍数为45÷6 = 7.5。这就要求在安装保持双绞线电缆时靠线槽外沿，保持最大的曲率半径，如图6-30所示。特别强调，在线槽中安装双绞线电缆时必须在水平部分预留一定的余量，而且不能再拉电缆。如果没有余量，并且拉伸电缆后，就会改变拐弯处的曲率半径，如图6-31所示。

2. 线槽拐弯

线槽拐弯处一般使用成品弯头，一般有阴角、阳角、堵头、三通等配件，如图6-32所示。使用这些成品配件安装施工简单，而且速度快，图6-33所示为使用配件安装示意图。

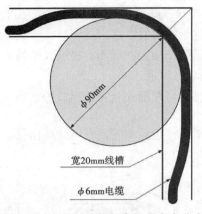
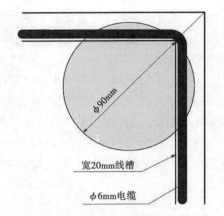

图6-30　宽20 mm线槽拐弯处最大弯曲半径　　图6-31　宽20 mm线槽拐弯处最小弯曲半径

阳角　　　　　　阴角　　　　　　三通　　　　　　堵头

图6-32　宽400 mm PVC线槽常用配件

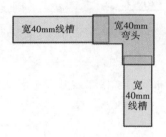
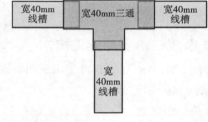

图6-33　弯头和三通安装示意图

　　在实际工程施工中，因为准确计算这些配件非常困难，因此一般都是现场自制弯头，不仅能够降低材料费，而且美观。现场自制弯头时，要求接缝间隙小于1 mm，美观。图6-34所示为水平弯头制作示意图，图6-35所示为阴角弯头制作示意图。

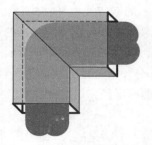
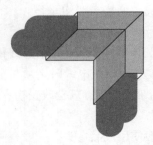

图6-34　水平弯头制作示意图　　　　图6-35　阴角弯头制作示意图

　　安装线槽时，首先在墙面测量并且标出线槽的位置，在建工程以1 m线为基准，保证水平安装的线槽与地面或楼板平行，垂直安装的线槽与地面或楼板垂直，没有可见的偏差。

拐弯处宜使用90°弯头或者三通，线槽端头安装专门的堵头。

布线时，先将缆线放到线槽中，边布线边装盖板，拐弯处保持缆线有比较大的拐弯半径。完成安装盖板后，不要再拉线，如果拉线会改变线槽拐弯处的缆线曲率半径。

安装线槽时，用水泥钉或者自攻丝把线槽固定在墙面上，固定距离为300 mm左右，必须保证长期牢固。两根线槽之间的接缝必须小于1 mm，盖板接缝宜与线槽接缝错开。

3. 墙面明装线槽施工图

水平子系统明装线槽安装时要保持线槽的水平，必须确定统一的高度，如图6-36所示。

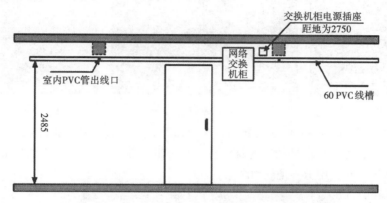

图6-36　墙面明装线槽施工图

4. 吊顶上架空线槽布线施工图

吊顶上架空线槽布线由楼层管理间引出来的线缆先走吊顶内的线槽，到各房间后，经分支线槽从槽梁式电缆管道分叉后将电缆穿过一段支管引向墙壁，沿墙而下到房内信息插座的布线方式，如图6-37所示。

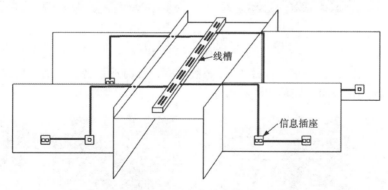

图6-37　吊顶内线槽布线施工图

6.5.4　水平子系统铜缆抽线和理线操作方法

在建筑物综合布线施工过程中，经常需要把多根缆线穿入一根钢管，要求在穿线时，多根缆线不能缠绕或者打结，否则无法正常穿线，而网线都采用整轴或者整箱盘绕的方式包装，当把缆线从整箱中抽出时，都会自然缠绕在一起，如图6-38所示。因此在穿线前都需要理线。

图6-38　综合布线理线对比

这里我们以从1箱中分别抽出3根10 m网线为例，介绍一下抽线和理线的方法。

1. 铜缆抽线的方法

（1）抽线前，首先看清楚线头长度标记，然后左手抓住线头，右手连续抽线，把抽出的线临时放在旁边，估计快到10 m时，检查长度标记，最后确认抽到10 m时，用剪刀把线剪断，如图6-39至图6-41所示。注意把长度标记保留在没有抽出的线端。

图6-39　检查标记　　　　　　　图6-40　抽线　　　　　　　　图6-41　剪线

（2）把第二根线头和第一根线头并在一起，如图6-42所示，用左手抓住线头，右手连续抽线，如图6-43所示，同时把已经抽出的2根线捋顺，临时放在旁边，估计快到10 m时，检查长度标记，确认抽到10 m时，用剪刀把线剪断。

图6-42　并第二根线线头　　　　　　　图6-43　抽第二根线

（3）把第三根线头和第一、二根线头并在一起，如图6-44所示，用左手抓住线头，右手连续抽线，如图6-45所示，同时把已经抽出的3根线捋顺，临时放在旁边，估计快到10 m时，检查长度标记，确认抽到10 m时，用剪刀把线剪断。

图6-44　并第三根线线头　　　　　　　图6-45　抽第三根线

（4）把多余的线头塞回网线箱内，如图6-46所示，将三根剪好的网线线头对齐，用胶布绑扎在一起，如图6-47所示。

图6-46　收回线头

图6-47　绑扎线头

2．铜缆理线的方法

（1）左手持线，线端向前，如图6-48所示。

（2）根据需要的线盘直径，右手手心向下，把线捋直约1 m，如图6-49所示，向前画圈，如图6-50所示，同时右手腕和手指向上旋转网线，如图6-51所示，消除网线的缠绕力，把线收回到左手，保持线盘平整，完成第一圈盘线，如图6-52所示。

图6-48　左手持线

图6-49　测量尺寸

图6-50　画圈

图6-51　线向上翻转

图6-52　完成第一圈理线

（3）右手把线捋直约1 m，如图6-53所示，向前划圈，如图6-54所示，同时右手腕和手指向下旋转，如图6-55所示，消除网线的缠绕力，把线收回到左手，保持线盘平整，完成第二圈盘线。

（4）按顺序重复第二步和第三步的动作，完成盘线。

在盘线过程中，注意通过右手腕和手指的上下反复旋转，消除网线的缠绕力，始终保持线盘平整。如果线盘不平整时，通过右手腕和手指的旋转角度调整，始终保持线盘的平整。

本节详细操作方法见本教材附带光盘中的教学视频《铜缆理线操作方法》。

图6-53 测量尺寸　　　　图6-54 画圈　　　　图6-55 完成第二圈理线

6.6 典型行业应用案例

——综合布线系统的升级改造

1. 为何需要升级？

综合布线在中国建筑智能化进程中发挥着重要作用，上世纪大量采用支持百兆到桌面的五类布线系统，如今，这些系统也慢慢到了更新的时刻了。更新的主要原因如下。

第一，在广域网和局域网络上传输的信息量在十年的时间里不断增长，很多以前无法实现的网络应用得以实现，如广域网上实时视频、远程医疗、网络游戏、远程教育、网上银行、网上交易等变为现实。同时局域网内的多媒体文件均以几十兆字节、几百兆字节甚至几吉字节的形式出现，这就要求网络以更快的速度来传输这些文件。

第二，网络设备和终端设备为满足网络速度的要求，也在不断升级。仅以以太网网络设备为例，网络端口速率从以前的10 Mbit/s向100 Mbit/s过渡，从100 Mbit/s向1000 Mbit/s过渡，现在很多网络设备提供万兆网络接口。在网络终端设备方面，现在已经是双核、四核，甚至六核的计算机，内存、硬盘容量不断增加。这从客观上要求网络速度的不断提升。

第三，布线标准的不断更新，产品工艺的不断求精，创新技术的不断涌现，阻燃环保意识的不断提升，客观上为建筑综合布线系统的升级提供了可能性。

2. 是否该升级了呢？

如果你为以下的问题均感到为难，那么可以考虑改造升级你的布线系统。

（1）大楼里的网络设备升级是否超过6年、布线系统升级到现在是否超过10年？

（2）用户是否经常抱怨大楼的网络应用，嫌网络速度很慢？

（3）大楼的网络设备是否能满足当前网络应用的需要？

（4）大楼的布线系统能否支持当前网络设备的应用？

（5）大楼的布线系统的信息点扩容性能否满足当前的应用？

（6）是否对原来布线系统的环保性、阻燃性存在担心？

（7）是否对原来布线系统的管理显得力不从心？

3. 升级之前需要做什么准备？

业主一旦确认下来要改造升级，那么接下来：

（1）要找专业的顾问公司或者专业的人士进行前期的咨询，以便对当前智能建筑的发展和布线系统的最新发展有全面的认识和了解。

（2）要对原来建筑体的建筑空间、管道桥架路由、网络业务应用、信息点位置进行认真检查，做好记录以备后用。

（3）要做出决定，选择什么样的布线系统？铜缆系统是超五类屏蔽系统，是六类屏蔽/非屏蔽系统，还是增强型六类屏蔽/非屏蔽系统？光缆系统是采用单模系统还是万兆OM3多模系统，甚至OM4多模系统？

（4）要采用什么样的外皮材料？阻燃级别是CM、CMR、CMP，还是采用低烟无卤的 LSZH？所有产品是否满足RoHS的要求？

（5）要有大楼整体大弱电、数字化的思想，改造以前的大楼可能只有语音和数据系统，那么是否可以通过这次改造让大楼变得更加智能、绿色、安全、节能？除了布线系统，还须考虑视频监控系统、门警系统、一卡通系统、智能照明系统、停车场管理系统等。

（6）要对市场上的厂商品牌进行考察，考察的内容包括公司整体弱电方面实力、解决方案先进性、产品的广泛性、品牌影响力、工程案例同类性、技术服务水平、质保期限、当地的商务支持等。

4．升级改造需要注意哪些问题？

为了保证工程质量，在项目改造过程中要注意的问题有：

（1）要确定是一次性整体升级改造，还是分楼层逐步改造。

作为工程项目实施的工程商，一次性整体升级改造更为方便；采用每次五层的方法逐步推进，这样会给工程商带来一定的施工难度，既要保证原系统的正常运行，也要保证新工程的进度，同时还要考虑到尽量减少作业给楼内人员带来的影响。

（2）不管是一次性整体改造还是分楼层逐步改造，在施工安装前都要做好相关记录。

进行巡楼工作时，要对原来的设备间、楼层配线间、弱电井、管道桥架空间及路由、信息点需求等进行检查登记，给相关部门提出合理的要求，具体内容可以包括空间、面积、电力、电源、照明、接地、间距、干扰、路由、防火、温度、湿度、防尘以及防震。另外，线缆敷设方式、弯曲、冗余、电磁干扰也在记录范围之内。具体内容可参考我国的国家标准《综合布线系统工程设计规范》（GB 50311—2007）。

（3）要规划好每次改造的楼层和数量，并注意拆除顺序。

例如，一座30层的大楼可以每五层作为一个单元来改造。在拆除旧有的布线系统工程中，先拆除工作区的信息模块和面板，然后将水平子系统各条线缆拉回桥架；接着在楼层配线间将线缆与配线架分离，从桥架上将线缆收回，从机架机柜将配线架收回。一般来说，水平通道的桥架可以得到再次应用，但对需要增加信息点的楼层，可能需要增加桥架。原来预埋的管线由于缺少牵引线，会给再次施工造成非常大的难度，甚至无法再次使用，需要结合装修再次铺设路由。垂直主干数据系统如果10年前铺设的是铜缆系统，则建议更新为光缆；如当年铺设的是多模光纤，建议更新为OM3多模光纤；如铺设的是单模光纤，不建议更新，结合实际的应用，只要增加光纤的数量即可。

（4）在改造过程中要确保原有网络的正常运行。

在计划时，一定要周密安排，充分熟悉和理解原有的网络结构和布线的路由。

（5）改造后的系统一定要满足现在及未来一段时期的要求。

要对工程项目按规范进行测试，并且要求100%的信息点测试。对铜缆系统按所安装的类别进行相应的测试，如六类屏蔽系统、六类非屏蔽系统、增强型六类屏蔽系统、增强型六类非屏蔽系统。六类系统测试相对比较简单，但对增强型六类非屏蔽/屏蔽系统则要追加Alien NEXT测试。对单模光纤和OM3多模系统按照TIA/EIA-568C.3的标准进行链路长度和衰减的测试。还有就是按照材料品牌对应厂家的质保申请程序要求，准备好材料质保申请表，以获得对未来网络应用的保障。

6.7　工 程 经 验

1. 路径的勘察

水平子系统的布线工作开始之前，我们首先要勘察施工现场，确定布线的路径和走向。避免盲目施工给工程带来浪费和拖延工期。

2. 线槽/线管的铺设

水平子系统主干线槽铺设一般都是明装在建筑物过道的两侧或是吊顶之上，这样便于施工和检修。而入户部分有暗埋和明装两种。暗埋时多为PVC线管或钢管，明装时使用PVC线管或线槽。

在过道墙面铺设线槽时，为了线槽保持水平，我们一般先用墨斗放线，然后用电锤打眼安装木楔子之后才开始安装明装线槽。

在吊顶上安装线槽或桥架，必须在吊顶之前完成安装吊杆或支架以及布线工作。

3. 布线时携带的工具

水平子系统布线时，一般在楼道内铺设高度比较高，需要携带梯子。

在入户时，暗管内土建方都留有牵引钢丝，但是有时拉牵引钢丝时会难以拉出或牵引钢丝留的太短拉不住，这样就需要我们携带老虎钳，用老虎钳夹住牵引钢丝将线拉出。

4. 布线拉线速度和拉力

水平子系统布线时，拉线缆的速度从理论上讲，线的直径越小，则拉线的速度越快。但是，有经验的安装者一般会采取慢速而又平稳的拉线，而不是快速的拉线，因为快速拉线通常会造成线的缠绕或被绊住，使施工进度缓慢。还有在从卷轴上拉出缆线时，要注意电缆可能会打结。缆线打结就应视为损坏，应更换缆线。

拉力过大，线缆变形，会破坏电缆对绞的匀称性，将引起线缆传输性能下降。

5. 阴角、阳角、堵头的使用

在完成水平子系统布线后，扣线槽盖板时，在铺设线槽有拐弯的地方需要使用相应规格的阴角、阳角、线槽两端需要使用堵头，使其美观。

6. 双绞线的传输距离一直被确定为100 m

无论是10Base-T和100Base-TX标准，还是1000Base-T标准，都明确表明最远传输距离为100 m。在综合布线规范中，也明确要求水平布线不能超过90 m，链路总长度不能超过100 m。也就是说，100 m对于有线以太网而言是一个极限。

7. 信息插座安装在户外

信息插座安装在户外主要是针对于旧住宅楼增加信息点的情况。由于住户各家的装修不同，家具摆放位置也有所不同，信息点入户施工会对住户带来不必要的麻烦，例如破坏装修、搬移家具等。所以将信息插座安装在楼道住户门口，入户时由户主自己处理。

6.8　练 习 题

1. 填空题

（1）水平子系统指从楼层配线间至_____的部分，在GB 50311国家标准中也称为_____。

（2）综合布线中水平子系统是计算机网络信息传输的重要组成部分，一般由_____对UTP线缆构成，如果有磁场干扰或是信息保密时，可用_____，高带宽应用时，可用_____。

（3）在水平布线方式中，_____方式适用于大开间或需要打隔断的场合。

（4）新建建筑物优先考虑在建筑物梁和立柱中_____，旧楼改造或者装修时考虑在墙面刻槽埋管或者墙面_____。

（5）为了保证水平缆线最短原则，一般把楼层管理间设置在_____位置，保证水平缆线最短。

（6）按照GB 50311国家标准规定，铜缆双绞线电缆的信道长度不超过_____m，水平缆线长度一般不超过_____m。

（7）需要平行走线时，应保持一定的距离，一般非屏蔽网络双绞线电缆与强电电缆距离大于_____cm，屏蔽网络双绞线电缆与强点电缆距离大于_____cm。

（8）水平布线子系统最常见的是_____拓扑结构，即每个信息点都必须通过一根独立的线缆与管理子系统的配线架连接。

（9）如果在水平布线系统施工中，需要增加CP集合点时，同一个水平电缆上只允许_____CP集合点，而且CP集合点与FD配线架之间水平线缆的长度应大于_____m。

（10）在水平布线系统中，缆线必须安装在线槽或者线管内，在建筑物墙或者地面内暗设布线时，一般选择_____；在建筑物墙明装布线时，一般选择_____。

2. 选择题

（1）水平子系统的拓扑结构一般为（　　　）。

A. 总线形　　　　　　　B. 星形　　　　　　　C. 树形　　　　　　　D. 环形

（2）水平子系统也称配线子系统，其范围是（　　　）。

A. 从楼层配线架到CP集合点之间　　　　　B. 从信息插座到设备间配线架

C. 从信息插座到管理间配线架　　　　　　D. 楼层配线架到信息终端

（3）下列哪些属于水平子系统布线原则？（　　　）

A. 预埋管原则　　　　　　　　　　　　　B. 水平缆线最短原则

C. 水平缆线最长不宜超过90 m　　　　　D. 直线布线原则

（4）在水平子系统中，下列关于双绞说法中正确的是（　　　）。

A. 水平线缆的长度不要超过90 m

B. 整个水平子系统信道长度不要超过90 m

C. CP集合点与楼层配线架之间水平线缆的长度应小于15 m

D. 水平子系统的线路属于非永久性线路，可以随时更换

（5）从楼层的配线架到计算机终端的距离应不超过（　　　）。

A. 80 m　　　　　　　B. 90 m　　　　　　　C. 100 m　　　　　　D. 200 m

（6）某金属线槽的标称尺寸是20×12，以下说法正确的是（　　　）。

A. 高是20 cm，宽是12 cm　　　　　　　B. 宽是20 mm，高是12 mm

C. 宽是20 cm，高是12 cm　　　　　　　D. 以上都不是

（7）某PVC线管标称为φ20，则能容纳（　　　）根双绞线。

A. 2　　　　　　　　　B. 3　　　　　　　　C. 4　　　　　　　　D. 5

（8）下列关于布线的线缆选用的说法正确的是（　　　）。

A．语音信道在水平子系统中一般采用五类大对数双绞线。

B．数据通信信道在水平子系统中一般采用超五类或六类双绞线。

C．在室内宜采用高带宽的单模光纤

D．水平布线系统多采用25对大对数双绞线

（9）以下属于多模光纤的传输波长的是（　　　）。

A．850 nm　　　　　　B．1 310 nm　　　　　　C．1 550 nm　　　　　　D．1 300 nm

（10）若水平子系统的信道长度大于100 m，可以采取以下哪项措施进行布线？（　　　）

A．采用大对数电缆　　　　　　　　　　B．采用光缆布线

C．仍然采用五类双绞线　　　　　　　　D．以上都可以

3．思考题

（1）什么是水平子系统？与工作区子系统是什么关系？

（2）水平子系统在设计中应遵循什么原则？

（3）超五类线布线的最长距离是多少？在水平子系统布线时，有什么约束？

（4）水平布线有哪些方式？各有哪些布线规则？

（5）某学生公寓大楼需要改造，每个房间需要多增加一个信息点，请设计一种最佳的水平布线方式？该方式在走线时需要注意哪些问题？

6.9　实训项目

6.9.1　水平子系统——PVC线管布线实训

水平子系统一般安装得十分隐蔽。在智能大厦交工后，该子系统很难接近，因此更换和维护水平线缆的费用很高、技术要求也很高。如果我们经常对水平线缆进行维护和更换的话，就会影响大厦内用户的正常工作，严重者就要中断用户的正常使用。由此可见，水平子系统的管路敷设、线缆选择将成为综合布线系统中重要的组成部分，本节主要就做PVC线管的布线工程技术安装实训。

1．实训目的

•通过水平子系统布线路径和距离的设计，熟练掌握水平子系统的设计。

•通过线管的安装和穿线等，熟练掌握水平子系统的施工方法。

•通过使用弯管器制作弯头，熟练掌握弯管器使用方法和布线曲率半径要求。

•通过核算、列表、领取材料和工具，训练规范施工的能力。

2．实训要求

（1）设计一种水平子系统的布线路径，并且绘制施工图。

（2）按照设计图，核算实训材料规格和数量，掌握工程材料核算方法，列出材料清单。

（3）按照设计图，准备实训工具，列出实训工具清单，独立领取实训材料和工具。

（4）独立完成水平子系统线管安装和布线方法，掌握PVC管卡、管的安装方法和技巧，掌握PVC管弯头的制作。

3. 实训设备、材料和工具

（1）西元牌网络综合布线实训装置1套。

（2）φ20 PVC塑料管、管接头、管卡若干。

（3）弯管器、穿线器、十字头螺丝刀、M6×16十字头螺钉。

（4）钢锯、线槽剪、登高梯子、编号标签。

4. 实训步骤

（1）使用PVC线管设计一种从信息点到楼层机柜的水平子系统，并且绘制施工图，如图6-56所示。

（2）按照设计图，核算实训材料规格和数量，掌握工程材料核算方法，列出材料清单。

（3）按照设计图，列出实训工具清单，领取实训材料和工具。

（4）首先在需要的位置安装管卡。然后安装PVC管，两根PVC管连接处使用管接头，拐弯处必须使用弯管器制作大拐弯的弯头连接，如图6-57所示。

（5）明装布线实训时，边布管边穿线。

暗装布线时，先把全部管和接头安装到位，并且固定好，然后从一端向另外一端穿线。

（6）布管和穿线后，必须做好线标。

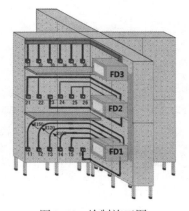

图6-56　绘制施工图

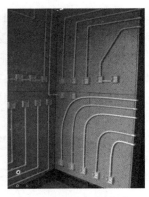

图6-57　大拐弯弯头

5. 实训报告

（1）设计一种水平布线子系统施工图。

（2）列出实训材料规格、型号、数量清单表。

（3）列出实训工具规格、型号、数量清单表。

（4）使用弯管器制作大拐弯接头的方法和经验。

（5）水平子系统布线施工程序和要求。

6.9.2　水平子系统——PVC线槽布线实训

住宅楼、老式办公楼、厂房进行改造或者需要增加网络布线系统时，一般采取明装布线方式。常用的PVC线槽规格有：20 mm×10 mm、39 mm×18 mm、50 mm×25 mm、60 mm×22 mm、80 mm×50 mm等，本节主要进行PVC线槽的安装实训。

1. 实训目的

●通过水平子系统布线路径和距离的设计，熟练掌握水平子系统的设计。

- 通过线槽的安装和穿线等，熟练掌握水平子系统的施工方法。
- 通过核算、列表、领取材料和工具，训练规范施工的能力。

2．实训要求

（1）设计一种水平子系统的布线路径和方式，并绘制施工图。

（2）按照设计图，核算实训材料规格和数量，掌握工程材料核算方法，列出材料清单。

（3）按照设计图，准备实训工具，列出实训工具清单，独立领取实训材料和工具。

（4）独立完成水平子系统线槽安装和布线方法，掌握PVC线槽、盖板、阴角、阳角、三通的安装方法和技巧。

3．实训设备、材料和工具

（1）西元牌网络综合布线实训装置1套。

（2）20 mm或者40 mm PVC线槽、盖板、阴角、阳角、三通若干。

（3）电动起子、十字螺丝刀、M6×16十字头螺钉。

（4）登高梯子、编号标签。

4．实训步骤

（1）使用PVC线槽设计一种从信息点到楼层机柜的水平子系统，并且绘制施工图，如图6-58所示。

3~4人成立一个项目组，选举项目负责人，每人设计一种水平子系统布线图，并且绘制图纸。项目负责人指定一种设计方案进行实训。

（2）按照设计图，核算实训材料规格和数量，掌握工程材料核算方法，列出材料清单。

（3）按照设计图需要，列出实训工具清单，领取实训材料和工具。

（4）首先量好线槽的长度，再使用电动起子在线槽上开8 mm孔，孔位置必须与实训装置安装孔对应，每段线槽至少开两个安装孔。

（5）用M6×16螺钉把线槽固定在实训装置上。拐弯处必须使用专用接头，例如阴角、阳角、弯头、三通等。

（6）在线槽布线，边布线边装盖板，如图6-59所示。

170

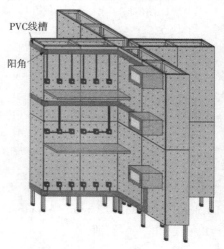
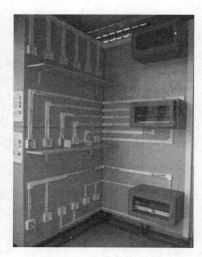

图6-58 绘制施工图　　　　　图6-59 线槽安装盖板

（7）布线和盖板后，必须做好线标。

5. 实训报告

（1）设计一种全部使用线槽布线的水平子系统施工图。

（2）列出实训材料规格、型号、数量清单表。

（3）安装弯头、阴角、阳角、三通等线槽配件的方法和经验。

（4）水平子系统布线施工程序和要求。

（5）使用工具的体会和技巧。

6.9.3 水平子系统——桥架安装和布线工程技术实训

学生公寓、办公楼等信息点比较集中的地方，在楼道一般采取桥架布线方式。一般桥架多使用金属桥架，常用的金属桥架的规格有：80 mm×50 mm、100 mm×50 mm、100 mm×80 mm、150 mm×75 mm、200 mm×100 mm等，本节主要做桥架的安装实训。

1. 实训目的

● 掌握桥架在水平子系统中的应用。

● 掌握支架、桥架、弯头、三通等的安装方法。

● 通过核算、列表、领取材料和工具，训练规范施工的能力。

2. 实训要求

（1）设计一种桥架布线路径和方式，并且绘制施工图。

（2）按照施工图，核算实训材料规格和数量，列出材料清单。

（3）准备实训工具，列出实训工具清单，独立领取实训材料和工具。

（4）独立完成桥架安装和布线。

3. 实训设备、材料和工具

（1）西元牌网络综合布线实训装置1套。

（2）宽度100 mm金属桥架、弯头、三通、三角支架、固定螺钉、网线若干。

（3）电动起子、十字头螺丝刀、M6×16十字螺钉、登高梯子、卷尺。

4. 实训步骤

（1）设计一种桥架布线路径，并且绘制施工图。

3～4人成立一个项目组，选举项目负责人，项目负责人指定一种设计方案进行实训。

（2）按照设计图，核算实训材料规格和数量，掌握工程材料核算方法，列出材料清单。

（3）按照设计图需要，列出实训工具清单，领取实训材料和工具。

（4）固定支架安装。

（5）桥架部件组装和安装。用M6×16螺钉把桥架固定在支架上。

（6）在桥架内布线，边布线边装盖板。

5. 实训报告

（1）设计一种全部使用桥架布线的水平子系统施工图。

（2）列出实训材料规格、型号、数量清单表。

（3）列出实训工具规格、型号、数量清单表。

（4）安装支架、桥架、弯头、三通等线槽配件的方法和经验。

通过本单元内容的学习，了解管理间子系统的设计方法，并且掌握管理间子系统的安装和施工技术。

学习目标

- 独立完成管理间子系统的设计。
- 熟悉管理间子系统的布线方法。
- 掌握管理间子系统的安装施工技术和经验。

7.1　管理间子系统基本概念和工程应用

管理间子系统也称为电信间或者配线间，是专门安装楼层机柜、配线架、交换机和配线设备的楼层管理间，如图7-1所示。一般设置在每个楼层的中间位置，主要安装建筑物楼层配线设备，管理间子系统也是连接垂直子系统和水平干线子系统的设备。当楼层信息点很多时，可以设置多个管理间。

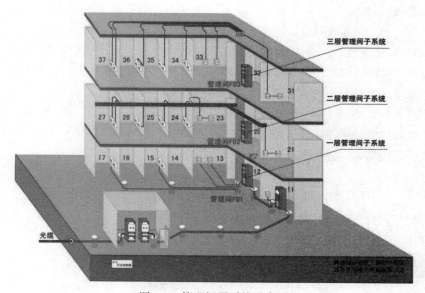

图7-1　管理间子系统示意图

在综合布线系统中，管理间子系统包括了楼层配线间、二级交接间的缆线、配线架及相关接插跳线等。通过综合布线系统的管理间子系统，可以直接管理整个应用系统终端设备，从而实现综合布线的灵活性、开放性和扩展性。

7.2 管理间子系统的设计原则

在管理间子系统的设计中，一般要遵循以下原则：

1. 配线架数量确定原则

配线架端口数量应该大于信息点数量，保证全部信息点过来的缆线全部端接在配线架中。在工程中，一般使用24口或者48口配线架。例如，某楼层共有64个信息点，至少应该选配3个24口配线架，配线架端口的总数量为72口，就能满足64个信息点缆线的端接需要，这样做比较经济。

有时为了在楼层进行分区管理，也可以选配较多的配线架。例如，上述的64个信息点如果分为4个区域时，平均每个区域有16个信息点时，也需要选配4个24口配线架，这样每个配线架端接16口，预留8口，能够进行分区管理和维护方便。

2. 标识管理原则

由于管理间缆线和跳线很多，必须对每根缆线进行编号和标识，在工程项目实施中还需要将编号和标识规定张贴在该管理间内，方便施工和维护。

3. 理线原则

对管理间缆线必须全部端接在配线架中，完成永久链路安装。在端接前必须先整理全部缆线，预留合适长度，重新做好标记，剪掉多余的缆线，按照区域或者编号顺序绑扎和整理好，通过理线环，然后端接到配线架。不允许出现大量多余缆线，缠绕和绞结在一起。

4. 配置不间断电源原则

管理间安装有交换机等有源设备，因此应该设计有不间断电源，或者稳压电源。

5. 防雷电措施

管理间的机柜应该可靠接地，防止雷电以及静电损坏。

7.3 管理间子系统的设计步骤和方法

管理间子系统一般根据楼层信息点的总数量和分布密度情况设计，首先确定每个楼层工作区信息点总数量，然后确定水平子系统缆线的平均长度，最后以平均路由最短的原则确定管理间的位置，完成管理间子系统设计。其设计步骤如图7-2所示。

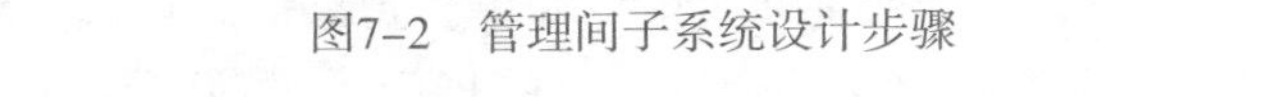

需求分析 → 技术交流 → 阅读建筑物图纸和管理间编号 → 确定设计要求

图7-2 管理间子系统设计步骤

7.3.1 需求分析

管理间的需求分析围绕单个楼层或者附近楼层的信息点数量和布线距离进行，各个楼层的管理间最好安装在同一个位置，也可以考虑功能不同的楼层安装在不同的位置。根据点数统计表分析每个楼层的信息点总数，然后估算每个信息点的缆线长度，特别注意最远信息点的缆线长度，列出最远和最近信息点缆线的长度，宜把管理间布置在信息点的中间位置，同时保证各个信息点双绞线的长度不要超过90m。

管理间的位置直接决定水平子系统的缆线长度，也直接决定工程总造价。为了降低工程造价，降低施工难度，也可以在同一个楼层设立多个分管理间。

7.3.2　技术交流

在进行需求分析后，要与用户进行技术交流，不仅要与技术负责人交流，也要与项目或者行政负责人进行交流，进一步充分和广泛的了解用户的需求，特别是未来的扩展需求。在交流中重点了解管理间子系统附近的电源插座、电力电缆、电器设备等情况。对于信息点比较密集的集中办公室可以设置一个独立的分管理间，这样做不仅能够大幅度降低工程造价，也方便管理和物联网设备的扩展及维护。在交流过程中必须进行详细的书面记录，每次交流结束后要及时整理书面记录，这些书面记录是初步设计的依据。

7.3.3　阅读建筑物图纸和管理间编号

在管理间位置确定前，索取和认真阅读建筑物设计图纸是必要的，在阅读图纸时，进行记录或者标记，这有助于将网络和电话等插座设计在合适的位置，避免强电或者电器设备对网络综合布线系统的影响。

管理间的命名和编号也是非常重要的一项工作，也直接涉及每条缆线的命名，因此管理间命名首先必须准确表达该管理间的位置或者用途，这个名称从项目设计开始到竣工验收及后续维护必须保持一致。如果出现项目投入使用后用户改变名称或者编号的情况，必须及时制作名称变更对应表，作为竣工资料保存。

管理间子系统使用色标来区分配线设备的性质，标明端接区域、物理位置、编号、类别、规格等，以便维护人员在现场一目了然地加以识别。标识编制应按下列原则进行：

（1）规模较大的综合布线系统应采用计算机进行标识管理，简单的综合布线系统应按图纸资料进行管理，并应做到记录准确、更新及时、便于查阅。

（2）综合布线系统的每条电缆、光缆、配线设备、端接点、安装通道和安装空间均应给定唯一的标志。标志中可包括名称、颜色、编号、字符串或其他组合。

（3）配线设备、缆线、信息插座等硬件均应设置不易脱落和磨损的标识，并应有详细的书面记录和图纸资料。

（4）同一条缆线或者永久链路的两端编号必须相同。

（5）配线设备宜采用统一的色标区别各类用途的配线区。

7.3.4　确定设计要求

1. 管理间数量的确定

每个楼层一般宜至少设置一个管理间（电信间）。每层信息点数量较少，且水平缆线长度不大于90 m的情况下，宜为几个楼层合设一个管理间。管理间数量的设置宜按照以下原则进行：

如果该层信息点数量不大于400个，水平缆线长度在90m范围以内，宜设置一个管理间，当超出这个范围时宜设置两个或多个管理间。

在实际工程应用中，为了方便管理和保证网络传输速度或者节约布线成本，例如，学生公寓，信息点密集，使用时间集中，楼道很长，也可以按照100～200个信息点设置一个管理间，将管理间机柜明装在楼道。

2. 管理间的面积

GB 50311—2007中规定管理间的使用面积不应小于5m²，也可根据工程中配线管理和网络管理的容量进行调整。一般新建楼房都有专门的垂直竖井，楼层的管理间基本都设计在建筑物竖井内，面积在3 m²左右。在一般小型网络工程中管理间也可能只是一个网络机柜。

一般旧楼增加网络综合布线系统时，可以将管理间选择在楼道中间位置的办公室，也可以采取壁挂式机柜直接明装在楼道，作为楼层管理间。

管理间安装落地式机柜时，机柜前面的净空不应小于800 mm，后面的净空不应小于600 mm，以方便施工和维修。安装壁挂式机柜时，一般在楼道安装高度不小于1.8m。

3. 管理间的电源要求

管理间应提供不少于两个220V带保护接地的单相电源插座。

管理间如果安装电信管理或其他信息网络管理设备时，管理供电应符合相应的设计要求。

4. 管理间门要求

管理间应采用外开丙级防火门，门宽大于0.7m。

5. 管理间环境要求

管理间内温度应为10～35℃，相对湿度宜为20%～80%。一般应该考虑网络交换机等设备发热对管理间温度的影响，在夏季必须保持管理间温度不超过35℃。

7.4 管理间子系统设计案例

7.4.1 跨层管理间安装案例

近年来，随着网络的发展和普及，在新建的建筑物中每层都考虑到管理间，并给网络等留有弱电竖井，便于安装网络机柜等管理设备。图7-3所示为西安开元电子科研楼跨层管理间安装位置示意图。该科研楼水平子系统采用跨层布线方式，二层信息点的桥架位于大楼一层，三层信息点的桥架位于大楼二层，四层信息点的桥架位于大楼三层，四层没有管理间。从图中我们可以看到，一二层管理间位于大楼一层，其中一层的缆线从地面进入竖井，二层的缆线从桥架进入大楼一层竖井内，然后接入一层的管理间配线机柜。三层缆线从桥架，竖井进入二层的管理间，四层缆线从桥架进入三层的管理间。

7.4.2 同层管理间安装案例

在建筑物没有竖井的情况下，一般在楼道安装壁挂式机柜作为楼层管理间，这时信息点与壁挂式机柜在同一个楼层，如图7-4所示。

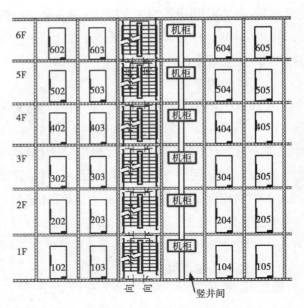

图7-3 跨层管理间示意图   图7-4 同层管理间示意图

7.4.3 建筑物楼道明装方式

在学校宿舍信息点比较集中、数量相对多的情况下，我们考虑将网络机柜安装在楼道的两侧，如图7-5所示。这样可以减少水平布线的距离，同时也方便网络布线施工的进行。

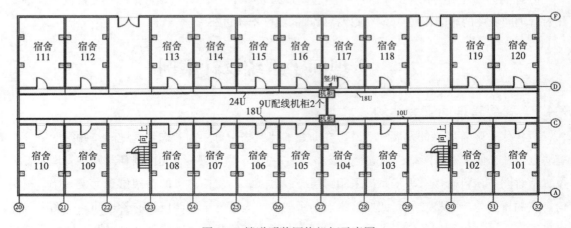

图7-5 楼道明装网络机柜示意图

7.4.4 建筑物楼道半嵌墙安装方式

在特殊情况下，需要将管理间机柜半嵌墙安装，机柜露在外的部分主要是便于设备的散热。这样的机柜需要单独设计、制作。具体安装如图7-6所示。

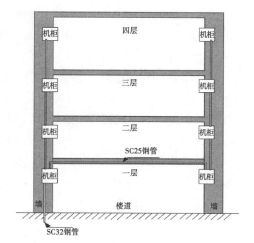

图7-6　半嵌墙安装网络机柜示意图

7.4.5　住宅楼改造增加综合布线系统

在已有住宅楼中需要增加网络综合布线系统时，一般每个住户考虑一个信息点，这样每个单元的信息点数量比较少，一般将一个单元作为一个管理间，往往把网络管理间机柜设计安装在该单元的中间楼层，如图7-7所示。

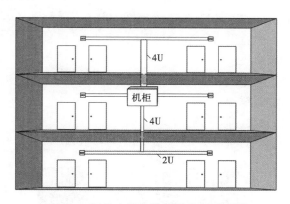

图7-7　旧住宅楼安装网络机柜示意图

7.5　管理间子系统连接器件

管理子系统的管理器件根据综合布线所用介质类型分为两大类管理器件，即铜缆管理器件和光纤管理器件。这些管理器件用于配线间和设备间的缆线端接，以构成一个完整的综合布线系统。

1. 铜缆管理器件

铜缆管理器件主要有配线架、机柜及线缆相关管理附件。配线架主要有110系列配线架和RJ-45模块化配线架两类。110系列配线架可用于电话语音系统和网络综合布线系统，RJ-45模块化配线架主要用于网络综合布线系统。

1）110系列配线架

110系列配线架产品各个厂家基本相似，有些厂家还根据应用特点不同细分不同类型的产品。例如，AVAYA公司的SYSTIMAX综合布线产品将110系列配线架分为两大类，即110A和110P。110A配线架采用夹跳接线连接方式，可以垂直叠放便于扩展，比较适用于线路调整较少、线路管理规模较大的综合布线场合，如图7-8所示。110P配线架采用接插软线连接方式，管理比较简单但不能垂直叠放，较适用于线路管理规模较小的场合，如图7-9所示。

110A配线架有100对和300对两种规格，可以根据系统安装要求使用这两种规格的配线架进行现场组合。110A配线架由以下配件组成：

（1）100或300对线的接线块；

（2）3对、4对或5对线的110C连接块，如图7-10所示；

（3）底板、理线环、标签条。

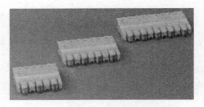

图7-8　AVAYA 110A配线架　　图7-9　AVAYA 110P配线架　　图7-10　110C 3,4,5对连接块

110P配线架有300对和900对两种规格。110P配线架由以下配件组成：

（1）安装于面板上的100对线的110D型接线块；

（2）3、4或5对线的连接块；

（3）188C2和188D2垂直底板；

（4）188E2水平跨接线过线槽；

（5）管道组件、接插软线、标签条。

110P配线架的结构如图7-11所示。

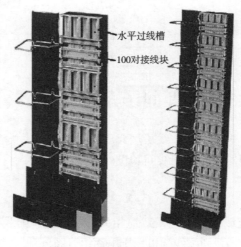

水平过线槽

100对接线块

图7-11　AVAYA 110P配线架构成

2）RJ-45模块化配线架

RJ-45模块化配线架主要用于网络综合布线系统，它根据传输性能的要求分为五类、超五类、六类模块化配线架。配线架前端面板为RJ-45接口，可通过RJ-45—RJ-45软跳线连接到计算机或交换机等网络设备。配线架后端为BIX或110连接器，可以端接水平子系统线缆或干线线缆。配线架一般宽度为19英寸，高度为1U～4U，主要安装于19英寸机柜。模块化配线架的规格一般由配线架根据传输性能、前端面板接口数量以及配线架高度决定。图7-12和图7-13所示为西元1U 24口RJ-45模块化网络配线架前端和后端。

图7-12　24口模块化配线架前端面板图示

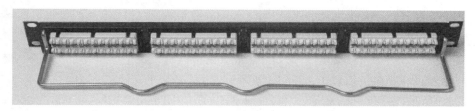

图7-13　24口模块化配线架后端面板图示

配线架前端面板可以安装相应标签以区分各个端口的用途，方便以后线路管理，配线架后端的BIX或110连接器都有清晰的色标，方便线对按色标顺序端接。

3）BIX交叉连接系统

BIX交叉连接系统是IBDN智能化大厦解决方案中常用的管理器件，可以用于计算机网络、电话语音、安保等弱电布线系统。BIX交叉连接系统主要由以下配件组成：

（1）50/250/300线对的BIX安装架，如图7-14所示；

（2）25对BIX连接器，如图7-15所示；

图7-14　50/250/300线对的BIX安装架

图7-15　25对BIX连接器

（3）布线管理环，如图7-16所示；

（4）标签条；

（5）BIX跳插线，如图7-17和图7-18所示。

图7-16　布线管理环　　　图7-17　BIX跳插线 BIX-RJ45端口　图7-18　BIX交叉连接系统

BIX安装架可以水平或垂直叠加，可以很容易地根据布线现场要求进行扩展，适用于各种规模的综合布线系统。BIX交叉连接系统既可以安装在墙面上，也可使用专用套件固定在19英寸的机柜上。图7-19所示为一个安装完整的BIX交叉连接系统。

2. 光纤管理器件

光纤管理器件分为光纤配线架和光纤接线箱两类。光纤配线架适合于规模较小的光纤互连场合，如图7-20所示。而光纤接线箱适合于光纤互连较密集的场合，如图7-21所示。

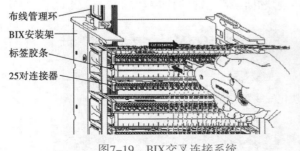
布线管理环
BIX安装架
标签胶条
25对连接器

图7-19　BIX交叉连接系统　　　　图7-20　配线架　　　图7-21　接线箱

光纤配线架又分为机架式和墙装式光纤配线架两种，机架式光纤配线架宽度为19英寸，可直接安装于标准的机柜内，墙装式光纤配线架体积较小，适合于安装在楼道内。

如图7-20所示，打开光纤配线架可以看到一排插孔，用于安装光纤耦合器。光纤配线架的主要参数是可安装光纤耦合器的数量以及高度，例如IBDN的12口/1U机架式光纤配线架可以安装12个光纤耦合器。

光纤耦合器的作用是将两个光纤接头对准并固定，以实现两个光纤接头端面的连接。光纤耦合器的规格与所连接的光纤接头有关。常见的光纤接头有两类：ST型和SC型，如图7-22和图7-23所示。光纤耦合器也分为ST型和SC型，除此之外，还有FC型，如图7-24、图7-25和图7-26所示。

图7-22　ST型　　图7-23　SC型　　　图7-24　ST型　　　图7-25　SC型　　图7-26　FC型

光纤耦合器两端可以连接光纤接头，两个光纤接头可以在耦合器内准确端接起来，从而实现两个光纤系统的连接。一般多芯光缆剥除后固定在光纤配线架内，通过熔接或磨接技术使各纤芯连接于多个光纤接头，这些光纤接头端接于耦合器一端（内侧），使用光纤跳线端接于耦合器另一端（外侧），然后光纤跳线可以连接光纤设备或另一个光纤配线架。

7.6　管理间子系统的安装技术

7.6.1　机柜安装要求

GB 50311—2007《综合布线系统工程设计规范》国家标准第6章安装工艺要求内容中，对机柜的安装有如下要求：

一般情况下，综合布线系统的配线设备和计算机网络设备采用19英寸标准机柜安装。机柜尺寸通常为600mm（宽）×900mm（深）×2000mm（高），共有42U的安装空间。机柜内可安装光纤连接盘、RJ-45（24口）配线模块、多线对卡接模块（100对）、理线架、计算机、Hub/SW设备等。如果按建筑物每层电话和数据信息点各为200个考虑配置上述设备，大约需要有2个19英寸（42U）的机柜空间，以此测算电信间面积至少应为5m²（2.5m×2.0m）。对于涉及布线系统设置内、外网或专用网时，19英寸机柜应分别设置，并在保持一定间距的情况下预测电信间的面积。

对于管理间子系统来说，多数情况下采用6U~12U壁挂式机柜，一般安装在每个楼层的竖井内或者楼道中间位置。具体安装方法采取三角支架或者膨胀螺栓固定机柜。

7.6.2 电源安装要求

管理间的电源一般安装在网络机柜的旁边，安装220V（三孔）电源插座。如果是新建建筑，一般要求在土建施工过程中按照弱电施工图上标注的位置安装到位。

7.6.3 住宅信息箱的安装

1. 住宅信息箱结构组成与功能模块

住宅信息箱是统一管理住宅内的电话、传真机、计算机、电视机、影碟机、音响设备、安防监控设备和其他网络信息家电的家庭信息平台，为实现各类弱电信息布线在户内的汇集、分配的需求，并方便集中管理各类用户终端适配器。它可以使家里各种电器、通信设备、安防报警、智能控制等设备功能更强大，使用更方便，维护更快捷，扩展更容易。图7-27所示为住宅信息箱及其系统示意图。

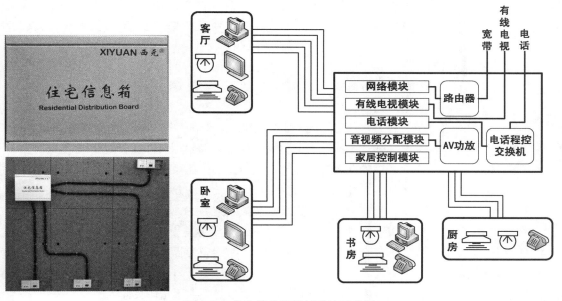

图7-27　住宅信息箱及其系统示意图

由住宅信息箱、电信插座（TO）和波纹软管等组成住宅布线系统实训模块。能够直接明装或者嵌入式安装在钢板墙、木板墙、土建墙等各种墙面或墙体中，开展竞赛或者教学实训。

住宅布线系统实训模块是西安开元电子实业有限公司为世界技能大赛（WSL）专门设计生产的大赛产品。住宅信息箱按照2013年德国莱比锡第42届世界技能大赛（WSL）项目2信息网络布线（WSC-TP02）模块3住宅布线系统竞赛要求设计，完全符合WSC-TP02项目竞赛需求，西元公司因此成为2013年德国莱比锡第42届世界技能大赛（WSL）官方赞助商，西元产品成为该赛项指定产品，日本、韩国、新加波、阿联酋等全世界各个参赛队都在使用西元产品进行集训和竞赛。

2. 住宅信息箱设备安装规范

住宅信息箱安装时，首先必须认真研读图纸和技术要求，特别注意工作任务的种类、缆线长度、路由和端接位置、现场管理等，并且在施工过程中规范安装，优先保证工作质量，在规定时间完成工作任务。住宅信息箱的安装分为配线架安装和信息插座安装与布线两个阶段，下面就各阶段的安装规范分别做介绍说明。

1）配线架安装

按照图纸规定位置，安装所有配线架，要求保证安装位置正确，横平竖直，安装牢固，没有松动。

2）信息插座安装与布线

按照图纸规定的位置和路由完成全部电缆、光缆、闭路线的布线，并安装信息插座。

（1）电缆布线要求布管路由正确，管卡安装位置合理，管接头安装牢固；两端预留电缆长度合适，线标规范，信息箱内理线合理规范；配线端接剥线长度合适，剪掉撕拉线，剪掉线端，端接位置正确，线序正确。

（2）光缆布线要求布管路由正确，横平竖直，拐弯曲率半径合理美观，管卡安装位置合理，管接头安装牢固；光缆两端预留长度合适，信息箱内理线合理规范。如果光缆采用冷接方式安装快速连接器，要求剥缆长度合适，剪掉撕拉线，冷接质量合格，插接位置正确。

（3）闭路布线要求布管路由正确，横平竖直，拐弯曲率半径合理美观，管卡安装位置合理，管接头安装牢固；电缆两端预留长度合适，信息箱内理线合理规范。同时要求两端安装F端子，剥缆长度合适，F端子安装正确，插接位置正确。

3. 住宅信息箱的安装方法

住宅信息箱有明装和暗装两种方式，下面具体介绍两种安装方法：

（1）住宅信息箱明装方法：

第一步：打开住宅信息箱，将信息箱内网络配线架、光纤配线架、TV配线架取出。

第二步：按照设计位置，根据墙体的材料选用M6螺钉或自攻丝将住宅信息箱固定在墙面上。

第三步：选择与信息箱相应的孔布管，住宅信息箱穿线孔孔径。

第四步：根据设计图纸穿线，并且在箱内预留合适的长度，方便端接。

第五步：根据使用情况，进行配线架端接及安装配线架。

（2）住宅信息箱暗装方法：

第一步：住宅信息箱一般安装在住宅入口或门厅，安装高度距离地面宜为30～50 cm，请遵守相关标准和规范。

第二步：土建阶段按照设计图纸预留洞口，预留洞口必须大于箱体尺寸。

第三步：电气安装阶段，首先将箱体安装在预留的洞口内，保持箱体横平竖直，同时将各种线管与箱体连接牢固，并将箱体接地，清理金属管口的毛刺，最后用水泥砂浆填充缝隙。

第四步：墙面粉刷完成后，再将门扇用螺钉与箱体固定，保持门扇水平。

第五步：根据设计图纸穿线，并且在箱内预留合适的长度，方便端接。

4. 住宅信息箱内设备功能与连接

（1）网络配线架用于铜缆布线系统，配置6口RJ-45模块，背面安装水平铜缆，正面安装网络跳线，如图7-28所示。

图7-28　9寸6口网络配线架

配线架端接方法：

第一步：剥开双绞线外绝缘护套，长度不超过20 mm，如图7-29所示。

第二步：拆开4对双绞线，如图7-30所示。

图7-29　剥开双绞线外绝缘护套　　　　图7-30　拆开4对双绞线

第三步：按照配线架模块所标线序，将双绞线放入端接口中，如图7-31所示。

第四步：使用打线钳压接线芯，使其与模块刀片可靠连接，如图7-32所示。

图7-31　双绞线放入端接口　　　　　　图7-32　配线架端接

（2）光纤配线架用于光缆布线系统，配置4个双口SC光纤模块，背面安装SC口光纤接头，正面安装SC口光纤跳线，如图7-33所示。

图7-33　9英寸4×2口 SC光纤配线架

（3）TV配线架将一路输入电视信号分成多路输出信号，供多台电视使用。入户电视线插接在输入口，输出口与电视机跳线连接，如图7-34所示。

图7-34　9英寸1进4出TV配线架

F头制作方法：

第一步：剥线。剥去同轴电缆外皮，留出约10 mm。将屏蔽层向后捋，并剪去铝箔层，剥去

单元 7　管理间子系统的设计和安装技术

内绝缘层留出芯线，如图7–35所示；注意切除内绝缘层时，要在高于切开外皮平面的1.5~2 mm处切下，这样就不会因气候变化造成绝缘层和铜芯萎缩。

第二步：安装和固定F头。铜芯一般应留10 mm左右，然后插入F头，铜芯应高出F头外口约5 mm，如图7–36所示。

第三步：固定F头卡环，用F头卡环把电缆卡牢（F头卡环距F头帽头应为2~3 mm左右），如图7–37所示。

图7–35　剥线　　　　　图7–36　安装和固定F头　　　图7–37　固定F头卡环

7.6.4　通信跳线架的安装

通信跳线架主要是用于语音配线系统。一般采用110跳线架，主要是上级程控交换机过来的接线与到桌面终端的语音信息点连接线之间的连接和跳接部分，便于管理、维护、测试。其安装步骤如下：

（1）取出110跳线架和附带的螺丝。

（2）利用十字螺丝刀把110跳线架用螺丝直接固定在网络机柜的立柱上。

（3）理线。

（4）按打线标准把每个线芯按照顺序压在跳线架下层模块端接口中。

（5）把5对连接模块用力垂直压接在110跳线架上，完成下层端接。

7.6.5　网络配线架的安装

网络配线架安装要求：

（1）在机柜内部安装配线架前，首先要进行设备位置规划或按照图纸规定确定位置，统一考虑机柜内部的跳线架、配线架、理线环、交换机等设备。同时考虑跳线方便。

（2）缆线采用地面出线方式时，一般缆线从机柜底部穿入机柜内部，配线架宜安装在机柜下部。采取桥架出线方式时，一般缆线从机柜顶部穿入机柜内部，配线架宜安装在机柜上部。缆线采取从机柜侧面穿入机柜内部时，配线架宜安装在机柜中部。

（3）配线架应该安装在左右对应的孔中，水平误差不大于2mm，更不允许错位安装。

网络配线架的安装步骤如下：

（1）检查配线架和配件完整。

（2）将配线架安装在机柜设计位置的立柱上。

（3）理线。

（4）端接打线。

（5）做好标记，安装标签条。

7.6.6　交换机的安装

交换机安装前首先检查产品外包装是否完整并开箱检查产品，收集和保存配套资料。一般包括交换机、2个支架、4个橡皮脚垫和4个螺钉、1根电源线、1个管理电缆。然后准备安装交换机，一般步骤如下：

（1）从包装箱内取出交换机设备。

（2）给交换机安装两个支架，安装时要注意支架方向。

（3）将交换机放到机柜中提前设计好的位置，用螺钉固定到机柜立柱上，一般交换机上下要留一些空间用于空气流通和设备散热。

（4）将交换机外壳接地，把电源线拿出来插在交换机后面的电源接口。

（5）完成上面几步操作后就可以打开交换机电源了，开启状态下查看交换机是否出现振动现象，如果出现请检查脚垫高低或机柜上的固定螺钉松紧情况。

 注意

拧取这些螺钉的时候不要过紧，否则会让交换机倾斜，也不能过松，否则交换机在运行时不会稳定，工作状态下设备会振动。

7.6.7　理线环的安装

理线环的安装步骤如下：

（1）取出理线环和所带的配件——螺丝包；

（2）将理线环安装在网络机柜的立柱上。

 注意

在机柜内设备之间的安装距离至少留1U的空间，便于设备的散热。

7.7　典型行业应用案例

——信息机房综合布线系统维护

1. 信息机房也需要维护吗？

布线工程完工后，所看到的机柜正面是整整齐齐的。这时客户接收到的是一个经测试合格、布局整齐的综合布线工程，如图7-38所示。

经过数月的使用，机房内开始发生变化。图7-39、图7-40是在使用一年后的信息机房内拍摄的照片。图7-39所反映的情况还能够忍受，因为混乱的跳线是单根出现的，彼此之间没有任何牵连，也就不会对传输性能带来危害。而图7-41所示的照片则比较严重：混乱的跳线已经彼此牵连，牵动其中的任何一根都可能影响其他跳线，也就是说，当管理人员拆除其中一根跳线时，有可能就会触及到另一根跳线，导致那根跳线的传输状态发生变化，甚至导致传输中断。

图7-38　整齐的跳线

图7-39　混乱的跳线

图7-40　需要整理的跳线

图7-41　杂乱的跳线

单元7　管理间子系统的设计和安装技术

图7-41是综合布线行业中经常见到的图片。如果机柜内的跳线乱到了这个程度（笔者曾经亲眼见过这样的场景），那最下方的跳线将承载着大量跳线的重量，从而导致跳线断裂。

2. 信息机房日常维护工作有哪些？

综合信息机房内综合布线系统所需要做的维护工作，大致可以分为以下四类：日常管理、日常维护、故障排除和布局整改。

1）日常管理

日常管理是指对综合布线跳线的位置调整和标签变更，这部分的工作简单，几乎没有技术含量，可以说是一看就懂，一做就乱，绝大多数的跳线混乱源自于此，导致日后无法维护的根源往往也在于此。

一个管理严格的信息机房对所有的变更在实施前应填写变更单，经相关主管批准后方能实施。在实施过程中，先拔下需要更换的跳线，换上去的跳线应重新选用适当的长度，并粘贴两端标签后沿着跳线管理器敷设好，再将跳线两端插入对应的信息插座内，以免跳线散乱在机柜内。变更结束后应在变更单上填写变更后的状态（正常、失败等），并将变更过程中出现的情况人工记录在变更单上。变更完成后，应将电子版的变更单及变更批复集中管理，纸质变更单则应按期装订成册。

2）日常维护

日常维护是指在正常运行期间，定期进行保养和检查。一般每隔数月就应该进行一次，而不是等到出现问题再进行维护。

日常维护可以做的事情很多，其中包括：

（1）清除机柜内外综合布线系统上的灰尘。

（2）检查综合布线桥架的平整度，如果发生变形、支架螺钉脱落等与安装图纸不相符合的情况应立即修复。以免桥架断裂或脱落致使信息业务突然中断。

（3）检查机房内双绞线上、面板上、配线架、跳线上的标签，将脱落的标签补全，将粘连不牢的标签固定好，更换有损伤的标签。

（4）使用性能测试仪对铜缆信道和未使用的光纤信道进行抽检，测试方法为永久链路测试和所用跳线的性能测试，并与原始记录进行核对。（由于光纤信道比较娇嫩，容易受磨损和灰尘的影响。所以对于正在使用的光纤信道，不建议进行抽检，以免因测试而损坏光纤信道或网络设备的光纤模块。）

（5）电子配线架系统同样应进行抽样检查，检查可人为设置故障，检查实时报警的响应时间和报警音响；同理，综合布线管理软件（含电子配线架中的软件）应对电子记录进行人工检查，检查范围包含施工记录和上次维护至今的日常记录。施工记录应检查其完整性，不应发生遗失或损坏。

日常维护工作的目的只有一个：将隐患消除在萌芽状态。只有这样，才能确保综合布线系统始终处于经久耐用的水平上。

3）故障排除

系统都有出现故障的可能性，在机房运行之初就有必要制定周全的故障排除预案。

在网络管理系统、电子配线架软件报警或接到故障投诉后，当班管理人员应立即进行故障确认并将故障对机房运行的影响降至最低。

在故障排除过程中，当班管理人员的综合布线水平对于排除故障是至关重要的。养兵千日用兵一时，如果在平日里对机房管理人员进行综合布线水平和故障排除技能的反复训练，并备足所需的备品、备件，准备好必要的应急工具和材料，就能大大缩短故障定位时间和平均无故障时间，并为专业维护人员修复线路提供有价值的参考意见。

4）系统整改

系统整改是指增加、减少和更改综合布线缆线。这一阶段的工作类似于在信息机房内进行一次新的综合布线工程，难度高在系统整改还不能影响机房的正常工作。为此，有必要参照综合布线工程的管理方法进行施工准备和安装调试：

（1）综合布线系统在整改前应填写变更单，附施工图纸后报批，在获得批准后整改方可实施。

（2）在整改过程中，应先抽出所有的废弃缆线（包括双绞线和光缆）和跳线，然后添加新的缆线和跳线。

（3）施工人员应事先制定完善的施工方案，在尽量短的时间内完成自己的工作，将机房内温湿度、粉尘等因素的影响降至最低。

（4）施工完毕应立即组织验收，对整改线路及相邻线路的综合布线系统进行性能测试。其中相邻线路是指在整改时被波及的线路。如将24口配线架取出进行整改其中的一条链路，则该配线架上的24条链路均属于相邻线路；如果使用4联装的前翻式模块框架，则4条链路均属于相邻线路（因为在处理一根线路时，其他线路已经产生了位移）；如果使用的是单模块前拆式配线架结构（即单个模块可以从配线架正面取出，进行维护。它不会波及旁边的线路），则没有相邻线路。

（5）整改完毕后，应按工程要求保留实施过程中所有的图纸、变更单、日志、检测报告、检测记录和相关文件，在有条件时，使用照片作为日志的基本内容。

7.8 工 程 经 验

1. 管理间使用机柜规格的确定

在设计管理间时，我们是根据建筑物中网络信息点的多少，来确定管理间的位置和安装网络机柜的规格。有时在规划机柜内安装设备之后，必须考虑到增加信息点和设备的散热等因素，还要预留1~2U的空间，以便将来有更大的发展时，很容易将设备扩充进去。

2. 配线架、交换机端口的冗余

在以前遇到过这样一个工程，该工程在施工中没有考虑交换机端口的冗余，在使用过程中，有些端口突然出现故障，无法迅速解决，给用户造成了不必要的麻烦和损失。所以便于日后的维护和增加信息点，必须在机柜内配线架和交换机端口做相应冗余，如增加用户或设备时，只须简单接入网络即可。

3. 分清大对数电缆的线序

在管理间和设备间的打线过程中，经常会碰到25对或者100对大对数线缆的端接问题，不容易分清。在这里，进行简单的阐述。以25对线缆为例说明。线缆有5个基本颜色，顺序为白、红、黑、黄、紫，每个基本颜色里面又包括5种颜色顺序，分别为蓝、橙、绿、棕、灰。即所有的线对1~25对的排序为白蓝，白橙，白绿，白棕，白灰，……，紫兰，紫橙，紫绿，紫棕，紫灰。

4．工程经验四：配线架管理

配线架的管理以表格对应方式，根据座位、部门单元等信息，记录布线的路线，并加以标识，以方便维护人员识别和管理。

7.9 练 习 题

1．填空题

（1）管理间子系统也称为_____或者_____。

（2）配线架端口数量应该_____信息点数量，保证全部信息点过来的缆线全部端接在配线架中。

（3）管理间子系统使用_____来区分配线设备的性质，标明端接区域、物理位置、编号、容量、规格等，以便维护人员在现场一目了然地加以识别。

（4）GB 50311—2007中规定管理间的使用面积不应小于_____。

（5）管理间安装落地式机柜时，机柜前面的净空不应小于_____，后面的净空不应小于_____，方便施工和维修。安装壁挂式机柜时，一般在楼道安装高度不小于_____。

（6）管理间内温度应为_____，相对湿度宜为_____。

（7）110A配线架有_____和_____两种规格；110P配线架有_____和_____两种规格。

（8）光纤管理器件根据光缆布线场合要求分为两类，即光纤配线架和光纤接线箱。光纤配线架适用于_____场合，而光纤接线箱适用于_____场合。

（9）光纤配线架又分为_____和_____两种。

（10）常见的光纤接头有两类：_____和_____。

2．选择题

（1）管理间为连接其他子系统提供手段，它是连接垂直子系统和水平子系统的设备，其主要设备是（　　）。

A．配线架　　　　　B．交换机和机柜　　　　C．电源　　　　　　　D．跳线

（2）在综合布线系统中，管理间子系统包括（　　）。

A．楼层配线间　　　　　　　　　　B．二级交接间

C．建筑物设备间的线缆、配线架　　D．相关接插跳线

（3）在管理间子系统的设计中，一般要遵循以下哪些原则？（　　）

A．配线架数量确定原则　　　　　　B．标识管理原则

C．理线原则　　　　　　　　　　　D．配置不间断电源原则 E．防雷电措施

（4）综合布线中常使用的三种标记是（　　）。

A．电缆标记　　　B．设备标记　　　　C．场标记　　　　　D．插入标记

（5）管理间应采用外开（　　）级防火门，门宽大于（　　）m。

A．丙；0.7　　　B．乙；0.7　　　　C．丙；0.8　　　　D．乙；0.8

（6）配线架主要有（　　）两类。

A．110系列配线架　　　　　　　　B．RJ-45模块化配线架

C．五对连接块　　　　　　　　　　D．通信跳线架

（7）110A配线架由以下哪些配件组成？（　　　）。

A. 100或300对线的接线块　　　　　　　B. 3对、4对或5对线的110C连接块

C. 底板　　　　　　D. 理线环　　　　　　E. 标签条

（8）光纤耦合器的类型有（　　　）。

A. ST　　　　　　B. SC　　　　　　C. DC　　　　　　D. FC

（9）尺寸为600mm（宽）×900mm（深）×2000mm（高）的机柜，共有（　　　）U的安装空间。

A. 40　　　　　　B. 41　　　　　　C. 42　　　　　　D. 43

（10）标志中可包括的内容有（　　　）。

A. 名称　　　　　　B. 颜色　　　　　　C. 编号　　　　　　D. 字符串

3. 简答题

（1）简述管理间子系统的设计步骤。

（2）管理间的数量和面积应如何确定？

（3）说明通信跳线架和网络配线架的安装步骤。

7.10　实训项目

7.10.1　壁挂式机柜的安装实训

一般中小型网络综合布线系统工程中，管理间子系统大多设置在楼道或者楼层竖井内，高度在1.8 m以上。由于空间有限，经常选用壁挂式网络机柜，常用的有6U、9U、12U等，如图7-42所示。

1. 实训目的

● 通过常用壁挂式机柜的安装，了解机柜的布置原则、安装方法及使用要求。

● 通过壁挂式机柜的安装，熟悉常用壁挂式机柜的规格和性能。

2. 实训要求

（1）准备实训工具，列出实训工具清单。

（2）独立领取实训材料和工具。

（3）完成壁挂式机柜的定位。

（4）完成壁挂式机柜墙面固定安装。

3. 实训设备、材料和工具

（1）西元牌网络综合布线实训装置1套。

（2）实训专用M6×16十字头螺钉，用于固定壁挂式机柜，每个机柜使用4个。

（3）十字螺丝刀，长度150 mm，用于固定螺钉。一般每人1把。

4. 实训步骤

（1）设计一种设备安装图，确定壁挂式机柜安装位置。

2～3人组成一个项目组，选举项目负责人，每组设计一种设备安装图，并且绘制图纸。项目负责人指定1种设计方案进行实训，如图7-43所示。

（2）准备实训工具，列出实训工具清单。

（3）领取实训材料和工具。

（4）准备好需要安装的设备——壁挂式网络机柜，将网络机柜的门先取掉，方便机柜的安装。

（5）使用实训专用螺钉，在设计好的位置安装壁挂式网络机柜，螺钉固定牢固。

（6）安装完毕后，将门再重新安装到位，如图7-44所示。

（7）最后将机柜进行编号。

 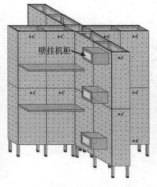 

图7-42　壁挂网络机柜　　　　图7-43　设备安装图　　　　图7-44　安装完毕的机柜

5. 实训报告要求

（1）画出壁挂式机柜安装位置布局示意图。

（2）写出常用壁挂式机柜的规格。

（3）分步陈述实训程序或步骤以及安装注意事项。

（4）实训体会和操作技巧。

7.10.2　铜缆配线设备安装实训

在管理间子系统壁挂网络机柜内主要安装铜缆配线设备，一般有网络交换机、网络配线架、110跳线架、理线环等，本节主要做铜缆配线设备的安装实训。

1. 实训目的

● 通过网络配线设备的安装和压接线实验，了解网络机柜内布线设备的安装方法和使用功能。

● 通过配线设备的安装，熟悉常用工具和配套基本材料的使用方法。

2. 实训要求

（1）准备实训工具，列出实训工具清单。

（2）独立领取实训材料和工具。

（3）完成网络配线架的安装和压接线实验。

（4）完成理线环的安装和理线实验。

3. 实训设备、材料和工具

（1）西元牌网络综合布线实训装置1套。

（2）配线架，每个壁挂机柜内1个。

（3）理线环，每个配线架1个。

（4）4-UPT网络双绞线，模块压接线实训用。

（5）十字螺丝刀，长度150mm，用于固定螺钉。一般每人1把。

（6）压线钳，用于压接网络配线架模块，一般每人1把。

4. 实训步骤

（1）设计一种机柜内安装设备布局示意图。并且绘制安装图，如图7-45所示。

3～4人组成一个项目组，选举项目负责人，每组设计一种设备安装图，并且绘制图纸。项目负责人指定1种设计方案进行实训。

（2）按照设计图，核算实训材料规格和数量，掌握工程材料核算方法，列出材料清单。

（3）按照设计图，准备实训工具，列出实训工具清单。

（4）领取实训材料和工具。

（5）确定机柜内需要安装设备和数量，合理安排配线架、理线环的位置，主要考虑级连线路合理，施工和维修方便。

（6）准备好需要安装的设备，打开设备自带的螺丝包，在设计好的位置安装配线架、理线环等设备，注意保持设备平齐，螺钉固定牢固，并且做好设备编号和标记。

（7）安装完毕后，开始理线和压接线缆，如图7-46所示。

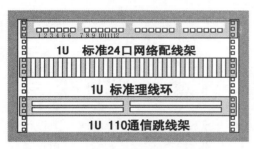

图7-45　机柜内设备安装位置图

图7-46　安装图

 注意

在机柜内设备之间的安装距离至少留1U的空间，便于设备的散热。

5. 实训报告要求

（1）画出机柜内安装设备布局示意图。

（2）写出常用理线环和配线架的规格。

（3）分步陈述实训程序或步骤以及安装注意事项。

（4）实训体会和操作技巧。

単元 **8**

垂直子系统的设计和安装技术

通过本单元内容的学习，了解垂直子系统的设计思路和方法，并且能够在实训过程中掌握垂直子系统的安装和施工技术。

学习目标

- 掌握垂直子系统常用器材的类别和性能。
- 掌握垂直子系统的设计方法和安装技术。

8.1 垂直子系统的基本概念和工程应用

在GB 50311国家标准中把垂直子系统称为干线子系统，为了便于理解和工程行业习惯叫法，我们仍然称为垂直子系统，它是综合布线系统中非常关键的组成部分，它由设备间子系统与管理间子系统的引入口之间的布线组成，两端分别连接在设备间和楼层管理间的配线架上。它是建筑物内综合布线的主干缆线，垂直子系统一般使用光缆传输。图8-1所示为垂直子系统示意图。

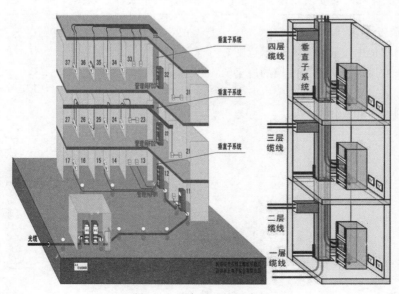

图8-1 垂直子系统示意图

垂直子系统的布线采用星形结构，从建筑物设备间向各个楼层的管理间布线，实现大楼信息流的纵向连接，图8-2所示为垂直子系统布线原理图。在实际工程中，大多数建筑物都是垂直向高空发展的，因此很多情况下会采用垂直型的布线方式。但是也有很多建筑物是横向发展，如飞机场的候机厅、工厂仓库等建筑，这时也会采用水平型的主干布线方式。因此主干线缆的布线路由既可能是垂直型的，也可能是水平型的，或是两者的结合。

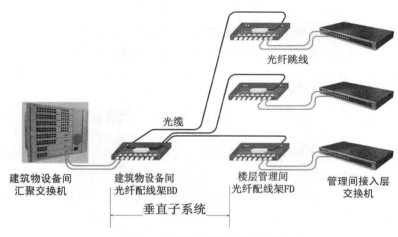

图8-2　垂直子系统布线原理图

8.2　垂直子系统的设计原则

在垂直子系统中，一般要遵循以下原则。

1. 星形拓扑结构原则

垂直子系统必须为星形网络拓扑结构。

2. 保证传输速率原则

垂直子系统首先考虑传输速率，一般选用光缆。

3. 无转接点原则

由于垂直子系统中的光缆或者电缆路由比较短，而且跨越楼层或者区域，因此在布线路由中不允许有接头或者CP集合点等各种转接点。

4. 语音和数据电缆分开原则

在垂直子系统中，语音和数据往往用不同种类的缆线传输，语音电缆一般使用大对数电缆，数据一般使用光缆，但是在基本型综合布线系统中也常常使用电缆。由于语音和数据传输时工作电压和频率不相同，往往语音电缆工作电压高于数据电缆工作电压，为了防止语音传输对数据传输的干扰，必须遵守语音电缆和数据电缆分开的原则。

5. 大弧度拐弯原则

垂直子系统主要使用光缆传输数据，同时对数据传输速率要求高，涉及终端用户多，一般会涉及一个楼层的很多用户，因此在设计时，垂直子系统的缆线应该垂直安装，如果在路由中间或者出口处需要拐弯时，不能直角拐弯布线，必须设计大弧度拐弯，保证缆线的曲率半径和布线方便。

6. 满足整栋大楼需求原则

由于垂直子系统连接大楼的全部楼层或者区域，不仅要能满足信息点数量少、速率要求低的楼层用户的需要，更要保证信息点数量多，传输速率高的楼层的用户要求。因此在垂直子系统的设计中一般选用光缆，并且需要预留备用缆线，在施工中要规范施工和保证工程质量，最终保证垂直子系统能够满足整栋大楼各个楼层用户的需求和扩展需要。

7. 布线系统安全原则

由于垂直子系统涉及每个楼层，并且连接建筑物的设备间和楼层管理间交换机等重要设备，布线路由一般使用金属桥架，因此在设计和施工中要加强接地措施，预防雷电击穿破坏，还要防止缆线遭破坏等措施，并且注意与强电保持较远的距离，防止电磁干扰等。

8.3 垂直子系统的设计步骤和方法

垂直子系统的设计步骤一般为，首先进行需求分析，与用户进行充分的技术交流并了解建筑物用途，然后要认真阅读建筑物设计图纸，确定建筑物竖井、设备间和管理间的具体位置，其次进行初步规划和设计，确定垂直子系统布线路径，最后确定布线材料规格和数量，列出材料规格和数量统计表。其设计步骤如图8-3所示。

需求分析 → 技术交流 → 阅读建筑物图纸 → 规划和设计 → 完成材料规格和数量统计表

图8-3 垂直子系统设计步骤

8.3.1 需求分析

需求分析是综合布线系统设计的首项重要工作，垂直子系统是综合布线系统工程中最重要的一个子系统，直接决定每个信息点的稳定性和传输速率。主要涉及布线路径、布线方式和材料的选择，对后续水平子系统的施工是非常重要的。

需求分析首先按照楼层高度进行分析，分析设备间到每个楼层的管理间的布线距离、布线路径，逐步明确和确认垂直子系统的布线材料的选择。

8.3.2 技术交流

在进行需求分析后，要与用户进行技术交流，这是非常必要的。在交流中重点了解每个房间或者工作区的用途、要求、运行环境等因素。在交流过程中必须进行详细的书面记录，每次交流结束后要及时整理书面记录，这些书面记录是初步设计的依据。

8.3.3 阅读建筑物图纸

通过阅读建筑物图纸掌握建筑物的竖井位置、设备间和管理间位置及土建结构、强电路径，重点掌握在垂直子系统路由上的电器设备、电源插座、暗埋管线等。

8.3.4 规划和设计

垂直子系统的线缆直接连接着几十或几百个用户，因此一旦干线电缆发生故障，则影响巨大。为此，我们必须十分重视干线子系统的设计工作。

根据综合布线的标准及规范，应按下列设计要点进行垂直子系统的设计工作。

1. 确定缆线类型

垂直子系统缆线主要有光缆和铜缆两种类型，要根据布线环境的限制和用户对综合布线系统设计等级的考虑确定。垂直子系统所需要的电缆总对数和光纤总芯数，应满足工程的实际需求，并留有适当的备份容量。主干缆线宜设置电缆与光缆，并互相作为备份路由。

2. 垂直子系统路径的选择

垂直子系统主干缆线应选择最短、最安全和最经济的路由，一端与建筑物设备间连接，另一端与楼层管理间连接。路由的选择要根据建筑物的结构以及建筑物内预留的电缆孔、电缆井等通道位置而决定。建筑物内一般有封闭型和开放型两类通道，宜选择带门的封闭型通道敷设垂直缆线。开放型通道是指从建筑物的地下室到楼顶的一个开放空间，中间没有任何楼板隔开。封闭型通道是指一连串上下对齐的空间，每层楼都有一间，电缆竖井、电缆孔、管道电缆、电缆桥架等穿过这些房间的地板层。

3. 缆线容量配置

主干电缆和光缆所需的容量要求及配置应符合以下规定：

（1）语音业务，大对数主干电缆的对数应按每一个电话8位模块通用插座配置1对线，并在总需求线对的基础上至少预留约10%的备用线对。

（2）对于数据业务每个交换机至少应该配置1个主干端口。主干端口为电端口时，应按4对线容量，为光端口时则按2芯光纤容量配置。

（3）当工作区至电信间的水平光缆延伸至设备间的光配线设备（BD/CD）时，主干光缆的容量应包括所延伸的水平光缆光纤的容量在内。

4. 垂直子系统线缆敷设保护方式

（1）缆线不得布放在电梯或供水、供气、供暖管道竖井中，也不应布放在强电竖井中。

（2）电信间、设备间、进线间之间干线通道应连通。

5. 垂直子系统干线线缆交接

为了便于综合布线的路由管理，干线电缆、干线光缆布线的交接不应多于两次。从楼层配线架到建筑群配线架之间只应通过一个配线架，即建筑物配线架（在设备间内）。当综合布线只用一级干线布线进行配线时，放置干线配线架的二级交接间可以并入楼层配线间。

6. 垂直子系统干线线缆端接

干线电缆可采用点对点端接，也可采用分支递减端接连接。点对点端接是最简单、最直接的接合方法，如图8-4所示。

干线子系统每根干线电缆直接延伸到指定的楼层配线管理间或二级交接间。分支递减端接是用一根足以支持若干个楼层配线管理间或若干个二级交接间的通信容量的大容量干线电缆，经过电缆接头交接箱分出若干根小电缆，再分别延伸到每个二级交接间或每个楼层配线管理间，最后端接到目的地的连接硬件上，如图8-5所示。

7. 确定干线子系统通道规模

垂直子系统是建筑物内的主干电缆。在大型建筑物内，通常使用的干线子系统通道由一连串穿过管理间地板且垂直对准的通道组成，穿过弱电间地板的线缆井和线缆孔，如图8-6所示。

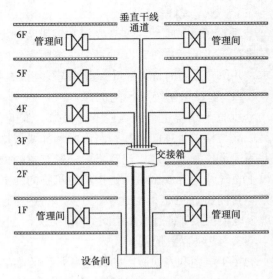

图8-4　干线电缆点对点端接方式　　　　图8-5　干线电缆分支接合方式

确定干线子系统的通道规模，主要就是确定干线通道和配线间的数目。确定的依据就是综合布线系统所要覆盖的可用楼层面积。如果给定楼层的所有信息插座都在配线间的75 m范围之内，那么采用单干线接线系统。单干线接线系统就是采用一条垂直干线通道，每个楼层只设一个配线间。如果有部分信息插座超出配线间的75 m范围之外，那就要采用双通道干线子系统，或者采用经分支电缆与设备间相连的二级交接间。

如果同一幢大楼的管理间上下不对齐，则可采用大小合适的线缆管道系统将其连通，如图8-7所示。

196

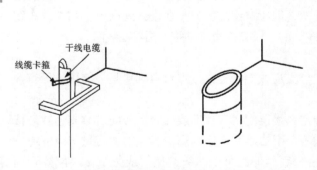

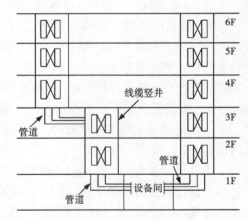

图8-6　穿过弱电间地板的线缆井和线缆孔　　　　图8-7　双干线电缆通道

8.3.5　完成材料规格和数量统计表

综合布线垂直子系统材料的概算是指根据施工图纸核算材料使用数量，然后根据定额计算出造价。对于材料的计算，我们首先确定施工使用布线材料类型，列出一个简单的统计表，统计表主要是针对数量进行统计，避免计算材料时漏项，从而方便材料的核算。

综合布线工程实用技术（第2版）

8.4　垂直子系统安装技术

垂直子系统布线路由的走向必须选择缆线最短、最安全和最经济的路由，同时考虑未来扩展的需要。垂直子系统在系统设计和施工时，一般应该预留一定的缆线做冗余信道，这一点对于综合布线系统的可扩展性和可靠性来说是十分重要的。

8.4.1　标准规定

GB 50311—2007《综合布线系统工程设计规范》国家标准第6章安装工艺要求内容中，对垂直子系统的安装工艺提出了具体要求。垂直子系统垂直通道穿过楼板时宜采用电缆竖井方式。也可采用电缆孔、管槽的方式，电缆竖井的位置应上、下对齐。

8.4.2　垂直子系统线缆选择

根据建筑物的结构特点以及应用系统的类型，决定选用干线线缆的类型。在垂直子系统设计中常用多模光缆和单模光缆，4对双绞线电缆，大对数对绞电缆等，在住宅楼也会用到75 Ω有线电视同轴电缆。

目前，针对电话语音传输一般采用3类大对数对绞电缆（25对、50对、100对等规格），针对数据和图像传输采用光缆或五类以上4对双绞线电缆以及五类大对数对绞电缆，针对有线电视信号的传输采用75 Ω同轴电缆。要注意的是，由于大对数线缆对数多，很容易造成相互间的干扰，因此很难制造超五类以上的大对数对绞电缆，为此六类网络布线系统通常使用六类4对双绞线电缆或光缆作为主干线缆。在选择主干线缆时，还要考虑主干线缆的长度限制，如五类以上4对双绞线电缆在应用于100 Mbit/s的高速网络系统时，电缆长度不宜超过90 m，否则宜选用单模或多模光缆。

8.4.3　垂直子系统布线通道的选择

垂直线缆的布线路由主要依据建筑的结构以及建筑物内预埋的管道而定。目前垂直型的干线布线路由主要采用电缆孔和电缆井两种方法。对于单层平面建筑物水平型的干线布线路由主要用金属管道和电缆托架两种方法。

干线子系统垂直通道有下列三种方式可供选择：

1.　电缆孔方式

通道中所用的电缆孔是很短的管道，通常用一根或数根外径为63～102 mm的金属管预埋在楼板内，金属管高出地面25～50 mm，也可直接在地板中预留一个大小适当的孔洞。电缆往往捆在钢绳上，而钢绳固定在墙上已铆好的金属条上。当楼层配线间上下都对齐时，一般可采用电缆孔方法，如图8-8所示。

2.　管道方式

包括明管或暗管敷设。

3.　电缆竖井方式

在新建工程中，推荐使用电缆竖井的方式。电缆井是指在每层楼板上开出一些方孔，一般宽度为30 cm，并有2.5 cm高的井栏，具体大小要根据所布线的干线电缆数量而定，如图8-9所示。与电缆孔方法一样，电缆也是捆扎或箍在支撑用的钢绳上，钢绳靠墙上的金属条或地板三角架固定。离电缆井很近的墙上的立式金属架可以支撑很多电缆。电缆井比电缆孔更为灵活，可以让各种粗细不一的电缆以任，丁方式布设通过。但在建筑物内开电缆井造价较高，而且不使用的电缆井很难防火。

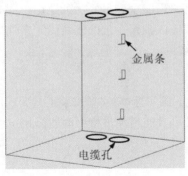

图8-8 电缆孔方法

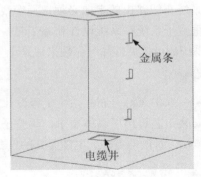

图8-9 电缆竖井方式

8.4.4 垂直子系统线缆容量的计算

在确定干线线缆类型后，便可以进一步确定每个楼层的干线容量。一般而言，在确定每层楼的干线类型和数量时，都要根据楼层水平子系统所有的各个语音、数据、图像等信息插座的数量来进行计算的。具体计算的原则如下：

（1）语音干线可按一个电话信息插座至少配1个线对的原则进行计算。

（2）计算机网络干线线对容量计算原则是：电缆干线按24个信息插座配2根双绞线，每一个交换机或交换机群配4根双绞线；光缆干线按每48个信息插座配2芯光纤。

（3）当信息插座较少时，可以多个楼层共用交换机，并合并计算光纤芯数。

（4）如有光纤到用户桌面的情况，光缆直接从设备间引至用户桌面，干线光缆芯数应不包含这种情况下的光缆芯数。

（5）主干系统应留有足够的余量，以作为主干链路的备份，确保主干系统的可靠性。

8.4.5 垂直子系统缆线的绑扎

垂直子系统敷设缆线时，应对缆线进行绑扎。对绞电缆、光缆及其他信号电缆应根据缆线的类别、数量、缆径、缆线芯数分束绑扎，绑扎间距不宜大于1.5 m，防止线缆因重量产生拉力造成线缆变形。在绑扎缆线的时候特别注意的是应该按照楼层进行分组绑扎。

8.4.6 线缆敷设要求

在敷设线缆时，对不同的介质要区别对待：

1. 光缆

●光缆敷设时不应该绞结。

●光缆在室内布线时要走线槽。

●光缆在地下管道中穿过时要用PVC管。

●光缆需要拐弯时，其曲率半径不得小于30 cm。

●光缆的室外裸露部分要加铁管保护，铁管要固定牢固。

●光缆不要拉得太紧或太松，并要有一定的膨胀收缩余量。

●光缆埋地时，要加铁管保护。

2. 双绞线

- 双绞线敷设时要平直，走线槽，不要扭曲。
- 双绞线的两端点要标号。
- 双绞线的室外部分要加套管，严禁搭接在树干上。
- 双绞线不要拐硬弯。

在智能建筑的设计中，一般都有弱电竖井，用于垂直子系统的布线。在竖井中敷设缆线时一般有两种方式，向下垂放电缆和向上牵引电缆。相比较而言，向下垂放比较容易。

3. 向下垂放线缆

（1）把线缆卷轴放到顶层。

（2）在离房子的开口3～4 m处安装线缆卷轴，并从卷轴顶部馈线。

（3）在线缆卷轴处安排布线施工人员，每层楼上要有一个工人，以便引寻下垂的线缆。

（4）旋转卷轴，将线缆从卷轴上拉出。

（5）将拉出的线缆引导进竖井中的孔洞。在此之前，先在孔洞中安放一个塑料的套状保护物，以防止孔洞不光滑的边缘擦破线缆的外皮。

（6）慢慢地从卷轴上放缆并进入孔洞向下垂放，注意速度不要过快。

（7）继续放线，直到下一层布线人员将线缆引到下一个孔洞。

（8）按前面的步骤继续慢慢地放线，直至线缆到达指定楼层进入横向通道为止。

4. 向上牵引线缆

向上牵引线缆需要使用电动牵引绞车，其主要步骤如下：

（1）按照线缆的质量，选定绞车型号，并按说明书进行操作。先往绞车中穿一条绳子。

（2）启动绞车，并往下垂放一条拉绳，直到安放线缆的底层。

（3）如果缆上有一个拉眼，则将绳子连接到此拉眼上。

（4）启动绞车，慢慢地将线缆通过各层的孔向上牵引。

（5）线缆的末端到达顶层时，停止绞车。

（6）在地板孔边沿上用夹具将线缆固定。

（7）当所有连接制作好之后，从绞车上释放线缆的末端。

8.4.7 大对数线缆的放线方法

在通信及电力等行业，各种光缆、电缆、钢丝、软管等缆线和器材都缠绕在圆形的线轴上，由于线轴体积庞大，在工程布线和布管等施工时，需要从线轴上抽线，首先把线轴放在专业的放线器上，如图8-10所示，拉线时线轴转动，将缆线平整均匀的抽出，边抽线边施工，不会出现缆线缠绕和打结，如图8-11所示。

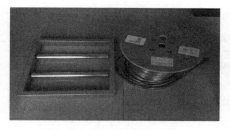

图8-10 西元缆线放线器

图8-11 大对数线缆放线

8.5 典型行业应用案例

民航机场航站楼综合布线系统设计：

1. 航站楼综合布线需求分析

航站楼及配套建筑综合布线系统是机场建设的一项重要基础工程，不但为机场信息弱电系统提供基础链路支持，而且为与外部通信数据网络相连接提供了有力支持。主要需求如下：

（1）满足主干万兆、水平千兆，光纤到桌面的网络传输要求。

（2）主干满足与电信及航站楼、ITC（信息指挥中心）、GTC（停车楼）、UMC（市政实施管理中心楼）的连接。

（3）兼容不同厂家、不同品牌的网络设备。

（4）具备为航站楼的核心网、离港网、无线网、行李网、安检网、POS系统网、安防网、广播网、办公网络提供集成网络平台。

（5）水平系统采用非屏蔽六类双绞线。

2. 航站楼综合布线设计

1）弱电间设计

民航机场航站楼综合布线系统宜采用星形拓扑结构，按模块化设计，由建筑群子系统、设备间子系统、干线子系统、管理间子系统、水平子系统、工作区子系统构成。所有与计算机网络相连的布线硬件一般均为光纤或六类产品。

由于航站楼的特殊性，横向跨度巨大，因此设置众多管理间以缩短水平缆线的距离。航站楼的一级管理间（PCR）设置在航站楼的垂直底部，水平中部位置，二级管理间（DCR）则分布在等面积的区域内，用以管理三级管理间，三级管理间（SCR）则分布在航站楼的各个区域内，方便水平系统的管理。此外，针对弱电系统，还应设有功能用房，例如指挥中心、安防控制室、运行控制室、楼宇控制室、行李控制室、消防控制室、机电控制室、旅客服务中心、外场管理中心等。

三级管理间SCR设计原则如下：

（1）保证SCR到末端的路由长度不大于90 m。

（2）二层、三层小间尽量在首层小间的垂直投影上方。

（3）小间的上方尽量避免是卫生间。

（4）小间尽量在强电间附近布置。

2）建筑群系统设计

建筑群子系统由连接各建筑物之内的缆线组成，所需的硬件包括电缆、光缆和防止电缆的浪涌电压进入建筑物的电气保护设备等。

机场的建筑群，大致包括航站楼本身、停车楼、信息指挥大楼、市政实施管理中心楼及机场物流中心楼等。根据信息化建设的要求，各个建筑物之间的信息交流是必不可少的，因此全部采用光缆连接，以实现信息的高速交换。

3）垂直子系统设计

垂直子系统由设备间和楼层配线间之间的连接线缆组成。缆线一般为大对数双绞线电缆或多芯光缆，两端分别端接在设备间和楼层管理间的配线架上。

航站楼综合布线系统数据传输主干系统采用单模万兆光缆敷设，符合10Gbit/s以太网标准

IEEE 802.3ae，语音主干系统采用三类大对数非屏蔽双绞铜缆（UTP）。

由于航站楼内的信息量交换非常的频繁，而且数据流量相当大，因此作为信息主要通道的设计显得更为重要。不但要保证信息传输的畅通，而且要考虑到由于民航业务的飞速发展而带来的信息量的膨胀，所以主干的设计要考虑到大量的冗余。

4）水平子系统设计

航站楼综合布线水平系统满足千兆以太网需求，支持基于铜缆的千兆以太网标准IEEE 802.3ab，同时满足基于铜缆的以太网供电传输标准IEEE 802.3af。水平线缆采用非屏蔽低烟无卤六类双绞线。登机桥远端以及其他超过90m的线缆采用室内2芯多模光缆。

航站楼综合布线系统水平信息点按应用系统分为：

（1）通用信息点：集成、离港、OA、商业。

（2）航显、时钟、BA、安防……

（3）外部联检单位。

（4）航空公司。

（5）其他驻场单位。

按信息点类别分为：

（1）六类信息点：TO。

（2）光纤信息点：FO。

5）工作区子系统设计

作为航站楼的基础网络平台，综合布线系统不但要满足日常办公及通信业务，还要对航站楼的核心网、离港网、无线网、行李网、安检网、POS系统网、安防网、广播网、办公网络提供支撑。因此在设计时要充分考虑以下问题：

（1）用户单位的需求及各系统的需求。

（2）点位分布的密度、安装位置应该能满足应用系统的要求并有一定的冗余，便于使用与维护。

（3）对于大开间办公区、商业区、柜台集中的区域宜采用CP箱方式，结合内装修进行二次布线。CP箱可适当预留光纤信息点。

（4）尽量少使用地插和单孔插座，对于重要的应用如航显、时钟点应1+2备份。

（5）对于特殊需要的用户或者超长区域可选择光纤信息点和六A类信息点（万兆）。

6）设备间子系统

设备间是建筑物用于安装进出线设备、进行综合布线及其应用系统管理和维护的场所，它把中央主配线架与各种不同设备互连起来。航站楼设备间即数据和语音总配线间——PCR。

相应的配线架包括：光纤配线架，数据配线架，语音配线架，电子配线架。

7）管理间子系统

管理间子系统由各分管理间配线架及相关接插线等构成，采用交连和互连等方式，实现信息点与各个子系统之间的连接和管理，维护人员可以在配线连接硬件区域调整或重新安排线路路由，而无须改变工作区用户的信息插座，从而实现了综合布线的灵活性、开放性和扩展性。

管理子系统是整个配线系统的关键单元，为使系统的设计和网络系统建成后能正常运行，扩展灵活，维护方便，因此我们在设计中考虑：每个配线间的配线架分为两组，一组连接水平双绞线，另外一组连接垂直线缆。配线架的管理以表格对应方式进行，根据房间号、部门单元等信息，记录布线的路线并加以标识，以方便维护和管理。

8.6 工程经验——垂直系统缆线的绑扎

在一次网络综合布线工程施工过程中，将一栋五层公寓楼的垂直布线所有的线缆绑扎在了一起，在测试时，发现一层的线缆无法测通，经过排查发现是垂直子系统的布线出现了问题，需要重新布线。在换线的过程中无法抽动该层的线缆，又将所有绑扎的线缆逐层放开，才更换好。所以在施工过程中，垂直系统的绑扎要分层绑扎，并做好标记。

同时值得注意的是：在许多捆线缆的场合，位于外围的线缆受到的压力比线束里面的大，压力过大会使线缆内的扭绞线对变形，影响性能，表现为回波损耗成为主要的故障模式。回波损耗的影响能够累积下来，这样每一个过紧的系缆带造成的影响都累加到总回波损耗上。可以想象最坏的情况，在长长的悬空钢丝绳上固定着一根线缆，每隔300 mm就有一个系缆带，这样固定的线缆如果有40 m，那么线缆就有134处被挤压着。当系缆带时，要注意系带时的力度，系缆带只要足以束住线缆就足够了。

8.7 练 习 题

1．填空题

（1）垂直子系统也称_____。由_____与_____的引入口之间的布线组成。

（2）垂直子系统一般使用的传输介质是_____。

（3）垂直子系统的任务是通过建筑物内部的传输电缆，把各个服务接线间的信号传送到_____，直到传送到最终接口，再通往外部网络。

（4）垂直子系统的布线方式有_____的，也有_____的，这主要根据建筑的结构而定。

（5）在新的建筑物中，通常利用_____敷设垂直干线。

（6）在竖井中敷设垂直干线一般有两种方式：_____和_____。

（7）在垂直子系统中，语音和数据往往用不同种类的缆线传输，语音电缆一般使用_____，数据一般使用_____，但是在基本型综合布线系统中也常常使用_____。

（8）计算机网络系统的主干线缆可以选用4对双绞线电缆或25对大对数电缆或光缆，电话语音系统的主干电缆可以选用3类大对数双绞线电缆，有线电视系统的主干电缆一般采用_____。

（9）目前垂直型的干线布线路由主要采用_____和_____两种方法。对于单层平面建筑物水平型的干线布线路由主要用_____和_____两种方法。

（10）垂直子系统敷设缆线时，应对缆线进行绑扎。绑扎间距不宜大于_____，间距应均匀，防止线缆因重量产生拉力造成线缆变形，不宜绑扎过紧或使缆线受到挤压。

2．选择题

（1）垂直子系统的拓扑结构是（　　　）。

A．星形拓扑结构 　　　　　　　　　B．环形拓扑结构

C．树形拓扑结构 　　　　　　　　　D．总线形拓扑结构

（2）在垂直子系统中，对语音业务，大对数主干电缆的对数应按每一个电话8位模块通用插座配置1对线，并在总需求线对的基础上至少预留约（　　　）的备用线对。

A. 5%　　　　　B. 8%　　　　　C. 10%　　　　　D. 15%

（3）在垂直子系统中，设备缆线和各类跳线宜按计算机网络设备的使用端口容量和电话交换机的实装容量、业务的实际需求或信息点总数的比例进行配置，比例范围为（　　　）。

A. 10%～30%　　　B. 15%～45%　　　C. 20%～50%　　　D. 25%～50%

（4）数据跳线宜按每根4对对绞电缆配置，跳线两端连接插头采用（　　　）型。

A. IDC　　　　　B. RJ-11　　　　　C. RJ-45　　　　　D. 以上都不对

（5）为便于综合布线的路由管理，干线电缆、干线光缆布线的交接不应多于（　　　）次。

A. 1　　　　　B. 2　　　　　C. 3　　　　　D. 4

（6）根据建筑物的结构特点以及应用系统的类型，决定选用干线线缆的类型。在干线子系统设计常用以下哪种线缆？（　　　）

A. 4对双绞线电缆（UTP或STP）　　　B. 100Ω大对数对绞电缆（UTF或STP）

C. 62.5/125μm多模光缆　　　　　　D. 8.3/125μm单模光缆

E. 75Ω有线电视同轴电缆

（7）干线子系统垂直通道有下列哪三种方式可供选择？（　　　）

A. 电缆孔方式　　　B. 天窗方式　　　C. 电缆竖井方式　　　D. 管道方式

（8）光缆需要拐弯时，其曲率半径不得小于（　　　）。

A. 15 cm　　　　　B. 30 cm　　　　　C. 35 cm　　　　　D. 40 cm

（9）同轴细电缆需要拐弯时，其弯曲半径不得小于（　　　）。

A. 15 cm　　　　　B. 20 cm　　　　　C. 25 cm　　　　　D. 30 cm

（10）干线电缆可采用的端接方法有（　　　）。

A. 点对点端接　　　B. 分支递减端接　　　C. 电缆直接连接　　　D. 快速熔接

3. 简答题

（1）说明垂直子系统的设计原则。

（2）列举出向下垂放电缆和向上牵引电缆的详细步骤。

（3）垂直子系统线缆容量的计算的原则是什么？

（4）说明光缆，同轴电缆，双绞线在敷设时各有什么要求。

（5）参考本章，设计1号车间的垂直子系统。

8.8　实训项目

8.8.1　线槽/线管的安装和布线实训

垂直子系统布线实训路径为从设备间1台网络配线机柜到一、二、三楼3个管理间机柜之间的布线施工，如图8-12所示。主要包括以下施工项目：

（1）PVC线管或者线槽沿墙面垂直安装。

（2）垂直子系统与楼层机柜之间的连接。包括侧面进线、下部进线、上部进线等方式。

（3）垂直子系统与管理间配线机柜之间的连接。包括底部进线、上部进线等方式。

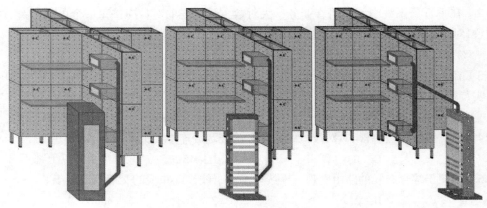

图8-12　垂直子系统实训图

1．实训目的

- 通过垂直子系统布线路径和距离的设计，熟练掌握垂直子系统的设计。
- 通过线槽/线管的安装和穿线等，熟练掌握垂直子系统的施工方法。
- 通过核算、列表、领取材料和工具，训练规范施工的能力。

2．实训要求

（1）计算和准备好实验需要的材料和工具。

（2）完成竖井内模拟布线实验，合理设计和施工布线系统，路径合理。

（3）垂直布线平直、美观，接头合理。

（4）掌握垂直子系统线槽/管的接头和三通连接以及大线槽开孔、安装、布线、盖板的方法和技巧。

（5）掌握锯弓、螺丝刀、电动起子等工具的使用方法和技巧。

3．实训设备、材料和工具

（1）西元牌网络综合布线实训装置1套。

（2）PVC塑料管、管接头、管卡若干。

（3）ϕ40 PVC线槽、接头、弯头等。

（4）锯弓、锯条、钢卷尺、十字螺丝刀、电动起子、人字梯等。

4．实训步骤

（1）设计一种使用PVC线槽/线管从设备间机柜到楼层管理间机柜的垂直子系统，并且绘制施工图，如图8-12所示。

（2）按照设计图，核算实训材料规格和数量，掌握工程材料核算方法，列出材料清单。

（3）按照设计图需要，列出实训工具清单，领取实训材料和工具。

（4）安装PVC线槽/线管。

（5）明装布线实训时，边布管边穿线。

5．实训报告

（1）画出垂直子系统PVC线槽或管布线路径图。

（2）计算出布线需要弯头、接头等的材料和工具。

综合布线工程实用技术（第2版）

204

8.8.2 钢缆扎线实训

1. 实训目的

- 通过墙面安装钢缆，熟练掌握垂直子系统的施工方法。
- 通过核算、列表、领取材料和工具，训练规范施工的能力。

2. 实训要求

（1）计算和准备好实验需要的材料和工具。

（2）完成竖井内钢缆扎线实验，合理设计施工布线系统，路径合理。

（3）掌握垂直子系统支架、钢缆和扎线的方法和技巧、扎线的间距要求。

（4）掌握活扳手、U型卡、线扎等工具和材料的使用方法和技巧。

3. 实训设备、材料和工具

（1）西元牌网络综合布线实训装置1套。

（2）直径5 mm钢缆、U型卡、支架若干。

（3）锯弓、锯条、钢卷尺、十字螺丝刀、活扳手、人字梯等。

4. 实训步骤

第一步：规划和设计布线路径，确定安装支架和钢缆的位置和数量。

第二步：计算和准备实验材料和工具。

第三步：安装和布线。

布线方法如下所述：

（1）根据规划和设计好的布线路径准备好实验材料和工具，从货架上取下支架、钢缆、U型卡、活扳手、线扎、M6螺栓、锯弓等材料和工具备用。

（2）根据设计的布线路径在墙面安装支架，在水平方向每隔500～600 mm安装1个支架，在垂直方向每隔1000 mm安装1个支架。

（3）支架安装好以后，根据需要的长度用钢锯裁好合适长度的钢缆，必须预留两端绑扎长度。用U型卡将钢缆固定在支架上，如图8-13所示。

（4）用线扎将线缆绑扎在钢缆上，间距500 mm左右。在垂直方向均匀分布线缆的重量。绑扎时不能太紧，以免破坏网线的绞绕节距。也不能太松，避免线缆的重量将线缆拉伸，如图8-14所示。

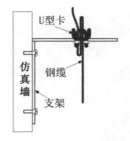

图8-13　在支架上固定钢缆

图8-14　安装钢缆

5. 实训报告

（1）写出钢缆绑扎线缆的基本要求和注意事项。

（2）计算出需要的U型卡、支架等的材料和工具。

单元 ⑨

设备间子系统的设计和施工技术

通过本单元内容的学习，了解设备间子系统的重要性和必要性，掌握设备间子系统的关键技术和设计方法。

学习目标
- 掌握设备间子系统的设计思路和方法。
- 掌握设备间子系统的关键技术和安装经验。

9.1　建筑物设备间子系统基本概念和工程应用

设备间子系统就是建筑物的网络中心，有时也称为建筑物机房，智能建筑物一般都有独立的设备间。设备间子系统是建筑物中数据、语音垂直主干缆线终接的场所，也是建筑群的缆线进入建筑物的场所，还是各种数据和语音设备及保护设施的安装场所，更是网络系统进行管理、控制、维护的场所。

设备间子系统一般设在建筑物中部或在建筑物的一、二层，避免设在顶层，而且要为以后的扩展留下余地，同时对面积、门窗、天花板、电源、照明、散热、接地等有一定的要求。图9-1所示为建筑物设备间子系统实际应用案例示意图。

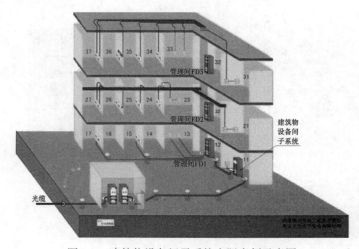

图9-1　建筑物设备间子系统实际案例示意图

9.2　建筑物设备间子系统的设计原则

1. 位置合适原则

设备间的位置应根据建筑物的结构、布线规模、设备数量和管理方式综合考虑。设备间宜处于干线子系统的中间位置，并考虑主干缆线的传输距离与数量，设备间宜尽可能靠近建筑物竖井位置，有利于主干缆线的引入，设备间的位置宜便于设备接地，设备间还要尽量远离高低压变配电、电机、X射线、无线电发射等有干扰源存在的场地。

在工程设计中，设备间一般设置在建筑物一层或者地下室，位置宜与楼层管理间距离近，并且上下对应。这是因为设备间一般使用光缆与楼层管理间设备连接，比较短和很少的拐弯方便光缆施工和降低布线成本。同时设备间与建筑群子系统也是使用光缆连接，布线方式一般常用地埋管方式，设置在一层或者地下室时能够以较短的路由或者较低的成本实现光缆进入。

2. 面积合理原则

设备间面积大小，应该考虑安装设备的数量和维护管理方便。如果面积太小，后期可能出现设备安装拥挤，不利空气流通和设备散热。设备间内应有足够的设备安装空间，其使用面积不应小于20 m²。特别要预留维修空间，方便维修人员操作，机架或机柜前面的净空不应小于800 mm，后面的净空不应小于600 mm。

3. 数量合适原则

每栋建筑物内应至少设置1个设备间，如果电话交换机与网络设备分别安装在不同的场地或根据安全需要，也可设置2个或2个以上设备间，以满足不同业务的设备安装需要。

4. 外开门原则

设备间入口门采用外开双扇门，门宽不应小于1.5m。

5. 配电安全原则

设备间的供电必须符合相应的设计规范，例如设备专用电源插座，维修和照明电源插座，接地排等。

6. 环境安全原则

设备间室内环境温度应为10～35℃，相对湿度应为20%～80%，并应有良好的通风。设备间应有良好的防尘措施，防止有害气体侵入，设备间梁下净高不应小于2.5 m，有利于空气循环。

设备间空调应该具有断电自起功能，如果出现临时停电，来电后能够自动重动，不需要管理人员专门启动。设备间空调容量的选择既要考虑工作人员，更要考虑设备散热，还要具有备份功能，一般必须安装两台，一台使用，一台备用。

7. 标准接口原则

建筑物综合布线系统与外部配线网连接时，应遵循相应的接口标准要求。

9.3　设备间子系统的设计步骤和方法

在设计设备间时，设计人员应与用户方一起商量，根据用户方要求及现场情况具体确定设备间的最终位置。只有确定了设备间位置后，才可以设计综合布线的其他子系统。用户需求分析时，确定设备间的位置是一项重要的工作内容。此外，还要与用户进行技术交流，最终确定设计要求。其设计步骤如图9-2所示。

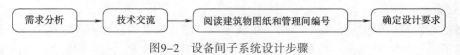

图9-2　设备间子系统设计步骤

9.3.1　需求分析

设备间子系统是综合布线的精髓，设备间的需求分析围绕整个楼宇的信息点数量、设备的数量、规模、网络构成等进行，每幢建筑物内应至少设置1个设备间，如果电话交换机与计算机网络设备分别安装在不同的场地或根据安全需要，也可设置2个或2个以上设备间，以满足不同业务的设备安装需要。

9.3.2　技术交流

进行需求分析后，要与用户进行技术交流，不仅与技术负责人交流，也要与项目或行政负责人进行交流，进一步了解用户的需求，特别是未来的扩展需求。在交流中重点了解规划的设备间子系统附近的电源插座、电力电缆、电器管理等情况。交流过程中必须进行详细的书面记录，每次交流结束后要及时整理书面记录，作为初步设计的依据。

9.3.3　阅读建筑物图纸

在设备间的位置确定前，索取和认真阅读建筑物设计图纸是必要的，通过阅读建筑物图纸掌握建筑物的土建结构、强电路径、弱电路径，特别是主要与外部配线连接接口位置，重点掌握设备间附近的电器管理、电源插座、暗埋管线等。

9.3.4　设备间一般设计要求

1. 设备间的位置

设备间的位置及大小应根据建筑物的结构、综合布线规模、管理方式以及应用系统设备的数量等方面进行综合考虑，择优选取。一般而言，设备间应尽量建在建筑平面及其综合布线干线综合体的中间位置。在高层建筑内，设备间也可以设置在一、二层。

确定设备间的位置时需要参考以下设计规范：

（1）应尽量建在综合布线干线子系统的中间位置，并尽可能靠近建筑物电缆引入区和网络接口，以方便干线线缆的进出。

（2）应尽量避免设在建筑物的高层或用水设备的下层。

（3）应尽量远离强振动源和强噪声源。

（4）应尽量避开强电磁场的干扰。

（5）应尽量远离有害气体源以及易腐蚀、易燃、易爆物。

（6）应便于接地装置的安装。

2. 设备间的面积

设备间的使用面积要考虑所有设备的安装面积，还要考虑预留工作人员管理操作设备的地方，一般最小使用面积不得小于20 m²。

设备间的使用面积可按照下述两种方法之一确定：

方法一：已知S_b为设备所占面积（m²），S为设备间的使用总面积（m²）。$S=(5 \sim 7)\sum S_b$

方法二：当设备尚未选型时，则设备间使用总面积$S=KA$。其中，A为设备间的所有设备台（架）的总数，K为系数，取值$(4.5 \sim 5.5)$m²/台（架）。

3. 设备间的建筑结构

设备间的建筑结构主要依据设备大小、设备搬运以及设备重量等因素而设计。设备间的高度一般为$2.5 \sim 3.2$ m。设备间门的大小至少为高2.1 m，宽1.5 m。

设备间一般安装有不间断电源的电池组，由于电池组非常重，因此对楼板承重设计有一定的要求，一般分为两级，A级$\geqslant 500$ kg/m²，B级$\geqslant 300$ kg/m²。

4. 设备间的环境要求

设备间内安装有计算机、网络设备、电话程控交换机、建筑物自控设备等硬件设备。这些设备的运行需要相应的温度、湿度、供电、防尘等要求。设备间内的环境设置可以参照国家计算机用房设计标准GB 50174—2008《电子信息系统机房设计规范》、程控交换机的CECS09：89《工业企业程控用户交换机工程设计规范》等相关标准及规范。

1）温湿度

综合布线有关设备的温湿度要求可分为A，B，C三级，设备间的温湿度也可参照三个级别进行设计，三个级别具体要求如表9-1所示。

表9-1　设备间温湿度要求

项　　目	A级	B级	C级
温度/℃	夏季：22±4　冬季：18±4	12～30	8～35
相对湿度/%	40～65	35～70	20～80

设备间的温湿度控制可以通过安装降温或加温、加湿或除湿功能的空调设备来实现控制。选择空调设备时，南方地区主要考虑降温和除湿功能，北方地区要全面具有降温、升温、除湿、加湿功能。空调的功率主要根据设备间的大小及设备多少而定。

2）尘埃

设备间内的电子设备对尘埃要求较高，尘埃过高会影响设备的正常工作，降低设备的工作寿命。设备间的尘埃指标一般可分为A、B两级，详见表9-2。

表9-2　设备间尘埃指标要求

项　　目	A级	B级
粒度/μm	最大0.5	最大0.5
个数/（粒/dm³）	<10 000	<18 000

降低设备间尘埃度关键在于定期的清扫灰尘，工作人员进入设备间应更换干净的鞋具。

3）空气

设备间内应保持空气洁净且有防尘措施，并防止有害气体侵入。允许有害气体限值见表9-3。

表9-3　有害气体限值

有害气体（mg/m²）	二氧化硫（SO_2）	硫化氢（H_2S）	二氧化氮（NO_2）	氨气（NH_3）	氯气（Cl_2）
平均限值	0.2	0.006	0.04	0.05	0.01
最大限值	1.5	0.03	0.15	0.15	0.3

4）照明

为了方便工作人员在设备间内操作设备和维护相关综合布线器件，设备间内必须安装足够照明度的照明系统，并配置应急照明系统。设备间内距地面0.8 m处，照明度不应低于200lx。设备间配备的事故应急照明，在距地面0.8m处，照明度不应低于5 lx。

5）噪声

为了保证工作人员的身体健康，设备间内的噪声应小于70 dB。如果长时间在70～80 dB噪声的环境下工作，不但影响人的身心健康和工作效率，还可能造成人为的噪声事故。

6）电磁场干扰

根据综合布线系统的要求，设备间无线电干扰的频率应在0.15～1 000 MHz范围内不大于120 dB，磁场干扰场强不大于800 A/m。

7）电源要求

电源频率为50 Hz，电压为220 V和380 V，三相五线制或者单相三线制。

设备间供电电源允许变动范围如表9-4所示。

表9-4　设备间供电电源允许变动的范围

项　目	A级	B级	C级
电压变动/%	−5～+5	−10～+7	−15～+10
频率变动/%	−0.2～+0.2	−0.5～+0.5	−1～+1
波形失真率/%	< ± 5	< ± 7	< ± 10

5. 设备间的管理

设备间内的设备种类繁多，而且缆线布设复杂。为了管理好各种设备及线缆，设备间内的设备应分类分区安装，设备间内所有进出线装置或设备应采用不同色标，以区别各类用途的配线区，方便线路的维护和管理。

6. 安全分类

设备间的安全分为A、B、C三个类别，具体规定详如表9-5所示。

表9-5　设备间的安全要求

安全项目	A类	B类	C类
场地选择	有要求或增加要求	有要求或增加要求	无要求
防火	有要求或增加要求	有要求或增加要求	有要求或增加要求
内部装修	要求	有要求或增加要求	无要求
供配电系统	要求	有要求或增加要求	有要求或增加要求
空调系统	要求	有要求或增加要求	有要求或增加要求
火灾报警及消防设施	要求	有要求或增加要求	有要求或增加要求
防水	要求	有要求或增加要求	无要求
防静电	要求	有要求或增加要求	无要求
防雷击	要求	有要求或增加要求	无要求
防鼠害	要求	有要求或增加要求	无要求
电磁波防护	有要求或增加要求	有要求或增加要求	无要求

A类：对设备间的安全有严格的要求，设备间有完善的安全措施。

B类：对设备间的安全有较严格的要求，设备间有较完善的安全措施。

C类：对设备间的安全有基本的要求，设备间有基本的安全措施。

根据设备间的要求，设备间安全可按某一类执行，也可按某些类综合执行。综合执行是指一个设备间的某些安全项目可按不同的安全类型执行。例如，某设备间按照安全要求可选防电磁干扰A类，火灾报警及消防设施为B类。

7. 防火结构

为了保证设备使用安全，设备间应安装相应的消防系统，配备防火防盗门。为了在发生火灾或意外事故时方便设备间工作人员迅速向外疏散，对于规模较大的建筑物，在设备间或机房应设置直通室外的安全出口。

8. 设备间的散热要求

机柜、机架与缆线的走线槽道摆放位置，对于设备间的气流组织设计至关重要，图9-3表示出了各种设备建议的安装位置。

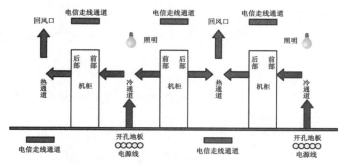

图9-3 设备间设备摆放位置与气流组织

以交替模式排列设备行，即机柜/机架面对面排列以形成热通道和冷通道。冷通道是机架/机柜的前面区域，热通道位于机架/机柜的后部。形成从前到后的冷却路由。电子设备机柜在冷通道两侧相对排列，冷气从架空地板板块的排风口吹出，热通道两侧电子设备机柜则背靠背，热通道部位的地板无孔，依靠天花板上的回风口排出热气。

对于高散热、高精度设备集装架，可采用弧形高密度孔门。图9-4所示的集装架中安装的是发热量极大的IBM卡片式服务器和2U高密度服务器。

图9-4 弧形高密度孔门

9. 设备间的接地要求

设备间设备安装过程中必须考虑设备的接地。根据综合布线相关规范，接地要求如下：

（1）直流工作接地电阻一般要求不大于4 Ω，交流工作接地电阻也不应大于4 Ω，防雷保护接地电阻不应大于10 Ω。

（2）建筑物内应设有网状接地系统，保证所有设备等电位。如果综合布线系统单独设接地系统，且能保证与其他接地系统之间有足够的距离，则接地电阻值应小于或等于4 Ω。

（3）为了获得良好的接地，推荐采用联合接地方式。所谓联合接地方式就是将防雷接地、交流工作接地、直流工作接地等统一接到共用的接地装置上。当采用联合接地系统时，通常利用建筑钢筋作防雷接地引下线，而接地体一般利用建筑物基础内钢筋网作为自然接地体，使整幢建筑的接地系统组成一个笼式的均压整体，联合接地电阻要求不大于1 Ω。

（4）接地所使用的铜线电缆规格与接地的距离有直接关系，一般接地距离在30 m以内，接地导线采用直径为4 mm的带绝缘套的多股铜线缆。接地铜缆规格与接地距离的关系可以参见表9-6。

表9-6　接地铜线电缆规格与接地距离的关系

接地距离/m	接地导线直径/mm	接地导线截面积/mm^2
< 30	4.0	12
30～48	4.5	16
48～76	5.6	25
76～106	6.2	30
106～122	6.7	35
122～150	8.0	50
150～300	9.8	75

10. 设备间的内部装饰

设备间装修材料使用符合GB 50016—2006《建筑设计防火规范》中规定的难燃材料或阻燃材料，应能防潮、吸音、不起尘、抗静电等。

1）地面

为了方便敷设缆线和电源线，设备间的地面最好采用抗静电活动地板，接地电阻在0.11 ~ 1000 MΩ之间，具体要求应符合国家标准。

2）墙面

墙面应选择不易产生灰尘，也不易吸附灰尘的材料，常用涂阻燃漆或耐火胶合板。

3）顶棚

为了吸音及布置照明灯具，吊顶材料应满足防火要求。目前，我国大多数采用铝合金或轻钢作龙骨，安装吸音铝合金板、阻燃铝塑板、喷塑石英板等。

4）隔断

根据设备间放置的设备及工作需要，可用玻璃将设备间隔成若干个房间。隔断可以选用防火的铝合金或轻钢作龙骨，安装10 mm厚玻璃。或从地板面至1.2m处安装难燃双塑板，1.2 m以上安装10 mm厚玻璃。

11. 设备间的缆线敷设

1）活动地板方式

该方式是缆线在活动地板下的空间敷设，由于地板下空间大，因此电缆容量和条数多，节省电缆费用，缆线敷设和拆除均简单方便，能适应线路增减变化，有较高的灵活性，便于维护管理。但造价较高，会减少房屋的净高，对地板表面材料也有一定要求，如耐冲击性、耐火性、抗静电、稳固性等。

2）地板或墙壁沟槽方式

该方式是缆线在建筑中预先建成的墙壁或地板内沟槽中敷设，沟槽的断面尺寸大小根据缆线终期容量来设计。这种方式造价较活动地板低，便于施工和维护，利于扩建，但沟槽设计和施工必须与建筑设计和施工同时进行，在配合协调上较为复杂。沟槽方式因是在建筑中预先制成，因此在使用中会受到限制，缆线路由不能自由选择和变动。

3）预埋管路方式

该方式是在建筑的墙壁或楼板内预埋管路，其管径和根数根据缆线需要来设计。穿放缆线比较容易，维护、检修和扩建均有利，造价低廉，技术要求不高，是最常用的方式。

4）机架走线架方式

这种方式是在设备或者机架上安装桥架或槽道的敷设方式，桥架和槽道的尺寸根据缆线需要设计，可以在建成后安装，便于施工和维护，也有利于扩建。机架上安装桥架或槽道时，应结合设备的结构和布置来考虑，在层高较低的建筑中不宜使用。

9.4 设备间子系统设计案例

在设计设备间布局时，一定要将安装设备区域和管理人员办公区域分开考虑，这样不但便于管理人员的办公而且便于设备的维护，如图9-5所示。设备区域与办公区域使用玻璃隔断分开，如图9-6所示。

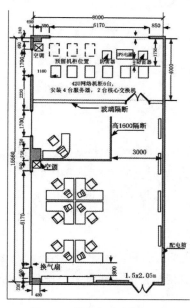

图9-5 设备间布局平面图

图9-6 设备间装修效果图

9.5 设备间子系统安装技术

9.5.1 走线通道敷设安装施工

设备间内各种桥架、管道等走线通道敷设应符合以下要求：

（1）横平竖直，水平走向支架或者吊架左右偏差应不大于10 mm，高低偏差不大于5 mm。

（2）走线通道与其他管道共架安装时，走线通道应布置在管架的一侧。

（3）走线通道内缆线垂直敷设时，在缆线的上端和每间隔1.5 m处应固定在通道的支架上，水平敷设时，在缆线的首、尾、转弯及每间隔3～5 m处进行固定。

（4）布放在电缆桥架上的线缆必须绑扎。外观平直整齐，线扣间距均匀，松紧适度。

（5）要求将交、直流电源线和信号线分架走线，或金属线槽采用金属板隔开，在保证线缆间距的情况下，可以同槽敷设。

（6）缆线应顺直，不宜交叉，特别在缆线转弯处应绑扎固定。

（7）缆线在机柜内布放时不宜绷紧，应留有适量余量，绑扎线扣间距均匀，力度适宜，布放顺直、整齐，不应交叉缠绕。

（8）6A类UTP网线敷设通道填充率不应超过40%。

9.5.2 缆线端接

设备间有大量的跳线和端接工作，在进行缆线与跳线的端接时应遵守下列基本要求：

（1）需要交叉连接时，尽量减少跳线的冗余和长度，保持整齐和美观。

（2）满足缆线的弯曲半径要求。

（3）缆线应端接到性能级别一致的连接硬件上。

（4）主干缆线和水平线缆应被端接在不同的配线架上。

（5）双绞线外护套剥除最短。

（6）线对开绞距离不能超过13 mm。

（7）6A类网线绑扎固定不宜过紧。

9.5.3 布线通道安装

开放式网格桥架的安装施工如下：

1）地板下安装

设备间桥架必须与建筑物垂直子系统和管理间主桥架连通，在设备间内部，每隔1.5 m安装一个地面托架或者支架，用螺栓、螺母等固定。常见安装方式如图9-7和图9-8所示。

一般情况下可采用支架，支架与托架离地高度也可以根据用户现场的实际情况而定，不受限制，底部至少距地50 mm。

2）天花板安装

在天花板安装桥架时采取吊装方式，通过槽钢支架或者钢筋吊竿，再结合水平托架和M6螺栓将桥架固定，吊装于机柜上方，将相应的缆线布放到机柜中，通过机柜中的理线器等对其进行绑扎、整理归位。常见安装方式如图9-9所示。

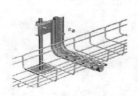  
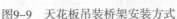

图9-7　托架安装方式　　　图9-8　支架安装方式　　　图9-9　天花板吊装桥架安装方式

3）特殊安装方式

（1）分层吊挂安装可以敷设更多线缆，便于维护和管理，使现场美观，如图9-10所示。

（2）机架支撑安装。采用这种新的安装方式，安装人员不用在天花板上钻孔，而且安装和布线时工人无须爬上爬下，省时省力，非常方便。用户不仅能对整个安装工程有更直观的控制，线缆也能自然通风散热，机房日后的维护升级也很简便，如图9-11所示。

图9-10 分层安装桥架方式　　　　图9-11 机架支撑桥架安装方式

9.5.4　设备间的接地

1. 设备间的机柜和机架接地连接

设备间机柜和机架等必须可靠接地，一般采用自攻螺钉与机柜钢板连接方式。如果机柜表面是油漆过的，接地必须直接接触到金属，用褪漆溶剂或者电钻帮助，实现电气连接。

在机柜或者机架上距离地面1.21 m高度分别安装静电释放（ESD）保护端口，并且安装相应标识。通过6AWG跳线与网状共用等电位接地网络相连，压接装置用于将跳线和网状共用等电位接地网络导线压接在一起。在实际安装中，禁止将机柜的接地线按"菊连"的方式串接在一起。

2. 设备接地

安装在机柜或机架上的服务器、交换机等设备必须通过接地汇集排可靠接地。

3. 桥架的接地

桥架必须可靠接地，常见接地方式如图9-12所示。

图9-12 敞开式桥架接地方式

9.5.5　设备间内部的通道设计与安装

1. 人行通道

设备间内人行通道与设备之间的距离应符合下列规定：

（1）用于运输设备的通道净宽不应小于1.5 m。

（2）面对面布置的机柜或机架正面之间的距离不宜小于1.2 m。

（3）背对背布置的机柜或机架背面之间的距离不宜小于1 m。

（4）当需要在机柜侧面维修测试时，机柜与机柜、机柜与墙之间的距离不宜小于1.2 m。

（5）成行排列的机柜，其长度超过6 m（或数量超过10个）时，两端应设有走道；当两个走道之间的距离超过15 m（或中间的机柜数量超过25个）时，其间还应增加走道；走道的宽度不宜小于1 m，局部可为0.8 m。

2. 架空地板走线通道

架空地板，地面起到防静电的作用，在它的下部空间可以作为冷、热通风的通道。同时又可设置线缆的敷设槽、道。

在地板下走线的设备间中，缆线不能在架空地板下面随便摆放。架空地板下缆线敷设在走线通道内，通道可以按照缆线的种类分开设置，进行多层安装，线槽高度不宜超过150 mm。在建筑设计阶段，安装于地板下的走线通道应当与其他的设备管线（如空调、消防、电力等）相协调，并做好相应防护措施。

考虑到国内的机房建设中，有的房屋层高受到限制，尤为改造项目，情况较为复杂。因此国内的标准中规定，架空地板下空间只作为布放通信线缆使用时，地板内净高不宜小于250 mm。当架空地板下的空间既作为布线，又作为空调静压箱时，地板高度不宜小于400 mm。地板下通道设置如图9-13所示。

国外BISCI的数据中心设计和实施手册中定义架空地板内净高至少满足450 mm，推荐900 mm，地板板块底面到地板下通道顶部的距离至少保持20 mm，如果有线缆束或管槽的出口时，则增至50 mm，以满足线缆的布放与空调气流组织的需要。

3. 天花板下走线通道

1）净高要求

常用的机柜高度一般为2.0 m，气流组织所需机柜顶面至天花板的距离一般为500～700 mm，尽量与架空地板下净高相近，故机房净高不宜小于2.6 m。

根据国际分级指标，1～4级数据中心的机房梁下或天花板下的净高分别为表9-7所示。

表9-7　机房净高要求

级　别	一　级	二　级	三　级	四　级
天花板离地板高度	至少2.6 m	至少2.7 m	至少3 m。天花板离最高的设备顶部不低于0.46 m	至少3 m。天花板离最高的设备顶部不低于0.6 m

2）通道形式

天花板走线通道由开放式桥架、槽式封闭式桥架和相应的安装附件等组成。开放式桥架因其方便线缆维护的特点，在新建的数据中心应用较广。

走线通道安装在离地板2.7 m以上机房走道和其他公共空间上空的空间，否则天花板走线通道的底部应铺设实心材料，以防止人员触及和保护其不受意外或故意的损坏。天花板通道设置如图9-14所示。

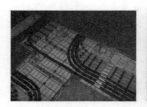

图9-13　地板下通道布线示意图　　　　图9-14　天花板通道布线示意图

3）通道位置与尺寸要求

（1）通道顶部距楼板或其他障碍物不应小于300 mm。

（2）通道宽度不宜小于100 mm，高度不宜超过150 mm。

（3）通道内横断面的线缆填充率不应超过50%。

（4）如果存在多个天花板走线通道时，可以分层安装，光缆最好敷设在铜缆的上方，为了方便施工与维护，铜缆线路和光纤线路宜分开通道敷设。

（5）灭火装置的喷头应当设置于走线通道之间，不能直接放在通道的上面。机房采用管路的气体灭火系统时，电缆桥架应安装在灭火气体管道上方，不阻挡喷头，不阻碍气体。

9.5.6 机柜机架的设计与安装

1. 预连接系统安装设计

预连接系统可以用于水平配线区–设备配线区，也可以用于主配线区–水平配线区之间线缆的连接。预连接系统的设计关键是准确定位预连接系统两端的安装位置以定制合适的线缆长度，包括配线架在机柜内的单元高度位置和端接模块在配线架上的端口位置，机柜内的走线方式、冗余的安装空间，以及走线通道和机柜的间隔距离等。

2. 机架缆线管理器安装设计

在每对机架之间和每列机架两端安装垂直缆线管理器，垂直缆线管理器宽度至少为83 mm（3.25 in）。在单个机架摆放处，垂直缆线管理器至少150 mm（6 in）宽。两个或多个机架一列时，在机架间考虑安装宽度250 mm（10 in）的垂直缆线管理器，在一排的两端安装宽度150 mm（6 in）的垂直缆线管理器，缆线管理器要求从地面延伸到机架顶部。

管理6A类及以上级别的缆线和跳线时，宜采用在高度或深度上适当增加理线空间的缆线管理器，满足缆线最小弯曲半径与填充率要求。机架缆线管理器的组成如图9–15所示。

图9–15　机架缆线管理器构成

3. 机柜安装抗震设计

单个机柜、机架应固定在抗震底座上，不得直接固定在架空地板的板块或随意摆放。对每一列机柜、机架应该连接成为一个整体，采用加固件与建筑物的柱子及承重墙进行固定。机柜、列与列之间也应当在两端或适当的部位采用加固件进行连接。机房设备应防止地震时产生过大的位移，扭转或倾倒。

9.6 典型行业应用案例

——数据中心案例分析

近年来，在金融、保险、大型连锁、政府、网站服务等行业中涌现出大量的数据中心建设项目，数据中心具有高密度、高带宽、结构化、预连接、易扩展和智能绿色等特点，标准全系列数据中心解决方案得到各行业客户的广泛关注，满足了客户要求。

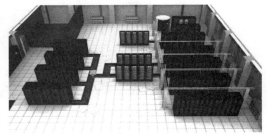

下面我们以某地方税务局数据中心项目为例，简单介绍数据中心的规模定位、设计规划、产品选型等方面的知识，图9–16所示为数据中心布局示意图。

图9–16　数据中心示意图

1．项目概况

某地方税务局数据中心主要负责某省地方税务核心业务的重要数据交换、处理及存储业务，是其重要的异地数据备份中心。中心一期面积1000多平方米，共规划了100多个机柜。设计按照TIA942标准采用结构化布线，并根据高可靠性的Tier3级标准规划。

该数据中心设计采用业内先进的专业模块化高密度数据中心布线产品，数据主干采用万兆多模及单模预连接光缆，配套高密度MPO–LC即插即用模块式配线架。

2．项目要求及特点

地方税务局灾备中心是省地方税务的重要数据业务的异地备份中心，其数据中心布线的规划定位有着非常高的要求。整个灾备中心布线系统均按照高标准、高要求严格设计，主要体现在以下几点：

1）高带宽

该数据中心是网络交换和数据存取的核心部分，承载了大量的核心数据。各种服务器及数据备份设备、网络管理系统均置于其中。中心支持的功能包括各种终端用户远程访问与登记、数据及多媒体图片下载，及各种多媒体数据应用，因此其数据交换量往往是一般网络或终端用户数据流量的数百倍甚至数千倍。基于以上因素，地税局数据中心对于布线系统的带宽均为技术可行的最高带宽。要求铜缆布线部分采用六类非屏蔽布线，以保证产品的传输性能，光缆主干采用多模万兆光纤及单模光纤。

2）高可靠性

该数据中心布线系统同时考虑了其布线系统的安全及可靠性。数据中心是服务器、网络设备和存储设备等核心设备互联中心，任何一条通道或端口故障均可能造成整个系统的运行不正常甚至中断，因此数据中心布线系统的可靠性就显得尤为重要。除了一般采取的设备冗余、物理备份，布线系统本身必须由高质量、高可靠性的产品组成。为提高系统的稳定性，本数据中心光纤主干布线采用预连接的方式，即不采用传统现场熔纤的方案。

3）高密度

该数据中心是省地税局的核心设施，对使用环境的温度、湿度以及安全防范的要求非常严格，除了高性能的服务器、网络设备及存储设备外，还配备了各种高级别的配套设施保障整个数据中心的正常运行。这种巨大的投资使得数据中心的使用空间非常宝贵，因此要求其中的每种设备尽量节约空间，布线系统采用小尺寸高密度的解决方案，提高整个数据中心的使用效率，由于机房设计紧凑，网络区域、核心交换设备区与汇聚层设备区采用1HU可以到288芯的高密度配线架，因此极大的节约机柜空间。

4）高灵活扩展性

该数据中心的配置将可能经常升级。而系统的升级往往需要布线系统作相应的改动，因此本布线系统采用模块化、系统化的安装，使得升级能快速便捷地完成。在主配线区域采用5HU288芯配线能力的高密度配线架，产品结构采用模块化结构。

3．系统结构

整个数据中心根据结构化布线的需要，主要分为网络区、服务器区、小型机区、存储区四个大区，为本次系统的设计重点，参照图9–17系统示意图，具体设计如下。

网络区：网络区为整个数据中心核心交换层、汇聚层、网络安全、电信接入DDF及局域网的总配线区。

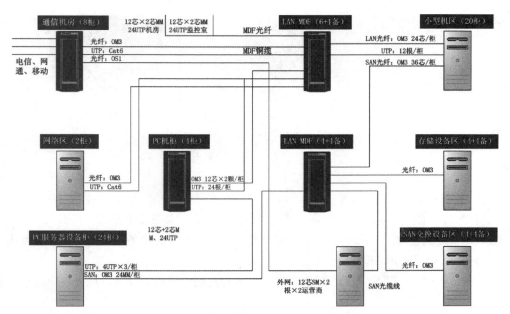

图9-17 数据中心系统示意图

PC服务器区：为各部门服务器摆放区域，每个机柜设置12根六类非屏蔽低烟无卤护套铜缆及1根万兆24芯多模光缆。

小型机区：分别采用两排，一排为非标小型机区域，另一排设置标准小型机机柜。

存储网络配线区：负责数据中心内部存储网络的管理。

存储区：是重要数据的存储平台，总共占8个机柜的空间。

SAN交换设备区：是放置存储交换设备的区域，规划8个机柜。

4．产品选型

1）铜缆部分

为把数据中心建设成一个方便、标准、灵活、开放的布线系统，结构化布线采用星形布线系统，从核心交换区到其他区域中的各个组中各个机柜的配线都采用六类低烟无卤的铜缆，十字骨架结构，以保证传输性能。

2）铜缆模块

采用免打线安装的六类非屏蔽"非马模块"，与六类非屏蔽铜缆匹配使用，在90 m标准永久链路实际测试中余量在7 dB以上，特别是在小于15 m的短链路上更能体现出优异的传输性能，非常适合数据中心项目的实际需求，如图9-18所示。

3）光缆部分

把整个数据中心的布线系统根据不同的设备分成主配线区和设备区，例如服务器区、核心交换区、PC服务器区和存储区。主配线区和设备区分别用主干光缆连接，服务器、交换机和存储设备之间通过主配线区和设备区的光缆配线架进行跳线连接。

4）光纤配线架部分

采用标准19英寸5HU最高288芯配线能力的高密度配线架，产品结构采用模块化结构，可安装12个24芯光纤配线模块，如图9-19和图9-20所示。

图9-18 免打模块　　　　图9-19 高密度配线架　　　图9-20 24芯光纤配线模块

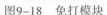

9.7 工程经验

1. 设备间设备的进场

在安装之前，必须对设备间的建筑和环境条件进行检查，具备下列条件方可开工。

（1）设备间的土建工程已全部竣工，室内墙壁已充分干燥。设备间门的高度和宽度应不妨碍设备的搬运，房门锁和钥匙齐全。

（2）设备间地面应平整光洁，预留暗管、地槽和孔洞的数量、位置、尺寸均应符合工艺设计要求。

（3）电源已经接入设备间，应满足施工需要。

（4）设备间的通风管道应清扫干净，空气调节设备应安装完毕，性能良好。

（5）在铺设活动地板的设备间内，应对活动地板进行专门检查，地板板块铺设严密坚固，符合安装要求，每平方米水平误差应不大于2mm，地板应接地良好，接地电阻和防静电措施应符合要求。

2. 设备的散热

设备间的交换机、服务器等设备的安装周围空间不要太拥挤，以利于散热。

9.8 练 习 题

1. 填空题

（1）设备间子系统是一个集中化设备区，连接系统公共设备，并通过_____连接至管理间子系统。

（2）设备间子系统一般设在建筑物中部或在建筑物的_____层，避免设在_____，位置不应远离电梯，而且要为以后的扩展留下余地。

（3）设备间室内环境温度应为_____℃，相对湿度应为_____，并应有良好的通风。

（4）设备间最小使用面积不得小于_____。

（5）为了保证工作人员的身体健康，设备间内的噪声应小于_____。

（6）设备间的安全分为三个类别，分别是_____、_____、_____。

（7）总等电位联结端子板（TMGB）应当位于进线间或进线区域设置，机房内或其他区域设置局部等电位联结端子板（TGB）。TMGB与TGB之间通过_____沟通。

（8）屏蔽布线系统只需要在_____端接地。

（9）为了方便敷设电缆线和电源线，设备间的地面最好采用抗静电活动地板，其接地电阻

220

综合布线工程实用技术（第2版）

应在_____之间。

（10）6A UTP线缆敷设通道填充率不应超过____。

2. 选择题

（1）设备间梁下净高不应小于（　　　），有利于空气循环。

A. 1.5m　　　　　　B. 2m　　　　　　　C. 2.5m　　　　　　D. 3m

（2）以下关于设备间的说明，正确的是（　　　）。

A. 应尽量避免设在建筑物的高层或地下室以及用水设备的下层

B. 应尽量远离强振动源和强噪声源

C. 应尽量靠近强电磁场

D. 应尽量远离有害气体源以及易腐蚀、易燃、易爆物

（3）根据设备间内设备的使用要求，设备要求的供电方式分为三类，分别是（　　　）。

A. 需要建立不间断供电系统　　　　　B. 需要建立带备用的供电系统

C. 按一般用途供电考虑　　　　　　　D. 按特殊用途供电考虑

（4）根据综合布线系统的要求，设备间无线电干扰的频率应在（　　　）范围内。

A. 0.15～1 000 MHz　　　　　　　　B. 0.15～1 500 MHz

C. 0.15～1 800 MHz　　　　　　　　D. 0.15～2 000 MHz

（5）在设备间安装设备时要考虑设备的接地。直流工作接地电阻一般要求不大于4 Ω，交流工作接地电阻也不应大于4 Ω，防雷保护接地电阻不应大于（　　　）。

A. 4 Ω　　　　B. 5 Ω　　　　　　C. 10 Ω　　　　　D. 15 Ω

（6）TBB在敷设时，应当尽可能平直。当在建筑物内使用不止一条TBB时，除了在顶层将所有TBB相连外，必须每隔（　　　）层做等电位连接。

A. 二层　　　　　B. 三层　　　　　　C. 四层　　　　　　D. 五层

（7）屏蔽配线架接地的方式有（　　　）。

A. 机柜立柱接地　　　　　　　　　　B. 菊花链连接方式

C. 屏蔽配线架星型接地　　　　　　　D. 屏蔽配线架环型接地

（8）设备间的线缆敷设方式有哪几种？（　　　）

A. 活动地板方式　　　　　　　　　　B. 预埋管路方式

C. 地板或墙壁内沟槽方式　　　　　　D. 机架走线架方式

（9）开放式网格桥架的特殊安装方式有（　　　）。

A. 分层吊挂安装　　B. 机柜支撑安装　　C. 地板下安装　　　　D. 天花板安装

E. 将配线架（配线模块）直接安装在网格式桥架上

（10）当需要在机柜侧面维修测试时，机柜与机柜、机柜与墙之间的距离不宜小于（　　　）。

A. 0.8 m　　　　B. 1.0 m　　　　　　C. 1.2 m　　　　　D. 1.5 m

3. 简答题

（1）说明建筑物设备间子系统的设计原则。

（2）设备间子系统面积如何确定？

（3）数据中心的设备在安装时分别怎么做到接地？

（4）参考典型案例应用，简要设计教学楼或实验楼的数据中心。

9.9 实训项目

本实训内容以42U机柜的安装为主。

设备间一般设在建筑物中部或在建筑物的一、二层，避免设在顶层。设备间内主要安装了计算机、计算机网络设备、电话程控交换机、建筑物自动化控制设备等硬件设备，计算机网络设备多安装在42U机柜内，本节主要做42U机柜的安装实训。图9-21和图9-22分别为安装完毕的机柜和实训工程。

图9-21 安装完毕

图9-22 实训过程

1. 实训目的

- 通过42U立式机柜的安装，了解机柜的布置原则和安装方法及使用要求。
- 通过42U机柜的安装，掌握机柜门板的拆卸和重新安装。

2. 实训要求

（1）准备实训工具，列出实训工具清单。

（2）独立领取实训材料和工具。

（3）完成42U机柜的定位、地脚螺丝调整、门板的拆卸和重新安装。

3. 实训设备、材料和工具

（1）立式机柜1个。

（2）十字螺丝刀，长度150 mm，用于固定螺钉。一般每人1个。

（3）5 m卷尺，一般每组1把。

4. 实训步骤

（1）准备实训工具，列出实训工具清单。

（2）领取实训材料和工具。

（3）确定立式机柜安装位置。

2～3人组成一个项目组，选举项目负责人，每组设计一种设备安装图，并且绘制图纸。项目负责人指定1种设计方案进行实训。

（4）实际测量尺寸。

（5）准备好需要安装的设备网络机柜，将机柜就位，然后将机柜底部的定位螺栓向下旋转，将四个轱辘悬空，保证机柜不能转动。

（6）安装完毕后，学习机柜门板的拆卸和重新安装。

5. 实训报告

（1）画出立式机柜安装位置布局示意图。

（2）分步陈述实训程序或步骤以及安装注意事项。

（3）实训体会和操作技巧。

建筑群和进线间子系统的设计和施工技术

通过本章内容的学习，了解进线间子系统和建筑群子系统的设计原则和施工的工程技术。
学习目标
- 熟悉建筑群子系统的布线方法。
- 掌握进线间子系统和建筑群子系统的设计原则。
- 了解建筑群子系统在综合布线中的重要性。

10.1 建筑群子系统基本概念和工程应用

建筑群子系统也称为楼宇子系统，主要实现建筑物与建筑物之间的通信连接，一般采用光缆并配置光纤配线架等相应设备，它支持楼宇之间通信所需的硬件，包括缆线、端接设备和电气保护装置，图10-1所示为建筑群子系统工程实际案例示意图。设计时应考虑布线系统周围的环境，确定建筑物之间的传输介质和路由，并使线路长度符合相关网络标准规定。

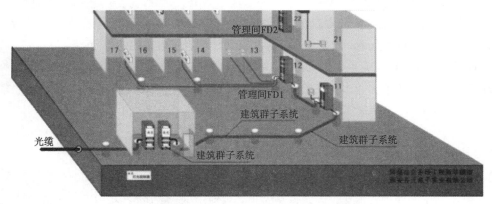

图10-1 建筑群子系统实际案例示意图

10.2 进线间子系统基本概念和工程应用

进线间是建筑物外部通信和信息管线的入口部位，并可作为入口设施和建筑群配线设备的安装场地。进线间是GB 50311国家标准在系统设计内容中专门增加的，要求在建筑物前期系统设计中要增加进线间，满足多家运营商业务需要。进线间一般通过地埋管线进入建筑物内部，宜在土建阶段实施。进线间主要作为室外电、光缆引入楼内的成端与分支及光缆的盘长空间位置。对于光缆至大楼、至用户、至桌面的应用及容量日益增多，进线间就显得尤为重要，图10-2所示为进线间子系统实际案例图。

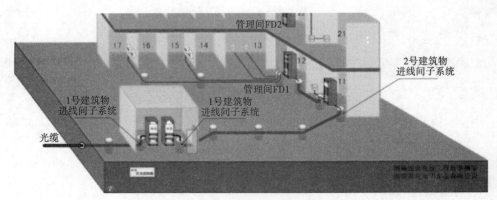

图10-2　进线间子系统实际案例图

10.3　建筑群子系统的设计原则

在建筑群子系统的设计时，一般要遵循以下原则：

1. 地下埋管原则

建筑群子系统的室外缆线，一般通过建筑物进线间进入大楼内部的设备间，室外距离比较长，设计时一般选用地埋管道穿线或者电缆沟敷设方式。也有在特殊场合使用直埋方式，或者架空方式。

2. 远离高温管道原则

建筑群的光缆或者电缆，经常在室外部分或者进线间需要与热力管道交叉或者并行，遇到这种情况时，必须保持较远的距离，避免高温损坏缆线或者缩短缆线的寿命。

3. 远离强电原则

园区室外地下埋设有许多380 V或者10 000 V的交流强电电缆，这些强电电缆的电磁辐射非常大，网络系统的缆线必须远离这些强电电缆，避免对网路系统的电磁干扰。

4. 预留原则

建筑群子系统的室外管道和缆线必须预留备份，方便未来升级和维护。

5. 管道抗压原则

建筑群子系统的地埋管道穿越园区道路时，必须使用钢管或者抗压PVC管。

6. 大拐弯原则

建筑群子系统一般使用光缆，要求拐弯半径大，实际施工时，一般在拐弯处设立接线井，方便拉线和后期维护。如果不设立接线井拐弯时，必须保证较大的曲率半径。

10.4 进线间子系统的设计原则

在进线间子系统的设计时，一般要遵循以下原则：

1. 地下设置原则

进线间一般应该设置在地下或者靠近外墙，以便于缆线引入，且与布线垂直竖井连通。

2. 空间合理原则

进线间应满足缆线的敷设路由、端接位置及数量、光缆的盘长空间和缆线的弯曲半径、充气维护设备、配线设备安装所需要的场地空间和面积，大小应按进线间的进出管道容量及入口设施的最终容量设计。

3. 满足多家运营商需求原则

应考虑满足多家电信业务经营者安装入口设施等设备的面积。

4. 共用原则

在设计和安装时，进线间应该考虑通信、消防、安防、楼控等其他设备以及设备安装空间。如安装配线设备和信息通信设施时，应符合设备安装设计的要求。

5. 安全原则

进线间应设置防有害气体措施和通风装置，排风量按每小时不小于5次容积计算，入口门应采用相应防火级别的防火门，门向外开，宽度不小于1 000 mm，同时与进线间无关的水暖管道不宜通过。

10.5 建筑群子系统的设计步骤和方法

10.5.1 需求分析

在建筑群子系统设计时，需求分析应该包括工程的总体概况、工程各类信息点统计数据、各建筑物信息点分布情况、各建筑物平面设计图、现有系统的状况、设备间位置等。具体分析从一个建筑物到另一个建筑物之间的布线距离、布线路径，逐步明确和确认布线方式和布线材料的选择，一般应该考虑以下具体问题：

1. 确定敷设现场的特点

包括确定整个工地的大小、工地的地界、建筑物的数量等。

2. 确定电缆系统的一般参数

包括确认起点、端接点位置、所涉及的建筑物及每座建筑物的层数、每个端接点所需的双绞线的对数、有多个端接点的每座建筑物所需的双绞线总对数等。

3. 确定建筑物的电缆入口

建筑物入口管道的位置应便于连接公用设备，根据需要在墙上穿过一根或多根管道。

对于现有的建筑物，要确定各个入口管道的位置；每座建筑物有多少入口管道可供使用；入口管道数目是否满足系统的需要。如果入口管道不够用，则要确定在移走或重新布置某些电缆时是否能腾出某些入口管道，在不够用的情况下应另装多少入口管道；如果建筑物尚未建起，则要根据选定的电缆路由完善电缆系统设计，并标出入口管道。建筑物入口管道的位置应便于连接公用设备，根据需要在墙上穿过一根或多根管道。如果外线电缆延伸到建筑物内部的长度超过15 m，就应使用合适的电缆入口器材，在入口管道中填入防水和气密性很好的密封胶，如B型管道密封胶。

4. 确定明显障碍物的位置

包括确定土壤类型、电缆的布线方法、地下公用设施的位置、查清拟定的电缆路由中沿线各个障碍物位置或地理条件、对管道的要求等。

5. 确定主电缆路由和备用电缆路由

包括确定可能的电缆结构、所有建筑物是否共用一根电缆，查清在电缆路由中哪些地方需要获准后才能通过，选定最佳路由方案等。

6. 选择所需电缆的类型和规格

包括确定电缆长度、画出最终的结构图、画出所选定路由的位置和挖沟详图，确定入口管道的规格、选择每种设计方案所需的专用电缆、保证电缆可进入口管道、应选择其规格和材料、规格、长度和类型等。

7. 确定每种选择方案所需的劳务成本

包括确定布线时间、计算总时间、计算每种设计方案的成本、总时间乘当地的工时费以确定成本。

8. 确定每种选择方案的材料成本

包括确定电缆成本，所有支持结构的成本、所有支撑硬件的成本等。

9. 选择最经济、最实用的设计方案

把每种选择方案的劳务费成本加在一起，得到每种方案的总成本。

10.5.2　技术交流

在进行需求分析后，要与用户进行技术交流，这是非常必要的。由于建筑群子系统往往覆盖整个建筑物群的平面，布线路径也经常与室外的强电线路、给（排）水管道、道路和绿化等项目线路有多次的交叉或者并行实施，因此不仅要与技术负责人交流，也要与项目或者行政负责人进行交流。在交流中重点了解每条路径上的电路、水路、气路的安装位置等详细信息。在交流过程中进行详细的书面记录，每次交流结束后要及时整理书面记录。

10.5.3　阅读建筑物图纸

建筑物主干布线子系统的缆线较多，且路由集中，是综合布线系统的重要骨干线路，索取和认真阅读建筑物设计图纸是不能省略的程序，通过阅读建筑群总平面图和单体图掌握建筑物的土建结构、强电路径、弱电路径，重点掌握在综合布线路径上的强电管道、给（排）水管道、其他暗埋管线等。在阅读图纸时，进行记录或者标记，正确处理建筑群子系统布线与电路、水路、气路和电器设备的直接交叉或者路径冲突问题。

10.5.4　设计要求

建筑群子系统主要应用于多幢建筑物组成的建筑群综合布线工程，设计时主要考虑布线路由等内容。建筑群子系统应按下列要求进行设计。

1. 考虑环境美化要求

建筑群主干布线子系统设计应充分考虑建筑群覆盖区域的整体环境美化要求，建筑群干线电缆尽量采用地下管道或电缆沟敷设方式。因客观原因最后选用了架空布线方式的，也要尽量

选用原已架空布设的电话线或有线电视电缆的路由，干线电缆与这些电缆一起敷设，以减少架空敷设的电缆线路。

2．考虑建筑群未来发展需要

在布线设计时，要充分考虑各建筑需要安装的信息点种类、信息点数量，选择相对应的干线光缆类型以及敷设方式，使综合布线系统建成后，保持相对稳定，能满足今后一定时期内各种新的信息业务发展需要。

3．路由的选择

考虑到节省投资，路由应尽量选择距离短、线路平直的路由。但具体的路由还要根据建筑物之间的地形或敷设条件而定。在选择路由时，应考虑原有已铺设的地下各种管道，在管道内应与电力线缆分开敷设，并保持一定间距。

4．电缆引入要求

建筑群干线光缆进入建筑物时，都要设置引入设备，并在适当位置终端转换为室内电缆、光缆。引入设备应安装必要保护装置以达到防雷击和接地的要求。干线光缆引入建筑物时，应以地下引入为主，如果采用架空方式，应尽量采取隐蔽方式引入。

5．干线电缆、光缆交接要求

建筑群的主干光缆布线的交接不应多于两次。

6．建筑群子系统缆线的选择

建筑群子系统敷设的缆线类型及数量由连接应用系统种类及规模来决定。计算机网络系统常采用光缆，经常使用62.5μm/125μm规格的多模光纤，户外布线大于2 km时可选用单模光纤。

电话系统常采用3类大对数电缆，为了适合于室外传输，电缆还覆盖了一层较厚的外层皮。3类大对数双绞线根据线对数量分为25对、50对、100对、250对、300对等规格，要根据电话语音系统的规模来选择3类大对数双绞线相应的规格及数量。

有线电视系统常采用同轴电缆或光缆作为干线电缆。

7．缆线的保护

当缆线从一建筑物到另一建筑物时，易受到雷击、电源碰地、感应电压等影响，必须进行保护。如果铜缆进入建筑物时，按照GB 50311的强制性规定必须增加浪涌保护器。

10.5.5　布线方法

建筑群子系统的缆线布设方式通常使用架空布线法、直埋布线法、地下管道布线法、隧道内布线法等。

1．架空布线法

这种布线方式造价较低，但影响环境美观且安全性和灵活性不足。架空布线法要求用电杆在建筑物之间悬空架设，一般先架设钢丝绳，然后在钢丝绳上挂放缆线。架空布线使用的主要材料和配件有：缆线、钢缆、固定螺栓、固定拉攀、预留架、U型卡、挂钩、标志管等，如图10-3所示，在架设时需要使用滑车、安全带等辅助工具。

2．直埋布线法

直埋布线法就是在地面挖沟，然后将缆线直接埋在沟内，通常应埋在距地面0.6 m以下的地方，或按照当地城管等部门的有关法规去施工。直埋布线法的路由选择受到土质、公用设施、天然障碍物（如木、石头）等因素的影响。直埋布线法具有较好的经济性和安全性，总体优于架空布线法，但更换和维护不方便且成本较高。

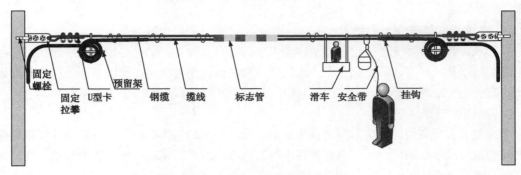

图10-3 架空布线示意图

3. 地下管道布线法

地下管道布线是一种由管道和入孔组成的地下系统，它把建筑群的各个建筑物进行互连，1根或多根管道通过基础墙进入建筑物内部的结构。地下管道能够保护缆线，不会影响建筑物的外观及内部结构。管道埋设的深度一般在0.8~1.2m，或符合当地城管等部门有关法规规定的深度。为了方便日后的布线，管道安装时应预埋1根拉线，以供以后的布线使用。为了方便管理，地下管道应间隔50~180m设立一个接合井，此外安装时至少应预留1~2个备用管孔，以供扩充之用，图10-4所示为地下埋管布线示意图。

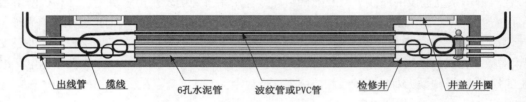

图10-4 地埋材料图

4. 隧道内布线法

在建筑物之间通常有地下通道，利用这些通道来敷设电缆不仅成本低，而且可以利用原有的安全设施。如考虑暖气泄漏等条件，安装时应与供气、供水、供电的管道保持一定的距离，安装在尽可能高的地方，可根据民用建筑设施有关条件进行施工。

以上叙述了管道内、直埋、架空、隧道4种建筑群布线方法，如表10-1所示。

表10-1 4种建筑群布线方法比较

方 法	优 点	缺 点
管道内	提供最佳机械保护，任何时候都可敷设，扩充和加固都很容易，保持建筑物的外观	挖沟、开管道和入孔的成本很高
直埋	提供某种程度的机械保护 保持建筑物的外观	挖沟成本高，难以安排电缆的敷设位置，难以更换和加固
架空	如果有电线杆，则成本最低	没有提供任何机械保护，灵活性差，安全性差，影响建筑物美观
隧道	保持建筑物的外貌，如果有隧道，则成本最低、安全	热量或泄漏的热气可能损坏缆线，可能被水淹

10.6 建筑群子系统的安装要求

建筑群子系统主要采用光缆进行敷设，因此，建筑群子系统的安装技术，主要指光缆的安装技术。安装光缆须格外谨慎，连接每条光缆时都要熔接。光纤不能拉得太紧，也不能形成直角。较长距离的光缆敷设最重要的是选择一条合适的路径。必须要有很完备的设计和施工图纸，以便施工和今后检查。施工中要时刻注意不要使光缆受到重压或被坚硬的物体扎伤。 光缆转弯时，其转弯半径要大于光缆自身直径的20倍。

10.6.1 光纤熔接技术

1. 熔接前的准备工作

1）准备相关工具、材料

在做光缆熔接之前，需要准备以下工具和材料："西元"光纤熔接机KYRJ-369、"西元"工具箱KYGJX-31、光缆、光纤跳线、光纤熔接保护套、光纤切割刀、无水酒精等，如图10-5所示。

图10-5 西元光纤熔接设备及材料

2）检查熔接机

主要工作包括：熔接机开启与关停、电极的检查。

2. 开缆

光缆有室内和室外之分，室内光缆借助工具很容易开缆。由于室外光缆内部有钢丝拉线，故对开缆增加了一定的难度，这里我们介绍室外光缆开缆的一般方法和步骤。

第一步：在光缆开口处找到光缆内部的两根钢丝，用斜口钳剥开光缆外皮，用力向侧面拉出一小截钢丝，如图10-6所示。

第二步：一只手握紧光缆，另一只手用老虎钳夹紧钢丝，向身体内侧旋转拉出钢丝，如图10-7所示；用同样的方法拉出另外一根钢丝，两根钢丝都旋转拉出，如图10-8所示。

图10-6 拨开外皮　　　　图10-7 拉出钢丝　　　　图10-8 拉出两根钢丝

第三步：用老虎钳或断线钳将任意一根的旋转钢丝剪断，留一根以备在光纤配线盒内固定。当两根钢丝拉出后，外部的黑皮保护套就被拉开了，用手剥开保护套，然后用斜口钳剪掉拉开的黑皮保护套，然后用剥皮钳将其剪剥后抽出，如图10-9所示。

第四步：用剥皮钳将保护套剪剥开，如图10-10所示，并将其抽出。

注意：由于这层保护套内部有油状的填充物（起润滑作用），故应该用棉球擦干。

第五步：完成开缆，如图10-11所示。

图10-9 拨开保护套

图10-10 抽出保护套

图10-11 完成开缆

3. 光纤的熔接

1）剥光纤与清洁

第一步：剥尾纤。可以使用光纤跳线，从中间剪断后，成为尾纤进行操作。一手拿好尾纤一端，另一手拿好光纤剥线钳，如图10-12所示，用剥线钳剥尾纤外皮后抽出外皮，可以看到光纤的白色护套，如图10-13所示（注：剥出的白色保护套长度为15 cm左右）。

第二步：将光纤在食指上轻轻环绕一周，用拇指按住，留出光纤应为4 cm，然后用光纤剥线钳剥开光纤保护套，在切断白色外皮后，缓缓将外皮抽出，此时可以看到透明状的光纤，如图10-14所示。

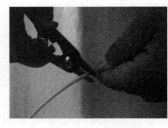
图10-12 剥开尾纤外皮

图10-13 抽出外皮

图10-14 剥开光纤保护套

第三步：用光纤剥线钳的最细小的口，轻轻地夹住光纤，缓缓的把剥线钳抽出，将光纤上的树脂保护膜刮下，如图10-15所示。

第四步：用棉球蘸无水酒精对剥掉树脂保护套的裸纤进行清洁，如图10-16、图10-17所示。

图10-15 刮下树脂保护膜

图10-16 酒精棉球

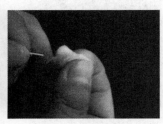
图10-17 清洁裸纤

2）切割光纤与清洁

第一步：安装热缩保护管。

将热缩套管套在一根待熔接光纤上，熔接后保护接点，如图10-18所示。

第二步：制作光纤端面。

（1）用剥皮钳剥去光纤被覆层30~40 mm，用干净酒精棉球擦去裸光纤上的污物。

（2）用高精度光纤切割刀将裸光纤切去一段，保留裸纤12~16 mm。

（3）将安装好热缩套管的光纤放在光纤切割刀中较细的导向槽内，如图10-19所示。

（4）然后依次放下大小压板，如图10-20所示。

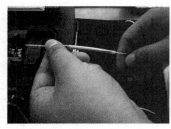

图10-18　安装热缩保护管　　　图10-19　放入切割刀导槽　　　图10-20　放下大小压板

（5）左手固定切割刀，右手扶着刀片盖板，并用大拇指迅速向远离身体的方向推动切割刀刀架，如图10-21所示。此时就完成了光纤的切割。

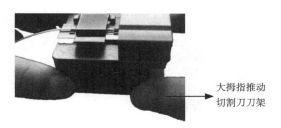

大拇指推动
切割刀刀架

图10-21　光纤切割

3）安放光纤

第一步：打开熔接机防风罩使大压板复位，显示器显示"请安放光纤"。

第二步：分别打开光纤大压板将切好端面的光纤放入V型载纤槽，光纤端面不能触到V型载纤槽底部，如图10-22所示。

第三步：盖上熔接机的防尘盖后如图10-23所示，检查光纤的安放位置是否合适，在屏幕上显示两边光纤位置居中为宜，如图10-24所示。

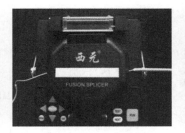

图10-22　放入V型载纤槽　　　图10-23　盖上防尘盖　　　图10-24　检查安装位置

4）熔接

熔接机自动熔接的具体步骤如下：

第一步：检查确认"熔接光纤"项选择正确。

第二步：做光纤端面。

第三步：打开防风罩及光纤大压板，安装光纤。

第四步：盖下防风罩，则熔接机进入"请按键，继续"操作界面，按RUN键，熔接机进入全自动工作过程：自动清洁光纤、检查端面、设定间隙、纤芯准直、放电熔接和接点损耗估算，最后将接点损耗估算值显示在显示屏幕上。

第五步：当接点损耗估算值显示在显示屏幕上时，按FUNCTION键，显示器可进行X轴或Y轴放大图像的切换显示。

第六步：按下RUN键或TEST键完成熔接。

5）加热热缩管

第一步：取出熔接好的光纤。

依次打开防风罩、左右光纤压板，小心取出接好的光纤，避免碰到电极。

第二步：移放热缩管。

将事先装套在光纤上的热缩管小心地移到光纤接点处，使两光纤被覆层留在热缩管中的长度基本相等。

第三步：加热热缩管。

6）盘纤固定

将接续好的光纤盘到光纤收容盘内，在盘纤时，盘圈的半径越大，弧度越大，弯曲损耗越小。所以一定要保持一定的半径，使激光在光纤传输时，避免产生一些不必要的损耗。

7）盖上盘纤盒盖板

完成以上工作后，盖上盘纤盒盖板即可。

10.6.2 光纤冷接技术

1. 冷接的基本原理

光纤冷接技术，也称为机械接续，是把两根处理好端面的光纤固定在高精度V形槽中，通过外径对准的方式实现光纤纤芯的对接，同时利用V形槽内的光纤匹配液填充光纤切割不平整所形成的端面间隙，这一过程完全无源，因此被称为冷接。作为一种低成本的接续方式，光纤冷接技术在FTTX的户线光纤（即皮线光缆）维护工作中，有一定的适用性。

1）V形槽

无论是光纤冷接子，还是连接器，要实现纤芯的精确对接，就必须要将比头发丝还细的光纤固定住位置，这就是V形槽的作用，如图10-25所示。

2）匹配液

对接的两段光纤的端面之间，经常并不能完美无隙地贴在一起，匹配液的作用就是填补它们之间的间隙。匹配液是一种透明无色的液体，折射率与光纤大体相当，匹配液可以弥补光纤切割缺陷引起的损耗过大，有效降低菲涅尔反射，如图10-26所示。

匹配液通常密封在V形槽内，以免流失。

3）光纤端面

常见的光纤端面分为平面和球面，不常见的还有斜面。通常使用光纤切割刀切割出来的端面为平面，球面则需要更为复杂的道具和工艺处理，在现场制作的端面一般都是平面，而在工厂里制作，如连接器的预埋光纤端面，则为球面型。

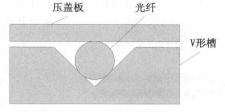

图10-25 压板式V形槽的结构示意图

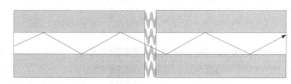

图10-26 光纤与匹配液中光信号传播的示意图

两段光纤端面之间的接续方式分为以下几类。

（1）平面-平面冷接续方式

平面-平面冷接续方式是指光纤接续点两端均为切制的平面，如图10-27所示。对接时要加入匹配液弥补接续空隙，实现光信号的低损导通。适用范围：光纤冷接子和光纤快速接续连接器。

（2）球面-平面冷接续方式

球面-平面冷接续方式是指光纤接续点一端为研磨的球面，另一端为现场切制的平面，如图10-28所示。对接时根据产品结构的不同，可选择性加入匹配液来弥补接续空隙。它是目前高品质产品主要采用的冷接续方式。适用范围：现场光纤快速接续连接器。现场光纤快速接续连接器设备接口

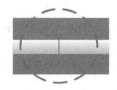

图10-27 平面-平面接续

233

（3）球面-球面冷接续方式

球面-球面冷接续方式是指光纤接续点两端均为研磨的球面，如图10-29所示。对接时不用加入匹配液来弥补接续空隙。这种方式在活动连接器中大量使用，而用于现场冷接最初是20世纪80年代。适用范围：光纤活动连接器、光纤冷接子和现场光纤快速接续连接器。

（4）斜面-斜面冷接续方式

斜面-斜面冷接续方式是指光纤接续点两端均为研磨或切制的斜面，如图10-30所示。需在接续点加入匹配液来弥补接续空隙。它主要用于对回波损耗要求较高的CATV模拟信号的传输，一般用在APC活动连接器上，用在现场冷接续技术领域只是刚刚开始。适用范围：APC型光纤活动连接器、光纤冷接子或现场快速接续连接器。

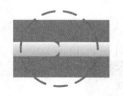 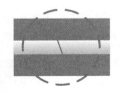

图10-28 球面-平面接续　　图10-29 球面-球面接续　　图10-30 斜面-斜面接续

2. 快速连接头的结构原理

1）直通型快速连接器

如图10-31所示，这种连接器内不需要预置光纤，也无须匹配液，只须将切割好的纤芯插入套管用紧固装置加固即可，最终的光纤端面就是现场切割刀切割的平面型光纤端面。直通型快速连接器内部无接续点和匹配液，不会由于匹配液的流失而影响使用寿命，也不存在因使用时间过长导致匹配液变质等问题。

2）预埋型快速连接器

如图10-32所示，这种连接器的插针内预埋有一段两端面研磨好的（球面型）光纤，与插入的光纤在V形槽内对接，V形槽内填充有匹配液，最终陶瓷插针处的光纤端面是预埋光纤的球形端面。预埋型快速连接器光纤端面可以保证是符合行业标准的研磨端面，可以满足端面几何尺寸，而直通型快速连接器的光纤端面几何尺寸无法满足行业标准的要求。

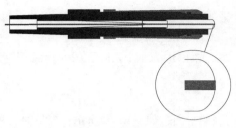

图10-31　直通型快速连接器　　　　图10-32　预埋型快速连接器，蓝色为预置光纤

3. 光纤快速连接头的制作

接续光缆有皮线光缆和室内光缆，以皮线光缆为例介绍光纤快速连接头的制作。

1）制作工具

（1）光纤冷接使用"西元"光纤冷接与测试工具箱，如图10-33所示，型号为KYGJX-35。

（2）皮线剥皮钳，用于剥除皮线光缆外护套，如图10-34所示。

（3）光纤剥皮钳，用于去除光纤涂覆层，如图10-35所示。

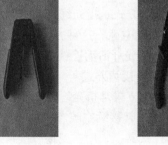

图10-33　西元冷接工具箱　　　图10-34　皮线剥皮钳　　　图10-35　光纤剥皮钳

（4）光纤切割刀，用于切割光纤纤芯端面，切出来后光纤端面应为平面，如图10-36所示。

（5）无尘纸，用于清洁裸纤，如图10-37所示。

（6）光功率计和红光笔，用于测试光纤损耗。

图10-36　切割刀　　　　　　图10-37　无尘纸

2）光纤快速连接器的制作方法

以直通型快速连接器为例介绍制作方法。

第一步：准备材料和工具。

端接前，应准备好工具和材料，并检查所用的光纤和连接器是否有损坏。

第二步：打开光纤快速连接器。

将光纤快速连接器的螺帽和外壳取下，锁紧套松开，压盖打开，并将螺帽套在光缆上，如图10-38所示和图10-39所示。

图10-38　打开快速连接器

图10-39　螺帽套在光缆上

第三步：切割光纤。

（1）使用皮线剥皮钳剥去50 mm的光缆外护套，如图10-40所示。

（2）使用光纤剥皮钳剥去光纤涂覆层，用干净的无尘纸蘸酒精擦去裸纤上的污物，将光缆放入导轨中定长，如图10-41所示。

图10-40　剥去光缆外护套

图10-41　光缆放入导轨中定长

（3）将光纤和导轨条放置在切割刀的导线槽中，依次放下大小压板，左手固定切割刀，右手扶着刀片盖板，并用大拇指迅速向远离身体的放下推动切割刀刀架（使用前应回刀），完成切割，如图10-42所示。

第四步：固定光纤。

将光纤从连接器末端的导入孔处穿入，如图10-43所示。外露部分应略弯曲，说明光纤接触良好。

图10-42　光纤切割

图10-43　连接器穿入光纤

第五步：闭合光纤快速连接器。

将锁紧套推至顶端夹紧光纤，闭合压盖，拧紧螺帽，套上外壳，完成制作，如图10-44所示。

图10-44 制作好的光纤快速连接器

4. 光纤冷接子的结构原理

光纤冷接子实现光纤与光纤之间的固定连接。皮线光缆冷接子，适用于2 mm×3 mm皮线光缆、ϕ2.0 mm/ϕ3.0 mm单模/多模光缆，如图10-45所示。光纤冷接子，适用于250μm/900μm单模/多模光纤，如图10-46所示。

图10-45 皮线光缆冷接子

图10-46 光纤冷接子

两种冷接子原理一样，图10-47和图10-48为皮线光缆冷接子拆分图和内腔结构图，由图可以看出，两段处理好的光纤纤芯从两端的锥形孔推入，由于内腔逐渐收拢的结构可以很容易的进入中间的V形槽部分，从V形槽间隙推入光纤到位后，将两个锁紧套向中间移动压住盖板，使光纤固定，就完成了固定的连接。

图10-47 皮线光缆冷接子拆分图

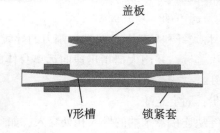

图10-48 皮线光缆冷接子内腔结构图

5. 光纤冷接子的制作

接续光缆有皮线光缆和室内光缆，以皮线光缆为例介绍冷接子的制作。使用"西元"光纤冷接与测试工具箱。

第一步：准备材料和工具。

端接前，应准备好工具和材料，并检查所用的光纤和冷接子是否有损坏。

第二步：打开冷接子备用，如图10-49所示。

第三步：切割光纤。

（1）使用皮线剥皮钳剥去50 mm的光缆外护套，如图10-50所示。

（2）使用光纤剥皮钳剥去光纤涂覆层，用干净的无尘纸蘸酒精擦去裸纤上的污物，将光缆放入导轨中定长，如图10-51所示。

（3）将光纤和导轨条放置在切割刀的导线槽中，依次放下大小压板，左手固定切割刀，右手扶着刀片盖板，并用大拇指迅速向远离身体的方向推动切割刀刀架（使用前应回刀），完成切割，如图10-52所示。

图10-49　冷接子

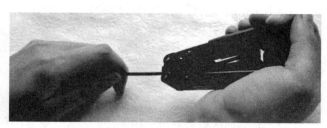

图10-50　剥去光缆外护套

图10-51　光缆放入导轨中定长

图10-52　光纤切割

第四步：光纤穿入皮线冷接子。

把制备好的光纤穿入皮线冷接子，直到光缆外皮切口紧贴在皮线座阻挡位，如图10-53所示。光纤对顶应产生弯曲，此时说明光缆接续正常。

第五步：锁紧光缆。

弯曲尾缆，防止光缆滑出；同时取出卡扣，压下卡扣锁紧光缆，如图10-54所示。

图10-53　光纤穿入皮线冷接子

图10-54　卡扣锁紧光缆

第六步：固定两接续光纤。

按照上述方法对另一侧光缆进行相同处理。然后将冷接子两端锁紧块先后推至冷接子中间的限位处，固定两接续光纤，如图10-55所示。

第七步：压下皮线盖。

压下皮线盖，完成皮线接续，如图10-56所示。

图10-55　冷接子两端锁紧

图10-56　制作完成

10.6.3　室外架空光缆施工

（1）吊线托挂架空方式，该方式简单便宜，我国应用较广泛，但挂钩加挂、整理较费时。

（2）吊线缠绕式架空方式，这种方式较稳固，维护工作少，但需要专门的缠扎机。

（3）自承重式架空方式，要求高，施工、维护难度大，造价高，国内目前很少采用。

（4）架空时，光缆引入线杆处须加导引装置进行保护，并避免光缆拖地，光缆牵引时注意减小摩擦力。每个杆上要预留伸缩的光缆。

（5）要注意光缆中金属物体的可靠接地。特别是在山区、高电压电网区和多雷电地区一般要每千米有三个接地点。

10.6.4　室外管道光缆施工

（1）施工前应核对管道占用情况，清洗、安放塑料子管，同时放入牵引线。

（2）计算好布放长度，一定要有足够的预留长度。

（3）一次布放长度不要太长（一般2 km），布线时应从中间开始向两边牵引。

（4）布缆牵引力一般不大于120 kg，而且应牵引光缆的加强芯部分，并作好光缆头部的防水加强处理。

（5）光缆引入和引出处须加顺引装置，不可直接拖地。

（6）管道光缆也要注意可靠接地。

10.6.5　直埋光缆的敷设

（1）直埋光缆沟深度要按标准进行挖掘。

（2）不能挖沟的地方可以架空或钻孔预埋管道敷设。

（3）沟底应保证平缓坚固，需要时可预填一部分沙子、水泥或支撑物。

（4）敷设时可用人工或机械牵引，但要注意导向和润滑。

（5）敷设完成后，应尽快回土覆盖并夯实。

10.6.6　建筑物内光缆的敷设

（1）垂直敷设时，应特别注意光缆的承重问题，一般每两层要将光缆固定一次。

（2）光缆穿墙或穿楼层时，要加带护口的保护用塑料管，并且要用阻燃的填充物将管子填满。

（3）在建筑物内也可以预先敷设一定量的塑料管道，待以后要敷射光缆时再用牵引或真空法布光缆。

10.7　典型行业应用案例

——综合布线智能技术行情分析：光纤将广泛应用

为了降低公司网络管理成本，确保企业的语音和数据通信能正常运作，提高企业在IT方面的投资回报率，现在很多大型的企业都开始着手建立自己的智能配线系统。

通常智能化布线系统由硬件和软件两个系统组成。

1．硬件方面

1）六类布线系统代替超五类布线系统

六类布线与超五类布线相比所带来的好处是显而易见的。采用高带宽的六类布线系统，可以大大减少在网络设备端的投资，包括网卡和交换机等。

2）光纤布线逐渐被广泛应用

整个综合布线系统的未来走向一定是从铜缆向光纤转化，随着光纤收发系统价格的下降，光纤的优势将非常明显，尤其在中高端用户中，光纤+六类系统成为布线发展的趋势。

3）智能布线系统

智能布线系统没有统一的国际标准，所以各公司产品的设计理念也不尽相同，从硬件角度来说，大致可分为端口检测技术和链路检测技术两种，从性能上我们来做一个简单的分析。

端口检测技术，是在端口内置了微型感应器，采用标准8芯跳线接入任一端端口即可有感应，连接跳线需要按照顺序建立连接关系。

端口技术的特点是采用普通跳线，易于部署和维护，能够自动发现使用的端口。因为使用标准跳线大大节省了维护成本。

端口技术是基于物理层的事件的技术，只要跳线在端口有操作，就会发现并记录，有极快的系统反应速度，是真正实时性的系统，而不是扫描或轮询式的方式。

链路检测技术，依靠跳线中附加的导体，通过特殊9针或10针跳线接触形成回路进行检测。如果采用链路技术，必须在铜跳线和光跳线中固化一根金属丝。

链路技术的特点是使用特殊跳线，可自动发现特有的跳线，允许跳线两端不按次序连接。

链路技术需要较多上层设备构建特有网络组，形成一套管理网络，来扫描电子配线架，从而建立数据库。

总体来说，两种技术都各有优缺点。这两种技术的共同点，都是采用带外的管理模式，不采用双绞线中1~8针对的传输介质，而是在端口或旁侧增加感应能力来判断跳线的位置。当然智能布线也有其他技术，例如传输线路载波技术，如将链路技术改良融入一些端口技术，相信智能布线技术在硬件上还会进一步发展。

2. 软件方面

从软件角度来说，各厂商的产品方向基本一致。目前有这样几个发展方面。

加强软件管理能力，通过后台软件增强图形化界面，加入电子工作单机制，丰富报表功能，提高报警能力。电子配线架诞生之初，最主要的一个功能是帮助实现IT流程化，而IT流程化就是以电子任务单的形式出现，即给用户一个指导性的跳线操作，从你的管理维护来讲，形成一个很好的流程，依赖于电子任务单，电子任务单从发送指令到完成、结束，整个系统有一个严格的记录和数据库的同步。

智能布线系统是一种将传统布线与智能管理联系在一起的系统。通过智能布线系统，将网络连接的架构及其变化自动传给系统管理软件，管理系统将收到的实时信息进行处理，用户通过查询管理系统，便可随时了解布线系统的最新结构。通过将管理元素全部电子化，可以做到直观、实时和高效的无纸化管理。重视现场和远程这两个方面的管理，一方面提高现场信息的辨识度，另一方面增加远程管理的能力。

10.8 工程经验

1. 路径的勘察

建筑群子系统的布线工作开始之前，首先要勘察室外施工现场，确定布线的路径和走向，同时避开强电管道和其他管道。

2. 避开动力线，谨防线路短路

在2001年，杨凌高新中学铺设一路室外线缆，由于当时在施工中没有将网络和广播系统分管道布线。在使用了两年以后，广播系统电缆中间的接头出现老化，并且发生了短路，把该管道内的所有线路都损坏了。通过这样的教训，值得注意的是：在室外布线中，一定要将弱电线缆的信号线和供电线缆分管道铺设。

3. 管道的铺设

铺设室外管道时要采用直径较大的，要留有余量。铺设光缆时要特别注意转弯半径，转弯半径过小会导致链路严重损耗，仔细检查每一条光缆，特别光接点的面板盒，有的面板盒深度不够，光点做好以后，面板没装到盒上时是好的，装上去以后测试就通不过，原因是装上去后光缆转角半径太小，造成严重损耗。

4. 线缆的铺设

为防止意外破坏，室外电缆一般应穿入埋在地下的管道内，如需架空，则应架高（高4 m以上），而且一定要固定在墙上或电线杆上，切勿搭架在电杆上、墙头上甚至门框、窗框上。

在条件允许的情况下，弱电应走自己的弱电井，减少受电磁干扰的机会。

10.9 练 习 题

1. 填空题

（1）建筑群子系统由_____、_____和_____等相关硬件组成。

（2）建筑群子系统的地埋管道穿越园区道路时，必须使用_____或者_____。

（3）建筑群子系统一般使用_____进行敷设。

（4）进线间一般应该设置在地下或者靠近外墙，以便于缆线引入，并且应与布线_____连通。

（5）进线间应设置防有害气体措施和通风装置，排风量按每小时不小于_____容积计算。

（6）建筑群的干线电缆、主干光缆布线的交接不应多于_____。

（7）从每幢建筑物的楼层配线架到建筑群设备间的配线架之间只应通过_____建筑物配线架。

（8）一般来说，计算机网络系统常采用光缆作为建筑物布线线缆，在网络工程中，经常使用_____，户外布线大于2 km时可选用_____。

（9）电话系统常采用_____作为布线线缆。

（10）有线电视系统常采用_____或_____作为干线电缆。

2. 选择题

（1）建筑群子系统的线缆布设方式分别是什么？（   ）

A. 架空布线法　　　　　　　　　　　　B. 直埋布线法

C. 地下管道布线法　　　　　　　　　　D. 隧道内电缆布线

（2）架空电缆时，建筑物到最近处的电线杆相距应小于（   ）。

A. 20 m　　　　　B. 25 m　　　　　C. 30 m　　　　　D. 35 m

（3）架空线缆敷设时，电杆以（   ）m的间隔距离为宜。

A. 20～30 m　　　B. 30～50 m　　　C. 40～60 m　　　D. 50～60 m

（4）架空线缆敷设时，每隔（   ）架一个挂钩。

A. 0.5 m   B. 1.0 m   C. 1.5 m   D. 2.0 m

（5）直埋电缆通常应埋在距地面（   ）以下的地方，或按照当地城管等部门的有关法规去施工。

A. 0.5 m   B. 0.6 m   C. 0.7 m   D. 0.8 m

（6）光缆转弯时，其转弯半径要大于光缆自身直径的（   ）倍。

A. 10   B. 15   C. 20   D. 25

（7）室外光缆施工时，布缆牵引力一般不大于（   ），而且应牵引光缆的加强心部分，并作好光缆头部的防水加强处理。

A. 90 kg   B. 100 kg   C. 110 kg   D. 120 kg

（8）垂直敷设时，应特别注意光缆的承重问题，一般每（   ）要将光缆固定一次。

A. 一层   B. 两层   C. 三层   D. 四层

（9）管道埋设的深度一般为（   ）。

A. 0.8 ~ 1.2 m   B. 1.0 ~ 1.2 m   C. 1.2 ~ 1.4 m   D. 1.4 ~ 1.6 m

（10）进线间主要作为室外（   ）引入楼内的成端与分支及光缆的盘长空间位置。

A. 电缆   B. 光缆   C. 电线杆   D. 建筑物

3. 简答题

（1）建筑群子系统的设计原则是什么？

（2）进线间子系统的设计原则是什么？

（3）比较建筑群子系统的四种布线方式，并说明其优点和缺点。

（4）室外管道光缆施工时，需要注意哪些问题？

10.10　实训项目

10.10.1　入口管道铺设实训

进线间主要是室外电、光缆引入楼内的成端与分支及光缆的盘长空间，进线间一般是靠近外墙和在地下设置，以便于缆线引入。

1. 实训目的

· 通过实训，了解进线间位置和进线间作用。

· 通过实训，了解进线间设计要求。

· 掌握进线间入口管道的处理方法。

2. 实训要求

（1）学习掌握进线间的作用。

（2）确定综合布线系统中进线间的位置。

（3）准备实训工具，列出实训工具清单。

（4）独立领取实训材料和工具。

（5）独立完成进线间的设计。

（6）独立完成进线间入口的处理。

3. 实训设备、材料和工具

（1）西元牌网络综合布线实训装置1套。

（2）直径40 mm的PVC管、管卡、接头等若干。

（3）锯弓、锯条、钢卷尺、十字螺丝刀等。

4. 实训步骤

（1）准备实训工具，列出实训工具清单。

（2）领取实训材料和工具。

（3）确定进线间的位置。

进线间在确定位置时要考虑到便于线缆的铺设以及供电方便。

2～3人组成一个项目组，选举项目负责人，每组设计进线间的位置及进线间入口管道数量以及入口处理方式，并且绘制图纸。项目负责人指定1种设计方案进行实训。

（4）铺设进线间入口管道。将进线间所有进线管道根据用途划分，并按区域放置。

（5）对进线间所有入口管道进行防水等处理。

（6）实训完后，学习进线间在面积、入口管孔数量的设计要求。

5. 实训报告

（1）写出进线间在综合布线系统中重要性以及设计原则要求。

（2）分步陈述在综合布线系统中设置进线间的要求和出入口的处理办法。

10.10.2 光缆铺设实训

建筑物子系统的布线主要是用来连接两栋建筑物网络中心网络设备的，如图10-57表示，建筑物子系统的布线方式有：架空布线法、直埋布线法和地下管道布线法、隧道内电缆布线，本节主要做光缆架空布线方式的实训。

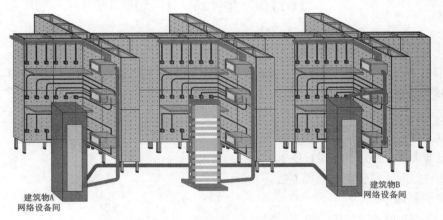

图10-57　建筑物子系统布线

1. 实训目的

通过架空光缆的安装,掌握建筑物之间架空光缆操作方法。

2. 实训要求

（1）准备实训工具，列出实训工具清单。

（2）独立领取实训材料和工具。

（3）完成光缆的架空安装。

3. 实训设备、材料和工具

（1）西元牌网络综合布线实训装置1套。

（2）直径5 mm钢缆、光缆、U型卡、支架、挂钩若干。

（3）锯弓、锯条、钢卷尺、十字螺丝刀、活扳手、人字梯等。

4. 实训步骤

（1）准备实训工具，列出实训工具清单。

（2）领取实训材料和工具，使用材料如图10-3所示。

（3）实际测量尺寸，完成钢缆的裁剪。

（4）固定支架：根据设计布线路径，在网络综合布线实训装置上安装固定支架。

（5）连接钢缆：安装好支架以后，开始铺设钢缆，在支架上使用U型卡来固定。

（6）铺设光缆：钢缆固定好之后开始铺设光缆，使用挂钩每隔0.5 m架一个。安装完毕。

5. 实训报告

（1）设计一种光缆布线施工图。

（2）分步陈述实训程序或步骤以及安装注意事项。

（3）实训体会和操作技巧。

10.10.3 光纤熔接工程技术实训项目

1. 实训目的

●熟悉和掌握光缆的种类和区别。

●熟悉和掌握光缆工具的用途和使用方法和技巧。

●熟悉和掌握光纤的熔接方法和注意事项。

2. 实训要求

（1）完成光缆的两端剥线。不允许损伤光缆光芯，而且长度合适。

（2）完成光缆的熔接实训。要求熔接方法正确，并且熔接成功。

（3）完成光缆在光纤熔接盒的固定。

3. 实验设备主要工具

（1）西元光纤熔接机KYRJ-369。

（2）西元光纤工具箱KYGJX-31，如图10-58所示。

图10-58 "西元"光纤工具箱

4. 实训项目和步骤

1）开剥光缆，并将光缆固定到接续盒内

在开剥光缆之前应去除受损变形的部分，使用专用开剥工具，将光缆外护套开剥长度1 m左右，如遇凯装光缆时，用老虎钳将铠装光缆护套里护缆钢丝夹住，利用钢丝线缆外护套开剥，并将光缆固定到接续盒内，用卫生纸将油膏擦拭干净后，穿入接续盒。固定钢丝时一定要压紧，不能有松动。否则，有可能造成光缆打滚折断纤芯。注意剥光缆时不要伤到束管。

2）分纤

将光纤分别穿过热缩管。将不同束管，不同颜色的光纤分开，穿过热缩管。剥去涂覆层的光纤很脆弱，使用热缩管，可以保护光纤熔接头，如图10-59所示。

3）准备熔接机

打开熔接机电源，采用预置的程式进行熔接，并在使用中和使用后及时去除熔接机中的灰尘。

4）制做对接光纤端面

光纤端面制作的好坏将直接影响光纤对接后传输质量，所以在熔接前一定要做好熔接光纤的端面。首先用光纤剥线钳剥去光纤纤芯上的树脂层，如图10-60所示，再用蘸酒精的清洁棉在裸纤上擦拭几次，然后用切割刀切割光纤，切割长度一般为10~15 mm，如图10-61所示。

图10-59　穿热缩管护套　　　图10-60　用剥线钳去除树脂层　　　图10-61　用光纤切割刀切割光纤

5）放置光纤

将光纤放在熔接机的V形槽中，小心压上光纤压板和光纤夹具，要根据光纤切割长度设置光纤在压板中的位置，一般将对接的光纤的切割面基本都靠近电极尖端位置。关上防风罩，按SET键即可自动完成熔接。需要的时间一般根据使用的熔接机而不同，一般需要8~10 s，如图10-62所示。

6）移出光纤用加热炉加热热缩管

打开防风罩，把光纤从熔接机上取出，再将热缩管放在裸纤中间，放到加热炉中加热。加热时可使用20 mm、40 mm及60 mm热缩套管，如图10-63所示。

图10-62　熔接光纤放置光纤　　　　　图10-63　用加热炉加热热缩管

7）盘纤固定

将接续好的光纤盘到光纤收容盘内，在盘纤时，盘圈的半径越大，弧度越大，弯曲损耗越小，如图10-64所示。

8）盖上盘纤盒盖板（见图10-65）

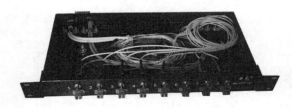

图10-64　盘纤固定

图10-65　盖上盘纤盒盖板

9）密封和挂起

野外熔接时，接续盒一定要密封好，防止进水。熔接盒进水后，由于光纤及光纤熔接点长期浸泡在水中，可能会先出现部分光纤衰减增加。最好将接续盒做好防水措施并用挂钩并挂在吊线上。至此，光纤熔接完成。

5. 实训报告要求

（1）以表格形式写清楚实训材料和工具的数量、规格、用途。

（2）分步陈述实训程序或步骤以及安装注意事项。

（3）实训体会和操作技巧。

单元 **11**

综合布线工程测试与验收

通过本单元学习，熟悉综合布线系统电缆链路和光缆链路的测试原理，了解综合布线工程验收项目和技术。

工程测试与验收是一项系统性工作，它包含链路连通性、电气和物理特性测试，还包括对施工环境、工程器材、设备安装、缆线敷设、缆线终接、竣工技术文档等的验收。验收工作贯穿于整个综合布线工程中，包括施工前检查、随工检验、初步验收、竣工验收等几个阶段，每个阶段都有其特定的内容。

学习目标
- 掌握综合布线工程测试项目与验收内容。
- 掌握综合布线永久链路的测试技术与方法。

11.1 双绞线链路测试

11.1.1 双绞线电缆测试相关知识

1. 测试设备

在综合布线工程中，用于测试双绞线链路的设备通常有通断测试与分析测试两类。前者主要用于链路的简单通断性判定，如图11-1所示。后者用于链路性能参数的确定，如图11-2所示，下面，我们主要介绍DTX系列产品的性能和测试模型。

图11-1 "能手"测试仪   图11-2 FLUKE DTX系列产品

1）测试软件

LinkWare软件可完成测试结果的管理，其界面如图11-3所示。图11-4显示了各种格式的测试报告，如图形和纯文本等。LinkWare具有强大的统计功能，图11-5显示了LinkWare对单个信息点进行单项参数数据统计的结果。

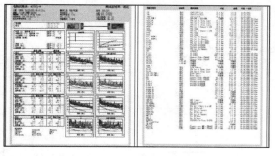

图11-3 测试界面　　　　　　　　　　图11-4 测试报告

2）测试仪器精度

测试结果中出现"*"，表示该结果处于测试仪器的精度范围内，测试仪无法准确判断。测试仪器的精度范围也被称为"灰区"，精度越高，"灰区"范围越小，测试结果越可信。图11-6 显示了FLUKE测试仪成功和失败的灰区结果。影响测试仪精度的因素有高精度的永久链路适配器和匹配性能好的插头。

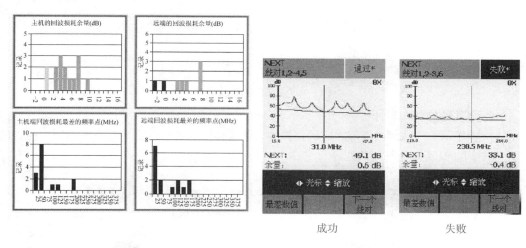

图11-5 信息点数据统计　　　　　　　　图11-6 测试结果

2. 测试模型

1）基本链路模型

基本链路包括三部分：最长为90 m的水平布线电缆、两端接插件和两条2 m测试设备跳线。基本链路连接模型应符合图11-7所示的方式。

2）信道模型

信道指从网络设备跳线到工作区跳线间端到端的连接，它包括了最长为90 m的水平布线电缆、两端接插件、一个工作区转接连接器、两端连接跳线和用户终端连接线，信道最长为100 m。如图11-8所示。

3）永久链路模型

永久链路又称固定链路，它由最长为90 m的水平电缆、两端接插件和转接连接器组成，如图11-9所示。H为从信息插座至楼层配线设备（包括集合点）的水平电缆，$H \leqslant 90$ m。其与基本链路的区别在于基本链路包括两端的2 m测试电缆。在使用永久链路测试时可排除跳线在测试过程中本身带来的误差，从技术上消除了测试跳线对整个链路测试结果的影响，使测试结果更准确、合理。

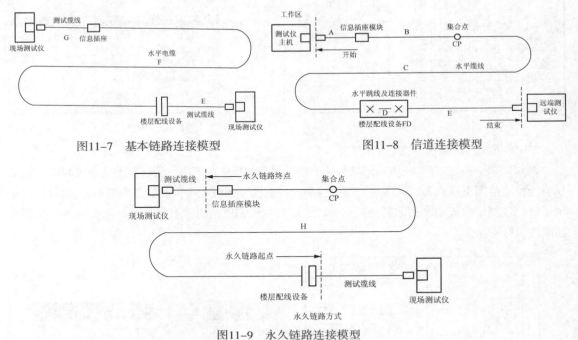

图11-7　基本链路连接模型　　　　　图11-8　信道连接模型

图11-9　永久链路连接模型

4）各种模型之间的差别

图11-10显示了三种测试模型之间的差异性，主要体现在测试起点和终点的不同、包含的固定连接点不同的是否可用终端跳线等。

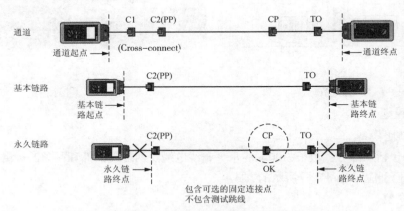

图11-10　三种链路连接模型差异比较

3. 测试类型

从工程的角度可将综合布线工程的测试分为两类：验证测试和认证测试。

验证测试一般是在施工的过程中由施工人员边施工边测试，以保证所完成的每一个连接的正确性。

认证测试是指对布线系统依照标准进行逐项检测，以确定布线是否达到设计要求，包括连接性能测试和电气性能测试。认证测试通常分为自我认证和第三方认证两种类型。

4. 测试标准

布线的测试首先是与布线的标准紧密相关的。布线的现场测试是布线测试的依据，它与布线的其他标准息息相关，我们已经在单元2中进行了介绍，更详细的资料可以直接参考标准原件。

5. 测试技术参数

综合布线的双绞线链路测试中，需要现场测试的参数包括接线图、长度、传输时延、插入损耗、近端串扰、综合近端串扰、回波损耗、衰减串扰比、等效远端串扰和综合等效远端串扰等。下面介绍比较重要的几个参数。

1）接线图

接线图的测试，主要测试水平电缆终接在工作区或电信间配线设备的8位模块式通用插座的安装连接是否正确。正确的线对组合为1/2、3/6、4/5、7/8，分为非屏蔽和屏蔽两类，对于非RJ-45的连接方式按相关规定要求列出结果，布线过程中可能出现以下正确或错误的连接图测试情况。图11-11所示为正确接线的测试结果。

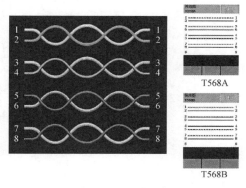

图11-11　正确接线图

对布线过程中出现错误的连接图测试情况分析如下。

（1）开路：双绞线中有个别芯没有正确连接，图11-12显示第8芯断开，且中断位置分别距离测试的双绞线两端22.3 m和10.5 m处。

（2）反接/交叉：双绞线中有个别芯对交叉连接，图11-13显示1、2芯交叉。

  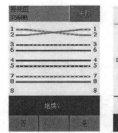 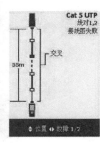

图11-12　开路　　　　　　　　　　　　　图11-13　反接/交叉

（3）短路：双绞线中有个别芯对铜芯直接接触，图11-14显示3、6芯短路。

（4）跨接/错对：双绞线中有个别芯对线序跨接，图11-15显示1和3、2和6两对芯错对。

 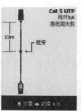   

图11-14　短路　　　　　　　　　　　　图11-15　跨接/错对

2）长度

长度为被测双绞线的实际长度。长度测量的准确性主要受几个方面的影响：缆线的额定传输速度（NVP）、绞线长度与外皮护套的长度，以及沿长度方向的脉冲散射。NVP表示的是信号在缆线中传输的速度，以光速的百分比形式表示。NVP设置不正确将导致长度测试结果错误，比如NVP设定为70%而缆线实际的NVP值是65%，那么测量还没有开始就有了5%以上的误差。图11-16说明了一个信号在链路短路、开路和正常状态下的三种传输状态。

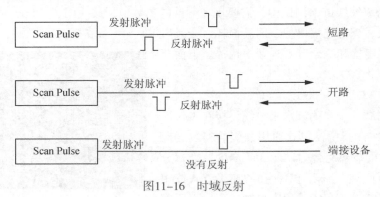

图11-16　时域反射

3）传输时延

传输时延为被测双绞线的信号在发送端发出后到达接收端所需要的时间，最大值为555 ns；图11-17描述了信号的发送过程，图11-18描述了测试结果，从中可以看到不同线对的信号是先后到达对端的。

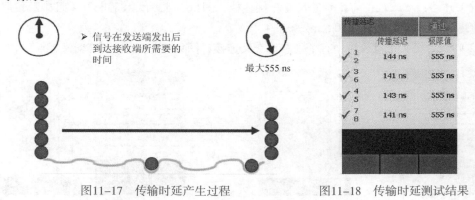

图11-17　传输时延产生过程　　　　　　图11-18　传输时延测试结果

4）衰减或者插入损耗

衰减或者插入损耗为链路中传输所造成的信号损耗[以分贝（dB）表示]。图11-19描述了信号的衰减过程；图11-20显示了插入损耗测试结果。造成链路衰减的主要原因有：电缆材料的电气特性和结构、不恰当的端接和阻抗不匹配的反射，而线路过量的衰减会使电缆链路传输数据变得不可靠。

5）串扰

串扰是测量来自其他线对泄露过来的信号。图11-21显示了串扰的形成过程。串扰又可分为近端串扰（NEXT）和远端串扰（FEXT）。NEXT是在信号发送端（近端）进行测量。图11-22显示了NEXT的形成过程。对比图11-21和图11-22可知，NEXT只考虑了近端的干扰，忽略了对远端的干扰。

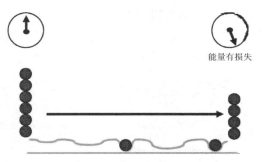

能量有损失

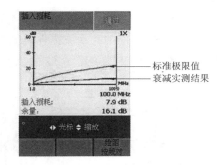

标准极限值
衰减实测结果

图11-19　插入损耗产生过程　　　　图11-20　插入损耗测试结果

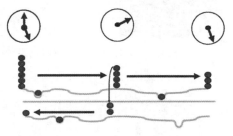

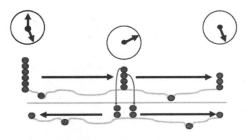

图11-21　串扰产生过程　　　　图11-22　NEXT产生过程

NEXT的影响类似于噪声干扰，当干扰信号足够大的时候，将直接破坏原信号或者接收端将原信号错误地识别为其他信号，从而导致站点间歇的锁死或者网络连接失败。

NEXT又与噪声不同，NEXT是缆线系统内部产生的噪声，而噪声是由外部噪声源产生的。图11-23描述了双绞线各线对之间的相互干扰关系。

NEXT是频率的复杂函数，图11-24描述了NEXT的测试结果。图11-25显示的测试结果验证了4 dB原则。在ISO11801：2002标准中，NEXT的测试遵循4 dB原则，即当衰减小于4 dB时，可以忽略NEXT。

共计6种组合
A → B
A → C
A → D
B → C
B → D
C → D

图11-23　线对间的近端串扰测量

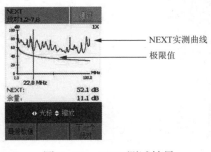

NEXT实测曲线
极限值

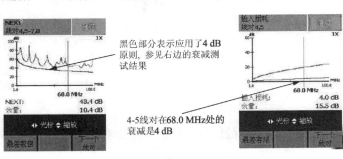

黑色部分表示应用了4 dB原则，参见右边的衰减测试结果

4-5线对在68.0 MHz处的衰减是4 dB

图11-24　NEXT测试结果　　　　图11-25　4dB原则

6）综合近端串扰

综合近端串扰（PS NEXT）是一对线感应到所有其他绕对对其的近端串扰的总和。图11-26描述了综合近端串扰的形成，图11-27显示了测试结果。

7）回波损耗

回波损耗是由于缆线阻抗不连续/不匹配所造成的反射，产生原因是特性阻抗之间的偏离，体现在缆线的生产过程中发生的变化、连接器件和缆线的安装过程。

在TIA和ISO标准中，回波损耗遵循3 dB原则，即当衰减小于3 dB时，可以忽略回波损耗。图11-28描述了回波损耗的产生过程。图11-29描述了回波损耗的影响。

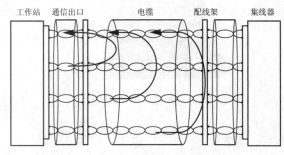

图11-26　综合近端串扰产生过程

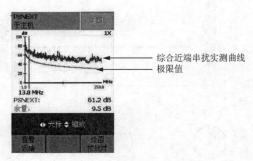

图11-27　综合近端串扰测试结果

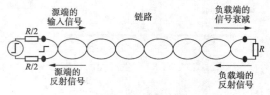

图11-28　回波损耗产生过程

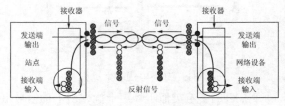

图11-29　回波损耗的影响

8）衰减串扰比

衰减串扰比（ACR），类似信号噪声比，用来表征经过衰减的信号和噪声的比值，ACR=NEXT值-衰减，数值越大越好。图11-30描述了ACR的产生过程。

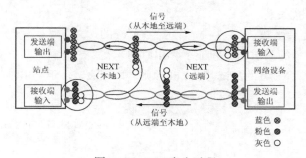

图11-30　ACR产生过程

11.1.2　项目测试

根据项目分析的内容，确定项目实施内容。

1. 确定测试标准

当工程为国内工程时，应该选择和使用中国国家标准，如GB 50312。

2. 确定测试链路标准

为了保证缆线的测试精度，采用永久链路测试。

3. 确定测试设备

项目全部使用六类线进行敷设，所以测试时必选用FLUKE-DTX的六类双绞线模块进行。

4. 测试信息点

（1）将FLUKE-DTX设备的主机和远端机都接好6类双绞线永久链路测试模块。

（2）将FLUKE-DTX设备的主机放置在配线间（中央控制室）的配线架前，远端机接入到各楼层的信息点进行测试。

（3）设置FLUKE-DTX主机的测试标准，旋钮至SETUP，选择测试标准为TIA Cat6 Perm. link，如图11-31所示。

（4）接入测试缆线接口。图11-32和图11-33分别显示了测试中主机端和远端端接状态。

图11-31　测试标准选择　　　图11-32　主机端端接状态　　　图11-33　远端端接状态

（5）缆线测试。旋钮至AUTO TEST，按下TEST，设备将自动开始测试缆线，图11-34和图11-35分别显示了开始测试和保存结果操作。

（6）保存测试结果。直接按SAVE即可对结果进行保存。

5. 分析测试数据

通过专用线将结果导入到计算机中，通过LinkWare软件即可查看相关结果。

（1）所有信息点测试结果如图11-36所示。

图11-34　开始测试　　　图11-35　保存结果　　　　　图11-36　所有信息点测试结果

（2）单个信息点测试结果如图11-37所示。

（3）通过预览方式查看各个信息点测试结果如图11-38所示。

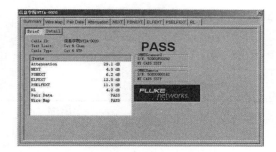 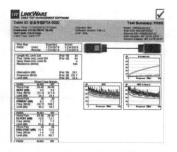

图11-37　单个信息点测试结果　　　　　　　图11-38　预览方式查看测试结果

11.2　光纤链路测试

11.2.1　光纤测试相关知识

1.　测试设备

综合布线工程中，用于光缆的测试设备也有多种，其中，FLUKE系列测试仪上就可以通过增加光纤模块实现。这里主要介绍多功能光缆测试仪。

1）功能

可以实现专业测试光纤链路的链路OTDR状态。

2）界面介绍

OptiFiber多功能光缆测试仪如图11-39所示。

3）FiberInspector光缆端截面检查器

FiberInspector光缆端截面检查器（见图11-40）可直接检查配线架或设备光口的端截面，比传统的放大镜快10倍，同时也可避免眼睛直视激光所造成的伤害。

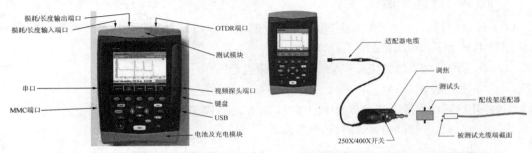

图11-39　多功能光缆测试仪界面　　　　　图11-40　光缆端截面检查器

2.　光纤测试标准

1）通用标准

一般为基于电缆长度、适配器以及接合的可变标准。

2）LAN应用标准

3）特定应用标准

每种应用的测试标准是固定的，例如10Base-FL，Token Ring，ATM。

（1）TIA/EIA-568-B.3标准。该标准主要定义了光缆、连接器和链路长度的标准。

① 光缆每公里最大衰减（850 nm）3.75 dB。

② 光缆每公里最大衰减（1300 nm）1.5 dB。

③ 光缆每公里最大衰减（1310 nm、1550 nm）1.0 dB。

连接器（双工SC或ST）中，适配器最大衰减0.75 dB，熔接最大衰减0.3 dB。

链路长度（主干）标准如表11-1所示。

表11-1　链路长度标准

分　　段	HC–IC/m	IC–MC/m
62.5/125多模	300m	1700
50/125多模	300	1700
8/125单模	300	2700

（2）TIA TSB140标准。于2004年2月被批准，主要对光缆定义了两个级别的测试。

①级别1：测试长度与衰减，使用光损耗测试仪或VFL验证极性。

②级别2：级别1加上OTDR曲线，证明光缆的安装没有造成性能下降的问题。

3. 测试技术参数

1）衰减

（1）衰减是指光沿光纤传输过程中光功率的减少。

（2）对光纤网络总衰减的计算：光纤损耗（Loss）是指光纤输出端的功率（Power Out）与发射到光纤时的功率（Power In）的比值。

（3）损耗是同光纤的长度成正比的。

（4）光纤损耗因子（α）：用来反映光纤衰减的特性。

2）回波损耗

回波损耗又称为反射损耗，它是指在光纤连接处，后向反射光相对输入光的比率的分贝数。改进回波损耗的有效方法是，尽量将光纤端面加工成球面或斜球面。

3）插入损耗

插入损耗是指光纤中的光信号通过活动连接器之后，其输出光功率相对输入光功率的比率的分贝数，插入损耗越小越好。插入损耗的测试结果如图11-41所示。

4）OTDR参数

OTDR测量的是反射的能量而不是传输信号的强弱，如图11-42所示。

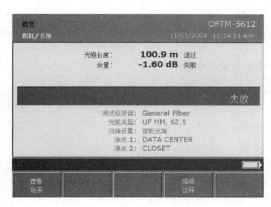

图11-41 光缆测试结果

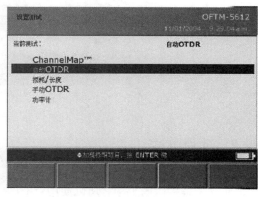

图11-42 OTDR测量

（1）Channel Map。图形显示链路中所有连接和各连接间的光缆长度，如图11-43所示。

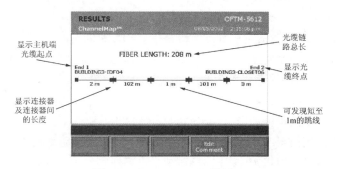

图11-43 Channel Map结果

（2）OTDR曲线。曲线自动测量和显示事件，光标自动处于第一个事件处，可移动到下一个事件，如图11-44所示。

（3）OTDR事件表。可以显示所有事件的位置和状态，以及各种不同的事件特征，例如末端、反射、损耗、幻象等，如图11-45所示。

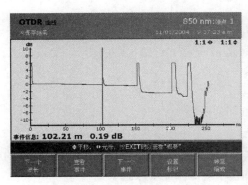

图11-44　OTDR曲线图　　　　　　　11-45　OTDR事件表

（4）光功率。验证光源和光缆链路的性能，如图11-46所示。

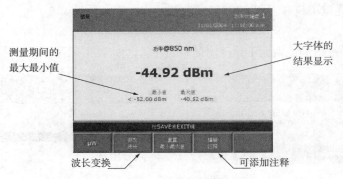

图11-46　光功率测试结果

11.2.2　项目测试

1. 确定测试标准

由于该工程为国内工程，所以使用目前国内普遍使用的TIA TSB140标准测试。

2. 确定测试设备

选择FLUKE-DTX-FTM的光纤模块进行测试。

3. 测试信息点

（1）将FLUKE-DTX设备的主机和远端机都接好FTM测试模块。

（2）设备主机接在控制室光纤配线架，远端机接入到大楼光纤配线架的信息点进行测试。

（3）设置FLUKE-DTX主机的测试标准，旋钮至SETUP，先选择测试缆线类型为Fiber，再选择测试标准为Tier2，如图11-47所示。

（4）接入测试缆线接口。如图11-48所示。

（5）缆线测试，旋钮至AUTO TEST，按下TEST，设备将自动测试缆线，如图11-49所示。

（6）保存测试结果，直接按SAVE即可对结果进行保存。

图11-47　选择测试标准

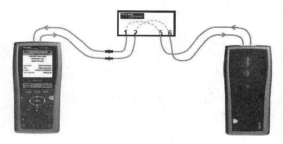

图11-48　接入测试缆线接口

4. 分析测试数据

通过专用线将结果导入到计算机中，通过LinkWare软件即可查看相关结果。

（1）所有信息点测试结果如图11-50所示。

图11-49　缆线测试

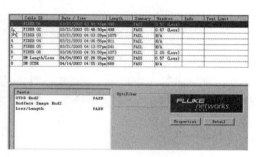

图11-50　查看所有信息点结果

（2）单个信息点测试结果如图11-51所示。

（3）通过预览方式查看测试结果如图11-52所示。

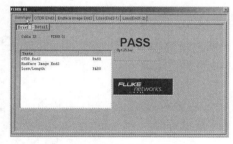

图11-51　查看单个信息点结果

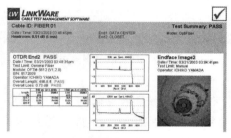

图11-52　预览方式查看结果

11.3　系 统 验 收

11.3.1　相关知识

1. 工程验收人员组成

验收是整个工程中最后的部分，同时标志着工程的全面完工。为了保证整个工程的质量，需要聘请相关行业的专家参与验收。对于防雷及地线工程等关系到计算机信息系统安全相关的工程部分，甚至还可以申请有关主管部门协助验收（例如气象局、公安局、纪检部门等）。所以，综合布线系统工程验收领导小组可以考虑聘请以下人员参与工程的验收。

（1）工程双方单位的行政负责人。

（2）有关直管人员和项目主管。

（3）主要工程项目监理人员。

（4）建筑物设计施工单位的相关技术人员。

（5）第三方验收机构或相关技术人员组成的专家组。

2. 工程验收分类

1）开工前检查

工程验收应从工程开工之日起就开始。从工程材料的验收开始，严把产品质量关，保证工程质量，开工前的检查包括设备材料检验和环境检查。设备材料检验包括查验产品的规格、数量、型号是否符合设计要求，检查缆线的外护套有无破损，抽查缆线的电气性能指标是否符合技术规范。环境检查包括检查土建施工情况，包括地面、墙面、电源插座及接地装置、机房面积和预留孔洞等。

2）随工验收

在工程中随时考核施工单位的施工水平和施工质量，对产品的整体技术指标和质量有一个了解，部分验收工作应随工进行，如布线系统的电气性能测试工作、隐蔽工程等。

随工验收应对工程的隐蔽部分边施工边验收，在竣工验收时，一般不再对隐蔽工程进行复查，由建筑工地代表和质量监督员负责。

3）初步验收

对所有的新建、扩建和改建项目，都应在完成施工调测之后进行初步验收。初步验收的时间应在原计划的建设工期内进行，由建设方组织设计、施工、监理和使用单位人员等参加。初步验收工作包括检查工程质量、审查竣工资料、对发现的问题提出处理的意见，并组织相关责任单位落实解决。

4）竣工验收

综合布线系统接入电话交换系统、计算机局域网或其他弱电系统，在试运行后的半个月内，由建设方向上级主管部门报送竣工报告，并请示主管部门组织对工程进行验收。

3. 验收内容

对综合布线系统工程验收的主要内容为：环境检查、器材及测试仪表工具检查、设备安装检验、缆线敷设和保护方式检验、缆线终接和工程电气测试等。

1）环境检查

工作区、电信间、设备间的检查内容如下：

（1）工作区、电信间、设备间土建工程已全部竣工。房屋地面平整、光洁，门的高度和宽度应符合设计要求。

（2）房屋预埋线槽、暗管、孔洞和竖井的位置、数量、尺寸均应符合设计要求。

（3）铺设活动地板的场所，活动地板防静电措施及接地应符合设计要求。

（4）应提供220 V带保护接地的单相电源插座。

（5）应提供可靠的接地装置，接地电阻值及接地装置的设置应符合设计要求。

（6）电信间、设备间的位置、面积、高度、通风、防火及环境温、湿度等应符合设计要求。

建筑物进线间及入口设施的检查内容如下：

（1）引入管道与其他设施如电气、水、煤气、下水道等的位置间距应符合设计要求。

（2）引入缆线采用的敷设方法应符合设计要求。

（3）管线入口部位的处理应符合设计要求，并应检查是否采取排水及防止气、水、虫等进入的措施。

（4）进线间的位置、面积、高度、照明、电源、接地、防火、防水等应符合设计要求。

2）器材及测试仪表工具检查

（1）工程所用缆线和器材的品牌、型号、规格、数量、质量应在施工前进行检查，应符合设计要求并具备相应的质量文件或证书，原出厂检验证明材料、质量文件与设计不符者不得在工程中使用。

（2）综合布线系统的测试仪表应能测试相应类别工程的各种电气性能及传输特性，其精度符合相应要求。测试仪表的精度应按相应的鉴定规程和校准方法进行定期检查和校准，经过相应计量部门校验取得合格证后，方可在有效期内使用。

3）设备安装检验

4）缆线敷设和保护方式检验

5）缆线终接

6）工程电气测试

7）管理系统验收

（1）管理系统的记录文档应详细完整并汉化，包括每个标识符相关信息、记录、报告、图纸等。

（2）标识符应包括安装场地、缆线终端位置、缆线管道、水平链路、主干缆线、连接器件、接地等类型的专用标识，系统中每一组件应指定一个唯一标识符。

（3）每根缆线应指定专用标识符，标在缆线的护套上或在距每一端护套300 mm内设置标签，缆线的终接点应设置标签标记指定的专用标识符。

8）工程验收

（1）竣工技术文件

工程竣工后，施工单位应在工程验收以前将工程竣工技术资料交给建设单位。综合布线系统工程的竣工技术资料应包括以下内容：安装工程量；工程说明；设备、器材明细表；竣工图纸；测试记录；工程变更、检查记录及施工过程中，需更改设计或采取相关措施，建设、设计、施工等单位之间的双方洽商记录；随工验收记录；隐蔽工程签证；工程决算。

（2）工程内容

综合布线系统工程应按表11-2所列项目、内容进行检验。检测结论作为工程竣工资料的组成部分及工程验收的依据之一。

表11-2　检验项目及内容

阶　　段	验 收 项 目	验　收　内　容	验收方式
施工前检查	1.环境要求	（1）土建施工情况：地面、墙面、门、电源插座及接地装置；（2）土建工艺，机房面积，预留孔洞；（3）施工电源；（4）地板铺设；（5）建筑物入口设施检查	施工前检查
	2.器材检验	（1）外观检查；（2）型式、规格、数量；（3）电缆及连接器件电气性能测试；（4）光纤及连接器件特性测试；（5）测试仪表和工具的检验	
	3.安全、防火要求	（1）消防器材；（2）危险物的堆放；（3）预留孔洞防火措施	

阶　　段	验 收 项 目	验 收 内 容	验收方式
设备安装	1.电信间、设备间、设备机柜、机架	（1）规格、外观；（2）安装垂直、水平度；（3）油漆不得脱落标志完整齐全；（4）各种螺钉必须紧固；（5）抗震加固措施；（6）接地措施	随工检验
	2.配线模块及8位模块式通用插座	（1）规格、位置、质量；（2）各种螺钉必须拧紧；（3）标志齐全；（4）安装符合工艺要求；（5）屏蔽层可靠连接	
电、光缆布放（楼内）	1.电缆桥架及线槽布放	（1）安装位置正确；（2）安装符合工艺要求；（3）符合布放缆线工艺要求；（4）接地	随工检验
	2.缆线暗敷（包括暗管、线槽、地板下等方式）	（1）缆线规格、路由、位置；（2）符合布放缆线工艺要求；（3）接地	隐蔽工程签证
电、光缆布放（楼间）	1.架空缆线	（1）吊线规格、架设位置、装设规格；（2）吊线垂度；（3）缆线规格；（4）卡、挂间隔；（5）缆线的引入符合工艺要求	随工检验
	2.管道缆线	（1）使用管孔孔位；（2）缆线规格；（3）缆线走向；（4）缆线的防护设施的设置质量	隐蔽工程签证
	3.埋式缆线	（1）缆线规格；（2）敷设位置、深度；（3）缆线的防护设施的设置质量；（4）回土夯实质量	
	4.通道缆线	（1）缆线规格；（2）安装位置，路由；（3）土建符合工艺要求	
	5.其他	（1）通信线路与其他设施的间距；（2）进线室设施安装、施工质量	随工检验隐蔽工程签证
缆线终接	1.八位模块式通用插座	符合工艺要求	随工检验
	2.光纤连接器件	符合工艺要求	
	3.各类跳线	符合工艺要求	
	4.配线模块	符合工艺要求	
系统测试	1.工程电气性能测试	（1）连接图；（2）长度；（3）衰减；（4）近端串音；（5）近端串音功率和；（6）衰减串音比；（7）衰减串音比功率和；（8）等电平远端串音；（9）等电平远端串音功率和；（10）回波损耗；（11）传播时延；（12）传播时延偏差；（13）插入损耗；（14）直流环路电阻；（15）设计中特殊规定的测试内容；（16）屏蔽层的导通	竣工检验
	2.光纤特性测试	（1）衰减；（2）长度	
管理系统	1.管理系统级别	符合设计要求	竣工检验
	2.标识符与标签设置	（1）专用标识符类型及组成；（2）标签设置；（3）标签材质及色标	
	3.记录和报告	（1）记录信息；（2）报告；（3）工程图纸	
工程总验收	1.竣工技术文件	清点、交接技术文件	
	2.工程验收评价	考核工程质量，确认验收结果	

注：系统测试内容的验收亦可在随工中进行检验。

11.3.2　项目实施

根据项目分析内容，本项目验收过程分别进行了"开工前检查""随工验收""初步验收"和"竣工验收"四种验收过程。

（1）根据工程设计方案要求，进行"开工前检查"，确保工程器材和设备符合设计要求。

（2）在工程施工中，重点检查隐蔽工程，可使用"随工验收"。

（3）最重要的验收就是在整个工程结束后，分别进行"初步验收"和"竣工验收"。

11.4　典型行业应用案例

——光纤主干的设计与施工

1. 光纤主干系统的结构

目前对于光纤网络结构来讲，主要采用分层星形结构，网络分为二级：

第一级是网络中心，为中心结点，布置了网络的核心设备，如路由器、交换机、服务器，并预留了对外的通信接口。

第二级是各配线间的交换机。在楼内设置光纤主干作为数据传输干线，从核心层到二级结点，并在分配线间端接。二级交换机可以采用以太网或快速以太网交换机，它向上与网络中心的主干交换机相连，向下直接与服务器和工作站连接。

根据上述的网络结构，我们将整个结构大体分为两级：星形–主干部分和水平部分，主干部分的星形结构中心在一层弱电接入房，辐射向各个楼层，而介质分别使用光纤和大对数双绞线。水平部分的星形中心在楼层配线间，由配线架引出水平双绞线到各个信息点。在星形结构的中心均为管理子系统，通过两点式的管理方式实现整个布线系统的连接、配置及灵活的应用。

此外，考虑到网络系统根据客户要求可能会被设计为几个需要物理分隔的网段（如外网、办公网、管理网、弱电网等）。同样，综合布线系统也须根据应用将布线物理隔离。

对于现代化办公大楼来讲，IP电话被越来越多地运用到实际工作当中。对于综合布线系统来说，IP电话的信息的传输同样将由光纤主干来承担，而无须架设传统的大对数铜缆。而对于某些仍然需要模拟方式传输的设备（如传真机），我们可以通过网关设备将其转换为TCP/IP方式，如图11–53所示。

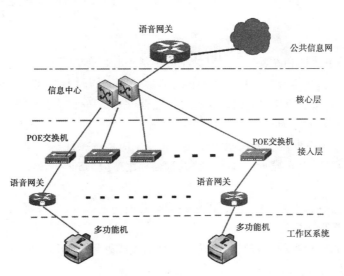

图11–53　办公大楼模拟信号传输

2. 光纤主干产品的选型设计

首先，需要确定项目中数据量的需求，从而决定光纤主干的类型。

要确定网络的信息量及带宽，我们首先要根据客户需求大致计算出信息点数量。假设在同一时间，有50%的信息点在被使用，而每个用户将占用20Mbit/s的带宽，那么根据信息点的数量，我们就可以得到当前弱电间信息主干的带宽需求量。根据求得的数据量，我们可以得到所需敷设光纤的芯数。值得注意的是，在综合布线光纤主干的设计中，主干系统最好应考虑100%冗余备份。

接下来应确认光纤类型及数量：

（1）根据光纤敷设位置确定光纤类型：有室内、室外、室内外、铠装等。

（2）根据传输距离、传输速率等方面确定：多模（OM1/OM2/OM3）或单模。

（3）根据接插件需求确定：LC、SC或ST等光纤类型。

（4）根据布线结构及现场情况确定光纤长度：

长度=(距主配线架的层数×层高+弱电井到主配线架的距离+端接容限)×每层需要根数

 注意：

光纤的端接长度大于10 m。

（5）根据防火要求，确定光纤外皮是否为低烟无卤。

3. 数据机房光纤的设计

在大楼数据机房或数据中心中，应参考TIA-942协议，在数据机房或数据中心中设立总配线区（MDA）。网络设备、服务器以及在大楼总配线架（MDF）汇总的光纤，都被再次在机房或数据中心内汇聚到主配线区中。通过主配线区之间的光纤跳线，完成设备之间的跳接。

主配线架到设备机柜之间建议采用相对固定的预连接光缆，避免了设备之间直接跳线所造成的跳线混乱和在设备上经常插拔跳线的情况。

可在主配线区域采用高密度的配线架，如5HU的空间达到288芯的配线功能，产品结构采用模块化结构。主干光纤采用预连接的光缆，不需要现场端接，系统扩容时，只须直接端接预连接光缆的连接器，主干采用MPO的连接器，直接插接模块，以节约整体安装时间，方便机房的维护。

4. 光纤主干的施工

由于光纤主干的重要性和脆弱性，对其施工应尽量小心，有以下几条注意要点：

（1）局域网光缆布线指导思想：要求有隐蔽性且美观，同时不能破环各建筑物的结构，再利用现有空间避开电源线路和其他线路，现场对光缆进行必要和有效的保护。

（2）光缆施工，具体分为布线，光纤熔接，测试。

（3）光纤布线应由专业施工人员组织完成，布线中应尽量拉直光纤。

（4）管内穿放4芯以上光缆时，直线管路的管径利用率应为50%～60%，弯管路的管径利用率应为40%～50%。

（5）拐弯处不能折成小于等于90°，以免造成纤芯损伤。

（6）光纤两头要制作标记。

（7）光纤安装的转弯半径：安装时的转弯半径为线缆外径的10倍，安装完成后长时间放置时的转弯半径为线缆外径的15倍。

（8）应选择好的光纤熔接机及测试仪器，要有专业的有经验的操作人员进行精细熔接。

（9）完工后应做光纤链路测试，形成文档，光纤测试的结果必须符合以下的标准：1 000 Mbps的链路损耗必须为3.2 dB以下；100 Mbps的链路损耗必须为13 dB以下。

11.5　工程经验

1. 用130 m长的六类线跑百兆网能通过FLUKE测试吗？

不能通过六类链路测试，但百兆可以正常使用。衰减值（插入损耗）、长度、时延、ACR等多数参数均不会通过测试。如果用百兆应用标准进行测试，除了"长度/时延"指标超差外，其他指标基本上都能通过测试。

2. 光纤的熔接

光纤熔接是连续工作的中心环节，高性能熔接机和熔接过程中科学操作是十分必要的。

应根据光缆工程要求，配备蓄电池容量和精密度合适的熔接设备。

熔接前根据光纤的材料和类型，设置好最佳预熔、主熔电流和时间以及光纤送入量等关键参数。熔接过程中还应及时清洁熔接机V形槽、电极、物镜、熔接室等，随时观察熔接中有无气泡、过细、过粗、虚熔、分离等不良现象，注意OTDR测试仪表跟踪监测结果，及时分析产生上述不良现象的原因，采取相应的改进措施。如多次出现虚熔现象，应检查熔接的两根光纤的材料、型号是否匹配，切刀和熔接机是否被灰尘污染，并检查电极氧化情况，若均无问题则应适当提高熔接电流。

11.6　练　习　题

1. 填空题

（1）在综合布线工程施工过程中，绝大部分工程都以＿＿＿＿＿或＿＿＿＿＿作为配线子系统缆线、以大对数电缆或光缆作为干线子系统缆线进行施工。

（2）信道指从＿＿＿＿＿到＿＿＿＿＿间端到端的连接。

（3）衰减是指光沿光纤传输过程中＿＿＿＿＿的减少。

（4）OTDR测量的是＿＿＿＿＿而不是传输信号的强弱。

2. 选择题

（1）工程验收项目的内容和方法，应按（　　　）的规定来执行。

A. TSB—67　　　　B. GB 50312—2007　　　C. GB 50311—2007　　　D. TIA/EIA 568B

（2）（　　　）是由2007年10月1日施行的综合布线系统工程验收国家标准，适用于新建、扩建、改建的建筑与建筑群综合布线系统工程的验收。

A. TSB—67　　　　B. GB 50311—2007　　　C. GB 50312—2007　　　D. TIA/EIA 568B

（3）综合布线系统工程的验收内容中，验收项目（　　　）是环境要求的验收内容。

A. 电缆电气性能测试　　　　　　　　　B. 施工电源

C. 外观检查　　　　　　　　　　　　　D. 消防器材

（4）综合布线系统工程的验收内容中，验收项目（　　　）不属于隐蔽工程签证。

A. 管道线缆　　　　B. 架空线缆　　　　C. 埋式线缆　　　　D. 隧道线缆

（5）通道链路全长应小于等于（　　　）m。

A. 80　　　　　　　　B. 90　　　　　　　　C. 94　　　　　　　　D. 100

（6）将同一线对的两端针位接反的故障，属于（　　　）故障。

A. 交叉　　　　　　　　B. 反接　　　　　　　　C. 错对　　　　　　　　D. 串扰

3. 简答题

（1）综合布线工程验收分为几大类？

（2）说明三种认证测试模型的差异？

（3）六类双绞线的测试技术指标有哪些？分别代表什么含义？

（4）光纤测试的技术指标有哪些？分别代表什么含义？

11.7　实训项目

本实训内容以综合布线故障检测、维修为主。

1. 实训目的

• 了解并掌握各种网络链路故障的形成原因和预防办法。

• 掌握线缆测试仪测试网络链路故障的方法。

• 掌握常见链路故障的维修方法。

2. 实训要求：

（1）完成总共12路永久链路的测试，准确找出故障点，并判明故障类型。

（2）故障维修实训，排除12条永久链路中的所有故障。

（3）要求掌握10种常见永久链路故障的形成原因，掌握故障检测和故障分析方法。

3. 实训设备、材料和工具（见图11-54至图11-57）

（1）"西元"综合布线故障检测实训装置1台。

（2）线缆测试仪1套。

图11-54　综合布线故障检测实训装置　　　图11-55　线缆测试仪

图11-56　西元综合布线故障模拟箱　　　图11-57　测试仪适配器

4. 实训步骤

第一步：打开"西元"综合布线故障检测实训装置电源。

第二步：取出线缆测试仪。

第三步：按照线缆测试仪的操作说明及图11-58测试连接方法测出链路的长度。

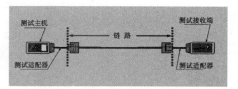

图11-58　测试仪测试链路连接方法

用测试仪逐条测试链路，根据测试仪显示数据，判定各链路的故障位置和故障类型。

故障模拟箱同一链路上六口配线架RJ-45插口与双口信息面板RJ-45插口对应为表11-5所示。

表11-5　六口配线架RJ-45插口与双口信息面板RJ-45插口对应关系

链　路	1	2	3	4	5	6	7	8	9	10	11	12
六口配线架RJ-45插口	A1	A2	A3	A4	A5	A6	B1	B2	B3	B4	B5	B6
双口信息面板RJ-45插口	A1	A2	A3	A4	A5	A6	B1	B2	B3	B4	B5	B6

第四步：填写如表11-6所示的故障检测分析表，完成故障测试分析。

表11-6　综合布线系统常见故障检测分析表

序	链路名称	检测结果	主要故障类型	主要故障主要原因分析
1	A1链路			
2	A2链路			
3	A3链路			
4	A4链路			
5	A5链路			
6	A6链路			
7	B1链路			
8	B2链路			
9	B3链路			
10	B4链路			
11	B5链路			
12	B6链路			

第五步：故障维修。

根据故障检测结果，采取不同的故障维修方法进行故障维修。

维修方法是：将存在故障的网络连接拆除，参照RJ-45水晶头和RJ-45模块的制作和5对连接块的打线方法重新搭建链路连接。

5. 实训报告

（1）写出12条永久链路的故障位置、故障类型。

（2）写出12种常见故障产生的主要原因，预防办法，在搭建链路时如何防止产生这些故障。

（3）写出线缆测试仪测试线缆故障的测试方法。

单元 **12**
综合布线工程招投标

通过本单元内容的学习，了解综合布线工程招投标的基本流程。

学习目标
- 掌握综合布线工程招投标的基本概念。
- 熟悉综合布线工程招投标的主要过程、方式和关键问题。

12.1 基 本 概 念

12.1.1 招标基本概念

1. 招标

工程招标通常是指需要投资建设的单位，通过招标公告或投标邀请书等形式邀请具备承担招标项目能力的系统集成施工单位进行投标，最后选择其中对招标人最有利的投标人进行工程总承包的一种经济行为。工程招标也可以委托工程招标代理机构来进行。

2. 招标人

招标人是指提出招标项目、进行招标的法人或者其他组织。

3. 招标代理机构

招标代理机构是指依法设立、从事招标代理业务并提供相关服务的社会中介组织。

4. 招标文件

招标文件一般由招标人或者招标代理机构根据招标项目的特点和需要进行编制。

12.1.2 招标涉及的人员

项目招标主要涉及三方面人员，一是项目建设单位，二是招标工作人员和评审人员，三是投标公司的工作人员。项目建设单位主要是项目负责人和技术人员，提出项目建设的具体技术需求和商务（财务）要求。招标工作人员主要是招标公司或招标部门的工作人员，有时还有纪检监察部门的人员，以及由招标部门事先建立的专家库中随机抽取的五人以上单数组成的评审人员。投标公司的工作人员由技术人员会同主要产品厂商售前支持人员按照标书的要求制作出投标的技术材料和工程预算报价，由商务人员按标书的要求准备好执照、资质和各种认证等商务材料，做成投标书。

12.1.3　招标方式

综合布线系统工程项目招标的方式主要有以下四种：

1. 公开招标

公开招标指招标人或代理机构以招标公告的方式邀请不特定的法人或其他组织投标。

2. 竞争性谈判

竞争性谈判，是指招标人或招标代理机构以投标邀请书的方式邀请三家以上特定的法人或者其他组织直接进行合同谈判。一般在用户有紧急需要，或者由于技术复杂而不能规定详细规格和具体要求时采用。

3. 询价采购

询价采购，也称货比三家，是指招标人或招标代理机构以询价通知书的方式邀请三家以上特定的法人或者其他组织进行报价，通过对报价进行比较来确定中标人。询价采购是一种简单快速的采购方式，一般在采购货物的规格、标准统一、货源充足且价格变化幅度小时采用。

4. 单一来源采购

单一来源采购，是指招标人或招标代理机构以单一来源采购邀请函的方式邀请生产、销售垄断性产品的法人或其他组织直接进行价格谈判。单一来源采购是一种非竞争性采购，一般适用于独家生产经营、无法形成比较和竞争的产品。

12.1.4　招标程序

一般招标流程：项目报建→招标申请→市招投标中心送审→编制工程标底和招标文件→发布招标公告或投标邀请书→投标人资格审查→招标会→制作标书→开标→评标→定标→签订合同。

1. 发布招标公告或投标邀请书（略）

2. 开标

开标应当在招标文件预先确定的时间和地点公开进行，由招标人主持，邀请所有投标人参加。开标时，由投标人或者其推选的代表检查投标文件的密封情况，也可以由招标人委托的公证机构检查并公证；经确认无误后，由工作人员当众拆封，宣读投标人名称、投标价格和投标文件的其他主要内容。开标过程应当记录，并存档备查。

3. 评标

评标由招标人依法组建的评标委员会在严格保密的情况下进行。评标委员会由招标人的代表和有关技术、经济等方面的专家组成，成员人数为五人以上单数，其中技术、经济等方面的专家不得少于成员总数的2/3。

4. 定标

中标人确定后，招标人应当向中标人发出中标通知书，并同时将中标结果通知所有未中标的投标人。中标通知书对招标人和中标人具有法律效力。中标通知书发出后，招标人改变中标结果的，或者中标人放弃中标项目的，应当依法承担法律责任。

5. 签订合同

招标人和中标人应当自中标通知书发出之日起30日内，按照招标文件和中标人的投标文件订立书面合同。同时，招标人应当自确定中标人之日起15日内，向有关行政监督部门提交招标投标情况的书面报告。

12.1.5 投标

1. 什么是综合布线系统工程投标

综合布线系统工程投标通常是指系统集成施工单位（一般称为投标人）在获得了招标人工程建设项目的招标信息后，通过分析招标文件，迅速而有针对性地编写投标文件，参与竞标的一种经济行为。

2. 投标人及其资格

投标人是响应招标、参加投标竞争的法人或者其他组织。

两个或两个以上法人或者其他组织可以组成一个联合体，以一个投标人的身份共同投标。

3. 分析工程项目招标文件

招标文件是编制投标文件的主要依据，投标人必须对招标文件进行仔细研究。

4. 编制项目投标文件

投标人应当按照招标文件的要求编制投标文件，并对招标文件提出的实质性要求和条件作出响应。

投标文件的编制主要包括：投标文件的组成，投标文件的格式，投标文件的数量，投标文件的递交，投标文件的补充、修改和撤回。

5. 工程项目投标报价

工程项目投标报价主要包括三个方面，分别是：工程项目造价的估算、工程项目投标报价的依据和工程项目投标报价的内容。

12.1.6 评标

1. 项目评标组织

评标工作是招投标中重要的环节，由招标办、业主、建设单位的上级主管部门、建设单位的财务、审计部门及有关技术专家共同参加，一般由采购部门在预先建立的专家库中抽取5～7名行业专家。评标组织应在评审前编制评标办法，按招标文件中所规定的各项标准确定商务标准和技术标准。

商务标准是指技术标准以外的全部招标要素，如投标人须知、合同条款所要求的格式，特别是招标文件要求的投标保证金、资格文件、报价、交货期等。

技术指标是指招标文件中技术部分所规定的技术要求、设备或材料的名称、型号、主要技术参数、数量和单位，以及质量保证、技术服务等。

2. 项目评标方法

评标的方法目前主要有两种：综合评价法和最低评标价法。

1）综合评价法

综合评价法能够最大限度地满足招标文件中规定的各项综合评价标准，具体有两种操作方式。

（1）专家评议法。主要根据标书中报价、资质、方案的设计和性能、施工组织计划、工程质量保证和安全措施等进行综合评议，专家经过讨论或投票，集中大多数人的意见，选择出各项条件较为优良者，推荐为中标单位。

（2）打分法。按投标书及答辩中的商务和技术的各项内容采用无记名的方式填表打分，一般采用百分制，得分最高的单位即为中标者。评标结束后，评标小组提出评标报告，评委均应签字确认，文件归档。

2）最低评标价法

最低评标价法能够满足招标文件的实质性要求，并且经评审的投标价格最低，但是投标价格低于成本的除外。在严格预审各项条件均符合投标书要求的前提下，选择最低报价单位作为中标者。

3. 项目评标标准

评标的具体标准多种多样，每个项目都有其特点，标准也不尽相同，表12-1和表12-2中所示的两种评分标准可供参考。

表12-1　评分表1

序号	投标单位	技术方案	产品			报价	施工		资质	业绩	培训	售后服务	总分
			指标	可靠性	品牌		措施	计划					
		25	5	5	5	30	5	5	5	5	5	5	100

表12-2　评分表2

评标项目	评标细则	得分
投标报价（45）	报价（40）	
	产品品牌、性能、质量（5）	
设计方案（15）	方案的先进性、合理性、扩展性（5）	
	图纸的合理性（3）	
	系统设计的合理性、科学性（4）	
	设备选型合理性（3）	
施工组织计划（10）	施工技术措施（2）	
	先进技术应用（2）	
	现场管理（2）	
	施工计划优化及可行性（4）	
工程业绩和项目经理（15）	近三年完成重大工程（3）	
	管理能力和水平（3）	
	近三年工程获奖情况（2）	
工程业绩和项目经理（15）	项目经理技术答辩（5）	
	项目经理业绩（2）	
质量工期保障措施（5）	工期满足标书要求（2）	
	质量工期保证措施（3）	
履行合同能力（5）	注册资本（1）	
	ISO 9000/14000等认证（2）	
	重合同守信誉及银行资信证明（2）	
优惠条件（2）	有实质性优惠条件（2）	
售后服务承诺（3）	本地有服务部门（2）	
	客户评价良好（1）	
总分（100）		

投标单位：

4. 定标及履约

确定中标单位后，公开发布中标通知。中标单位得到通知后到采购部门领取中标通知书，持中标通知书与项目建设单位签订合同，开始综合布线工程实施。

12.1.7 合同条款

依据合同的适用范围，合同可以分为通用合同和专用合同两大类，通用合同条款的内容是按我国各建设行业工程合同管理中的共性规则制定的。专用合同条款则根据各行业的管理要求和具体工程的特点，由各行业在其施工招标文件范本中自行制定。在一般的建设行业工程实施过程中普遍使用通用合同，对于部分具有本身特点和要求的行业，可以在通用合同基础上增加专用合同条款进行进一步约定。

下面主要针对通用合同进行介绍和分析：

1. 通用合同条款组成

《中华人民共和国标准施工招标文件》中的通用合同条款全文共24条130款，分为以下八组，如表12-3所示。

表12-3 通用合同条款

序号	合同条款约束范围	功能描述	条款具体内容
1	合同主要用语定义和一般性约定	对合同中使用的主要用语和常用语予以专门定义；对相关合同文件的通用性解释和一般性说明	1. 一般约定
2	合同双方的责任、权利和义务	约定合同双方的责任、权利和义务	2. 发包人义务
			3. 监理人
			4. 承包人
3	合同双方的施工资源投入	列出双方投入施工资源的责任及其具体操作内容	5. 材料和工程设备
			6. 施工设备和临时设施
			7. 交通运输
			8. 测量放线
			9. 施工安全、治安保卫和环境保护
4	工程进度控制	列出双方对工程进度控制的责任及其具体操作内容	10. 进度计划
			11. 开工和竣工
			12. 暂停施工
5	工程质量控制	列出双方对工程质量控制的责任及其具体操作内容	13. 工程质量
			14. 试验和检验
6	工程投资控制	列出双方对工程投资控制的责任及其具体操作内容	15. 变更
			16. 价格调整
			17. 计量和支付
7	验收和保修	列出双方对工程竣工验收，缺陷修复，保修责任及其具体操作内容	18. 竣工验收
			19. 缺陷责任与保修责任
8	工程风险、违约和索赔	列出双方对工程风险、违约和索赔的责任及具体操作内容	20. 保险
			21. 不可抗力
			22. 违约
			23. 索赔
			24. 争议的解决

2. 常用合同格式

合同协议书应按"施工招标文件"确定的格式拟定，合同协议书是合同双方的总承诺，合同常见格式的具体内容应约定在协议书附件和以下文件中：

（1）中标通知书应由发包人在施工招标确定中标人后，按"施工招标文件"确定的格式拟定。

（2）投标函及投标函附录中包含有合同双方在合同中相互承诺的条件，应附入合同文件。

（3）专用合同条款和通用合同条款是整个施工合同中最重要的合同文件，它根据合同法的公平原则，约定了合同双方在履行合同全过程中的工作规则。各行业自行约定的行业规则不能违背本通用合同条款已约定的通用规则。

（4）"技术标准和要求"的内容是施工合同中根据工程的安全、质量和进度目标，约定合同双方应遵守的技术标准的内容和要求，技术标准中的强制性规定必须严格遵守。

（5）"图纸"是施工合同中为实施工程施工的全部工程图纸和有关文件。

（6）已标价的工程量清单是投标人在投标阶段的报价承诺，合同实施阶段用于发包人支付合同价款，工程完工后作为合同双方结清合同价款的依据。

（7）"其他合同文件"是合同双方约定需要写入合同的其他文件。

12.2　网络综合布线工程技术实训室项目的招投标

结合网络综合布线工程技术实训室项目招投标的特点，重点对网络综合布线工程技术实训室项目招标文件编制和投标文件制作过程中应注意的一些问题和技巧进行简单介绍。

项目招标技术文件一般由实训室的使用单位编制。招标商务文件一般由招标执行机构根据《中华人民共和国招标投标法》进行编制。

网络综合布线工程技术实训室在编制招标技术文件时，主要考虑以下因素：

（1）实训设备必须能够进行网络综合布线设计和工程技术实训。

（2）实训设备必须具有很好的重复实训性，保证多批学生进行多次实训。

（3）实训设备要有较长的使用寿命，提高学校资金的利用效率。

（4）实训设备必须保证整班学生能够进行分组实训。相同实训项目，实训结果必须相同，并且每组实训难易程度相同。

（5）实训设备最好能够进行无尘操作，重点突出工程技术实训。

（6）实训设备扩展功能强大，增加器材后，可以扩展其他实训项目。

（7）实训设备为模块化设计，可以根据学院教室尺寸进行灵活调整。

例如，某学校计算机网络专业根据教学和实训需要，在充分考虑各项因素后，编写的网络综合布线工程技术实训室项目招标技术要求如下：

1. 带显示系统的网络配线实训装置12台

1）设备结构

安装带显示系统的网络压接线实验仪1台，网络跳线测试仪1台，配线架2个，110跳线架2个，理线环2个，零件/工具盒1个，地弹式RJ-45网络插座、RJ-11语音插座和220 V电源插座各1个，2人/台同时实训。产品长0.6 m，宽0.53 m，高1.8 m，型号为KYPXZ-01-05。

2）设备功能

（1）能够进行网络双绞线配线和端接实训，每台设备每次端接6根双绞线的两端，每根双绞线两端各端接线8次，每次实训每人端接线96次，每芯线端接有对应的指示灯显示压接线连接状况和线序，能够直观判断网络双绞线的跨接、反接、短路、断路等故障。

（2）能够制作和测量4根网络跳线，对应指示灯显示两端RJ-45接头的压接线连接状况和线序，能够直观判断铜缆的跨接、反接、短路、断路等故障。

（3）能与配线架、跳线架组合进行多种压接线和端接实训，仿真机柜内配线和端接。

（4）能够模拟配线和端接常见故障，如跨接、反接、短路、断路等。

（5）实训设备必须具有5000次以上的端接实训功能。

（6）能够搭建多种网络链路和测试链路的平台。

2. 全钢结构的网络综合布线实训装置1套

1）设备结构

全钢结构，由12模块组成12个角的"丰"字形结构，每个角4人，满足48人同时实训。同时或者交叉模拟网络综合布线工程的12个工作区、12个设备间、12个垂直、12个水平、12个管理等子系统实训。根据实训室尺寸和教学需要，要求产品外形尺寸：长7.92 m，宽2.64 m，高2.6 m。每个模块尺寸：长1.2 m，宽0.24 m，高2.6 m。适合任意楼层安装。

2）设备功能

（1）具有网络综合布线设计和工程技术实训平台功能。

（2）保证全班40～50名学生同时实训，满足12组学生（每组4～5人）同时或者交叉实现综合布线工程6个子系统实训功能。

（3）能够同时实现12个工作区子系统、12个设备间子系统、12个垂直子系统或12个水平子系统等项目的实训功能。

（4）综合布线实训设备必须为全钢结构，预设100 mm×100 mm或100 mm×80 mm间距的各种网络设备、插座、线槽、机柜等安装螺孔，实训过程必须保证无尘操作，突出工程技术实训。

（5）保证实训次数5000次以上，实训设备的寿命10年以上。

（6）实训一致性好，相同实训项目，实训结果必须相同，并且每组实训难易程度相同。

（7）具有搭建多种网络永久链路、信道链路和测试链路的平台功能。

（8）综合布线实训装置外形尺寸为长7920 mm，宽2640 mm，高2600 mm，适合教室安装。

12.3 典型行业应用案例

——青岛职业技术学院综合布线实训室改造项目招标文件

1. 招标文件封面（略）

2. 目录

第一部分 投标邀请函

第二部分 投标人须知

第三部分 项目需求及技术要求

第四部分 合同一般条款

第五部分 合同特殊条款

第六部分 开标、评标和定标

第七部分 合同授予

第八部分 附件

3. 第一部分 投标邀请函

山东中钢招标有限公司（以下简称招标公司）受青岛职业技术学院的委托，对其网络综合布线工程技术实训室通用设备采购项目及其相关服务以国内公开招标的方式进行政府采购。欢迎符合条件的合格投标人参加投标。

（1）项目编号：SDSITC-0185006。

（2）项目名称：网络综合布线工程技术实训室通用设备。

（3）项目内容：带显示系统的网络配线实训装置6台、全钢结构的网络综合布线实训装置一套、配套实训工具一批、配套实训消耗材料一批、桥架改造、地面和电源改造，本项目作为一个包进行采购。

（4）对投标人的要求：

① 具有独立法人资质，注册资金须在100万元以上。

② 具备履行合同所需的财务、技术和生产供货能力。

③ 提供的资格、资质文件和业绩情况均真实有效，具有良好的商业信誉，在以往的商业活动中无违法、违规、违纪、违约行为。

④ 货物制造厂家的投标授权书原件（投标人为贸易公司/代理商时提供）。

⑤ 项目涉及的专利产品，必须提供专利权人产品销售授权书原件和专利证书复印件。

（5）招标文件售价：每套200元人民币，售后不退（如欲邮购另加邮费50元人民币，招标公司对邮寄过程中的遗失或延误不负责任）。

（6）如未注册为青岛市政府采购供应商的，请及时登录青岛政府采购网站，按通知要求办理注册手续，注册供应商才具有购买采购文件的资格。

（7）招标文件发售时间、地点（以下均为北京时间）：自2008年6月24日起至2008年7月17日，每天上午9:00—11:30，下午14:00—17:00在青岛市福州北路1号政府采购市场1楼大厅发售（节假日除外）。

（8）踏勘现场安排：本项目定于2008年7月10日上午10:00在青岛职业技术学院北门门口集合统一组织踏勘现场。

（9）需对本招标文件提出询问，请于自2008年7月2日9:00前与招标公司联系（技术方面的询问请以信函或传真的形式提出）。

（10）递交投标文件时间和地点：自2008年7月18日下午13:40—14:30在青岛市福州北路1号政府采购市场2楼1号开标室。

（11）递交投标文件截止时间和开标时间：2008年7月18日下午14:30。逾期收到的投标文件恕不接收。

（12）投标和开标地点：青岛市福州北路1号政府采购市场2楼1号开标室。

（13）联系方式：（略）

山东中钢招标有限公司

2008年6月23日

273

单元12 综合布线工程招投标

4. 第二部分 投标人须知

1）定义

（1）"用户"系指青岛职业技术学院。

（2）"投标人"系指参与投标的独立企业法人。

（3）"评标委员会"系指根据《中华人民共和国招标投标法》的规定，由专家和用户组成，确定中标人的临时组织。

（4）"中标人"系指由评标委员会综合评审确定的对招标文件做出实质性响应较强，综合竞争实力最优，取得与用户签订合同资格的投标单位。

（5）"招标机构"系指山东中钢招标有限公司。

2）招标文件说明

（1）适用范围：本招标文件仅适用于本次投标邀请函中所叙述的项目。

（2）招标文件的澄清或修改。招标代理机构对招标文件必要的澄清或修改内容须在提交投标文件的截止时间前，以书面形式通知所有已领取招标文件的投标人。澄清或修改的内容作为招标文件的组成部分。

（3）招标文件的澄清。各潜在投标人对招标文件如有疑问，可要求澄清，要求澄清的潜在投标人应在投标截止时间15日前按投标邀请函载明的联系方式以书面形式（包括信函、传真）通知到招标代理机构。

（4）所有参加投标报价的投标人递交的投标文件将按有关规定予以存档，无论中标与否，投标人递交的一切投标材料均不予退还。

（5）本次招标的所有程序与做法，均适用《政府采购货物和服务招标投标管理办法》。

（6）本次招标不接收联合体投标。

3）投标文件的编写

投标人应按招标文件要求准备投标文件，并保证所提供的全部资料的真实性、准确性及完整性，以使其投标对招标文件作出实质性响应，否则其资格有可能被评标委员会否决。

（1）投标文件的组成：

资格、资质证明文件：

① 投标函（见附件格式）。

② 企业法人营业执照副本复印件（须加盖公司公章）。

③ 投标单位基本情况表（见附件格式）。

④ 法定代表人授权委托书（见附件格式）及全权代表的身份证复印件。

⑤ 产品代理或销售资格证书、产品质量认证证书、技术合格证书、产品检测报告、产品样册等。如国家规定须许可生产经销的，则还应提供许可证。

⑥ 税务登记证、资信证明文件的复印件。

⑦ 本次投标不接受各种形式的联合投标单位。

⑧ 打分表中要求提供的及投标人认为需要提交的其他相关证明文件。

投标报价表：

① 标报价一览表（见附件格式）。

② 报价货物数量、价格表（见附件格式）。

③ 技术偏离表（见附件格式）。

商务文件：

①有完成同类项目的经验，提供2005年1月1日以后类似项目经营业绩一览表（包括用户名称、金额、联系人、联系电话、合同）。

②商务情况表（格式附后）。

③打分表中要求提供的及投标人认为须加以说明的其他内容。

（2）投标文件的密封和标记

①投标人应准备七份打印的投标文件，一份正本和六份副本。每份投标文件必须装订成册。在每一份投标文件上注明"正本"或"副本"字样。一旦正本和副本有差异，以正本为准。

②投标人应将招标文件密封，并在封口启封处加盖单位公章。

③为方便唱标，请投标人另外准备一式两份"投标报价一览表"，单独密封在一个信封内与投标文件同时提交。

（3）投标文件的递交

①递交投标文件的截止时间：按第一部分"招标邀请函"的规定。

②招标过程中招标文件有实质性变动的，招标机构将书面通知所有的投标人。

③本次招标过程中，各投标人只有一次报价的机会，且为含税全包价。

④如果报价表大写金额与小写金额不一致，以大写金额为准。单价与总价如有出入，以单价合计为准。

4）合格的投标人

符合以下条件的投标人即为合格的投标人：

（1）在中华人民共和国工商管理部门注册具有企业法人资格，并具备招标文件所要求的资格、资质。

（2）提供的资格、资质证明文件真实有效。

（3）向山东中钢招标有限公司购买了招标文件并登记备案。

（4）在以往的招标活动中没有违纪、违规、违约等不良行为。

（5）遵守《中华人民共和国招标投标法》《中华人民共和国政府采购法》及其他有关的法律法规的规定。

5）投标文件的有效期

自提交投标文件之日起90日内。

6）投标费用

各投标人自行承担所有参与招标的有关费用。

7）保证金

（1）投标人在递交投标文件的同时，需提交人民币5000元的投标保证金，没有交纳保证金的投标人，投标文件不予接收。

（2）保证金以支票、汇票、现金的形式交纳。

（3）未中标投标人的保证金，在公布中标结果后无息退还。中标者的投标保证金在签订合同且验收合格后一周内无息退还。

（4）投标人发生第二部分第8项中所列情况的[第1）、3）项除外]，其保证金将被没收。

8）无效的投标

（1）未按本部分的要求（密封、签署、盖章）提供报价文件。

（2）提供的有关资格、资质证明文件不真实，提供虚假投标材料的。

（3）未向招标机构交纳足额投标保证金的。

（4）公开唱标后、投标人撤回投标，退出招标活动的。

（5）投标人串通投标的。

（6）投标人向招标机构、用户、专家提供不正当利益的。

（7）中标人不按规定的要求签订合同。

（8）法律、法规规定的其他情况。

投标人有上述行为之一的，招标机构将严格按照《中华人民共和国招标投标法》《中华人民共和国政府采购法》及有关法律、法规、规章的规定行使其权力。给招标机构造成损失的，招标机构有索赔的权利。给用户造成损失的，应予以赔偿。

9）中标服务费

中标人在中标后需向招标公司交纳中标服务费，交费金额按照国家计委颁布的《招标代理服务收费管理暂行办法》中规定的差额定率累进法计算，如表12-4所示。

表12-4　中标服务费标准

中标金额/万元	费率/%
< 100	1.5
100~500	1.1
500~1000	0.8

5. 第三部分　项目需求及技术要求

1）项目概况

对网络综合布线工程技术实训室进行改造。本次改造要在充分利用实训室原有设备、工具和材料的基础上，再采购一批实训设备。改造后的实训室必须包括以下4个功能区域：网络配线和端接实训区、网络综合布线工程技术实训区、网络测试和光纤熔接实训区、工具器材存放保管区。能够满足40～50人同时进行网络配线和端接、网络综合布线6个子系统工程技术实训以及网络测试和光纤熔接技术实训。改造后的实训室应当从工程应用的角度出发，重点突出综合布线工程技术实训，体现"零"距离就业思想。

2）功能要求

改造后的网络综合布线工程技术实训室必须具备以下功能：

（1）网络综合布线工程技术中的配线和端接实训功能。

① 能够进行6根双绞线压接。

② 能够制作和测量4根网络跳线。

③ 能与网络配线架、通信跳线架组合进行多种压接线和端接实训，仿真工程机柜内配线和端接。

④ 能够搭建多种网络链路和测试链路的平台。

（2）网络综合布线6个子系统工程技术操作和实训功能。

① 保证全班学生同时实训，满足12组学生（每组4～5人）同时或者交叉进行综合布线工程6个子系统实训。能够同时开展12个工作区子系统，12个设备间子系统，12个垂直子系统，12个水平子系统等项目的实训。并且每组实训项目的难易程度相同。

276

② 综合布线实训设备必须为全钢结构，必须预设100 mm×100 mm或100 mm×80 mm间距的各种网络设备、插座、线槽、机柜等安装螺孔。实训过程必须保证无尘操作，重点突出工程技术实训。

③ 保证实训次数5000次以上，实训设备寿命10年以上。

④ 实训一致性好，相同的综合布线实训设计项目，实训结果必须相同。

⑤ 综合布线实训装置扩展功能强大，增加设备后能够扩展为电视监控系统、报警系统、可视门警系统等智能化管理系统实训平台等。

（3）综合布线6个子系统工程应用演示功能。

（4）综合布线材料现场制作和加工功能。

（5）网络链路分析和测试功能。同时提供多个网络测试分析链路平台。

（6）光纤熔接技术实训功能。

（7）强大的扩展功能：

增加器材后（注：本次招标不需要增加），可以扩展以下实训项目。

① 智能化管理系统工程技术实训平台功能。

② 监控报警和可视门警工程技术实训平台功能。

③ 消防工程技术实训平台功能等。

3）对网络综合布线工程技术实训室的改造要求

（1）改造后的网络综合布线工程技术实训室须增加以下设备：

网络综合布线工程技术实训室改造必须在充分利用实训室原有的网络交换机、网络测试仪、光纤熔接机和工具材料等的基础上，增加以下设备、工具和材料：

① 带显示系统的网络配线实训装置6台。

产品结构：产品长0.6 m，宽0.53 m，高1.8 m。安装带显示系统的网络压接线实验仪1台，网络跳线测试仪1台，配线架2个，110跳线架2个，理线环2个，零件/工具盒1个，地弹式RJ-45网络端口、RJ-11语音端口和220V电源端口各1个，2人/台同时实训。

② 全钢结构的网络综合布线实训装置1套（由12个模块组成）。

产品结构：全钢结构，由12模块组成12个角的"丰"字形结构，每个角4人，满足48人同时实训。同时或者交叉模拟网络综合布线工程的12个工作区、12个设备间、12个垂直、12个水平、12个管理等子系统，并模拟建筑群子系统。根据实训室尺寸和教学需要，产品外形尺寸：长7.92 m，宽2.64 m，高2.6 m。每个模块尺寸：长1.2 m，宽0.24 m，高2.6 m。适合任意楼层安装。

③ 配套实训工具（共11种，配套工程技术实训）。

手工锯、十字螺丝刀、活扳手、2m钢卷尺、φ20弯管器各14个。钢锯条4盒，1.5 m人字梯3个，正反转可调速的电动起子3把，φ8钻头20个。

线管存放架1套。长1.8 m，高1.8 m，4层棚板。

防滑垫4个。长1200 mm，宽800 mm，厚2 mm。防滑和保护不锈钢台面。

④ 配套实训消耗材料。（共27种，配套工程技术实训）

39×18 PVC线槽60 m。阴角、阳角、直角、三通、堵头各24个，可重复拆卸。

20×10 PVC线槽60 m。阴角、阳角、直角、三通、堵头各24个，可重复拆卸。

φ40 PVC线管60 m。弯头、直接头、三通各24个，带φ6孔的40管卡200个。

φ20 PVC线管60 m。弯头、直接头、三通各24个，带φ6孔的20管卡200个。

专用三角支架60个。长度125 mm×125 mm，带多功能安装孔。

专用十字螺钉2000个。M6×16。

ϕ3防水钢缆50 m，ϕ6U型卡48个，塑料线扎4包。

⑤ 配有《网络综合布线系统工程技术实训教程》实训指导手册。

实训指导手册中详细列出每项实训目的、实训要求、实训设备和材料及工具、实训步骤、实训报告要求以及实训相关知识等内容，方便老师安排实训内容和时间。

⑥ 配有《网络综合布线PPT教学课件》。图文并茂，指导教学实训，方便老师备课。

⑦ 配有《网络综合布线实训指导VCD光盘》。以影音形式指导实训，方便教学。

⑧ 配有《网络综合布线教学挂图》8幅。综合布线工程常用设备、器材介绍。

⑨ 提供GB 50311—2007《综合布线工程设计规范》和GB 50312—2007《综合布线工程验收规范》两个国家标准。

（2）对原有金属桥架、地面、电源的改造和原有设备的利用：

① 金属桥架改造。

学院教室原有桥架：原有宽200 mm，高100 mm的镀锌金属桥架23 m，沿墙三边安装。

桥架改造要求：拆除原有桥架、现场切割、开孔、增加100 mm×200 mm水平三通4个，100 mm×200 mm水平直角2个（同时利用学院原有2个），表面刷漆成为同一个颜色后，重新安装在实训装置顶部，作为水平布线实训使用。

② 地面改造：

教室尺寸：长11.7 m，宽7.8 m，面积91 m²。

改造方式：拆除原有抗静电地板，铺设800 mm×800 mm防滑瓷砖，包括踢角线。

③ 前门门扇改造：将前门门扇锯短40～50 mm后，重新安装。

④ 电源插座改造：在教室两边安装5个220 V/16 A电源插座，将电源通过顶部引入布线实训装置，并且安装电源插座，1个/角，共17个。负责将现有UPS输出电源引到北侧实训室的配电箱中。

⑤ 能够利用原有的网络测试仪和光纤熔接机设备。

⑥ 能够利用原有的网络机柜、工具柜。

⑦ 能够利用原有的网络配线架、通信跳线架和5对连接块。

⑧ 能够利用原有的网络插座、模块、缆线等器材。

4）实训项目要求

改造后的网络综合布线工程技术实训室必须能够完成以下实训项目。

（1）网络配线实训项目。

（2）网络跳线制作和测试实训项目。

（3）综合布线——垂直子系统的安装和布线实训。

（4）综合布线——水平子系统的安装和布线实训。

（5）综合布线——设备间子系统的安装方法和技巧实训。

（6）综合布线——工作区子系统的安装和布线实训。

（7）综合布线——管理间子系统的安装和布线实训。

（8）综合布线——建筑物子系统安装和布线实训。

（9）网络链路测试实训项目。

（10）光纤熔接和测试实训项目。

5）设备采购清单

货物需求一览表：

（1）带显示系统的网络配线实训装置6台。

（2）全钢结构的网络综合布线实训装置1套。

（3）配套实训工具。

（4）配套实训消耗材料。

（5）桥架改造。

（6）地面和电源改造。

6）相关要求

（1）货物制造厂家的投标授权书原件（投标人为贸易公司时提供）。

（2）项目涉及的专利产品，必须提供专利权人的产品销售授权书和专利证书复印件。

（3）生产厂家商标注册证书复印件。

（4）产品彩页原件2份。注：投标厂家必须承诺所提供设备必须达到或超出投标设备所对应的产品样册确定的指标。

（5）必须提供配套的实训指导手册，用户需要自己印刷时，必须提供著作权人授权书原件，并且免收著作权费。

（6）必须提供GB 50311—2007《综合布线工程设计规范》和GB 50312—2007《综合布线工程验收规范》两个国家标准以及Word电子版。

（7）制造厂家必须在该实训室现场免费培训实训指导老师，负责免费颁发《综合布线认证工程师证书》5个，在制造厂家免费培训2名以上校方实训指导老师，并且对学生培训取证提供优惠。

（8）该实训室总体要求及布置见附图。

7）服务相关要求

（1）投标要求：本项目为交钥匙工程，所有设施设备、线槽防护等安装相关材料均由中标单位负责提供，所涉及的全部费用包含在投标总报价内。

（2）报价人提供的商品的技术规格应该符合标书技术要求。如在《技术规格偏差表》中未明确说明具体偏差，则等同于报价方声明投标设备完全符合标书技术要求。

（3）免费送货安装调试，每种类型设备提供2个以上名额的人员培训，确保受训人员能够独立熟练地进行操作、能够独立完成基本的维护保养和维修。

（4）供应商应具备完善的售后服务体系，有固定的售后服务机构并有能力及时处理所有可能发生的故障。

6. 第四部分 合同一般条款（略）

7. 第五部分 合同特殊条款（略）

8. 第六部分 开标、评标和定标

1）公开报价

（1）开标时间：按本招标文件第一部分《投标邀请函》规定的时间。

（2）开标地点：按本招标文件第一部分《投标邀请函》规定的地点。

（3）检查招标文件密封情况：由投标人授权代表检查投标文件的密封情况，也可以由招标人委托的公证机构检查并公证，并请各投标人授权代表签字确认。

（4）唱标：密封情况经确认无误后，由招标工作人员对投标人的投标文件当众拆封，并宣读"开标一览表"。

2）评标委员会

山东中钢招标有限公司将根据本项目的特点依法组建评标委员会，其成员由招标人和有关技术、经济等方面的专家组成，成员人数为5人以上（含5人）的单数。其中，技术、经济等方面的专家不得少于成员总数的2/3。

评标委员会独立履行下列职责：

（1）审查投标文件是否符合招标文件要求，并做出评价。

（2）要求投标人对投标文件有关事项做出解释或者澄清。

（3）推荐中标候选投标人名单，或者受招标人委托按照事先确定的办法直接确定中标投标人。

（4）向招标单位或者有关部门报告非法干预评标工作的行为。

3）评标原则和评审办法

（1）评标原则

"公开、公平、公正、择优、效益"为本次招标的基本原则，评标委员会按照这一原则的要求，公正、平等地对待各投标人。同时，在评标过程中遵守以下原则：

① 客观性原则：评标委员会将严格按照招标文件要求的内容，对投标人的投标文件进行认真评审。评标委员会对投标文件的评审仅依据投标文件本身，而不依据投标文件以外的任何因素。以招标文件的要求为基础，对有利于招标人的改进设计方案，在不提高报价的前提下可以考虑或接受。

② 统一性原则：评标委员会将按照统一的原则，对各投标人的投标文件进行评审。

③ 独立性原则：评审工作在评标委员会内部独立进行，不受外界任何因素的干扰和影响，评标委员会成员对出具的专家意见承担个人责任。

④ 保密性原则：评标委员会成员及有关工作人员将保守投标人的商业秘密。

⑤ 综合性原则：评标委员会将综合分析评审投标人的各项指标，而不以单项指标的优劣评定中标人。

（2）评审办法

本次招标采用综合评分法，评标委员会成员在最大限度地满足招标文件实质性要求的前提下，按照招标文件中规定的各项因素进行综合评审后，以评审总得分最高的投标人作为预中标人或中标人。

（3）评审程序

本次公开招标根据财政部《政府采购货物和服务招投标管理办法》及财库[2007]2号文件的相关规定采用综合评分法进行评标。评标严格按照招标文件的要求和条件进行。通过评定积分办法确定中标人或预中标人。相同积分的选择报价低的投标人。积分与报价均相同的情况下，按技术方案的优劣确定中标人或预中标人。不能满足招标文件中对资质、产品配置、技术性能参数要求的，评委不予考虑或根据实际情况酌情扣分。报价超出采购预算的，不列入报价评分范围内且报价得分为0分。

① 初步评审，确定合格的投标人。符合招标文件投标邀请函及"第二部分第四条"规定的投标人即为初审合格的投标人。

② 投标文件的澄清。对投标文件中含义不明确、同类问题表述不一致或者有明显文字和计算错误的内容，评标委员会可以书面形式要求投标人做出必要的澄清、说明或者纠正。投标人

的澄清、说明或者补正应当采用书面形式，由其授权的代表签字，并不得超出投标文件的范围或者改变投标文件的实质性内容。

③ 比较与评价。对投标人进行询标答疑后，评标委员会按照招标文件规定的评分方法和标准，对各合格投标人的投标文件进行商务和技术评估，综合比较与评价。

综合评分法的评分因素、分值（各项因素分值之和为100）。

本次招标采用综合评分法，谈判小组成员在最大限度地满足采购文件实质性要求前提下，按照采购文件中规定的各项因素进行综合评审后，以评审总得分最高的供应商作为成交供应商。评分标准和具体内容见表12-5和表12-6。

表12-5 评分标准

评　分　项　目	价　格　得　分	商　务　评　分	技　术　评　分
权重	30分	25分	45分

表12-6 评分标准具体内容

评　分　项　目		分　　数	评　分　办　法
价格部分30分	投标报价	30分	最终报价等于评标价的为30分，投标报价得分=（评标基准价/投标报价）×30。评标价的计算方法：有效标书的最低报价即为评标价。报价超过预算得0分，为非有效标书，不列入评标价的计算范围
商务部分25分	企业类似业绩经验	10分	自2005年（含2005年）以后的合同金额在50万以上（含50万元）的同类项目销售合同，每项得2分。最高得10个，加满为止。以合同原件为准，报价文件中提供复印件，否则该项不得分
	售后服务	15分	在满足标书要求的前提下，免费保修时间每提高壹年给予5分加分，最高加15分
技术部分45分	技术响应程度	30分	技术指标完全满足采购文件的要求，各种技术参数、性能及服务质量最优得28～30分
			技术指标基本满足采购文件要求有细微偏差得24～27分
			技术指标偏离较大的得15～23分
			技术指标主要参数不能满足要求的作无效投标处理
		5分	技术指标优于采购文件的，每项加1分，满分5分
	设备及服务质量	10分	在山东省内有常设服务机构，并具备相应的服务能力
			售后服务承诺优于招标文件规定的，给予0～5分的加分

对所有合格供应商的最终得分进行排序，确定得分最高的供应商为成交供应商。

注1：以上商务评分中的企业业绩材料必须于开标前提交原件，没有提交原件的对应项不得分。所有原件应与报价文件同时递交至开标地点，开标后提交的材料不予接收。供应商须在报价文件中同时附有以上原件的复印件。

注2：当评审委员会成员为5人或5人以上单数时，评审委员会对每个有效投标人的标书进行打分，在汇总计算各投标人技术评分时，将去掉各评委打分的最高分和最低分。

注3：为有助于对招标相应文件的审查、评比，招标人保留派人对投标人包括（但不限于）类似业绩、技术力量、设备、施工管理、在建或已竣工项目质量、企业信誉等内容进行考察的

权利，考察时，投标人应予配合、支持，考察费用由招标人承担。如考察情况与投标文件不符，招标人有权取消中标人的中标资格。

4）中标通知书

评标结束后，由山东中钢招标有限公司向中标人签发《中标通知书》。

9．第七部分　合同授予

1）签订合同

《中标通知书》发出后七个工作日内，由用户和中标人签订合同。合同签定的内容不能超出招标文件、评标过程中的补充承诺、最终书面投标的实质性内容。

2）合同格式（附后）

合同一式四份，用户、中标人双方签字盖章后生效。用户执两份，中标人、招标机构各执一份。

3）履约保证金

具体由用户与中标方在合同中约定。

10．第八部分　附件

1）投标函格式

山东中钢招标有限公司：

经研究，我们决定参加（项目编号为：SDSITC-0185006）网络综合布线工程技术实训室通用设备项目的投标活动并提交投标文件。为此，我方郑重声明以下诸点，并负法律责任。

我方按规定提交投标文件。

如果我们的投标文件被接受，我们将履行投标文件中规定的第一项要求，并按我们投标文件中的承诺，保证按期完成项目的实施。

我们理解，最低投标报价不是中标的唯一条件，你们有选择中标人的权利。

我方愿按《中华人民共和国合同法》履行自己的全部责任。

我们同意按招标文件要求交纳保证金，遵守贵机构对本次项目所做的有关规定。

我方的投标文件自提交之日起有效期为90日。

我方若未中标，贵机构有权不做任何解释。

2）其他投标相关表格（略）

12.4　练　习　题

1．填空题

（1）招标人是指提出招标项目、进行招标的_____或者_____。

（2）项目招标主要涉及三方面人员，一是_____，二是_____，三是_____。

（3）_____，一般在用户有紧急需要，或者由于技术复杂而不能规定详细规格和具体要求时采用。

（4）招标人和中标人应当自中标通知书发出之日起_____日内，按照招标文件和中标人的投标文件订立书面合同。

（5）监理人应忠实地执行发包人与承包人签署的施工合同，无权修改_____，监理人不是合同的_____。

（6）依据合同的适用范围，合同可以分为_____和_____两大类。

2. 简答题

（1）什么是综合布线系统工程招标？一般涉及哪些人员？

（2）招标文件应当包括哪些内容？

（3）工程项目招标的方式主要有哪几种？

（4）简述工程招标的一般流程。

通过对本单元的学习，熟悉综合布线工程管理常识和基本管理方法。

学习目标
- ●掌握综合布线工程项目管理常识和常用工作表。
- ●掌握综合布线工程现场管理、器材管理、进度和安全管理方法。

13.1 现 场 管 理

施工现场是指施工活动所涉及的施工场地以及项目各部门和施工人员可能涉及的一切活动的范围。现场管理工作应着重考虑对施工现场工作环境、居住环境、自然环境、现场物资以及所有参与项目施工的人员行为进行管理，应按照事前、事中、事后的时间段，采用制订计划、实施计划、过程检查、发现问题后对问题进行分析、制定预防和纠正措施的程序进行现场管理。施工现场管理的基本要求主要包括以下方面：

1. 现场工作环境管理

项目经理应按照施工组织设计的要求管理作业现场工作环境，落实各项工作负责人，严格执行检查计划，对于检查中所发现的问题进行分析，制定纠正及预防措施，并予以实施。对工程中的责任事故应按奖惩方案予以惩罚。

2. 现场居住环境管理

项目经理应对施工驻地的材料放置和伙房卫生进行重点管理，落实驻点管理负责人和工地伙房管理办法、员工宿舍管理办法、驻点防火防盗措施、驻点环境卫生管理办法，教育员工清楚火灾时的逃生通道，保证施工人员和施工材料的安全。

3. 现场周围环境管理

项目经理需要考虑施工现场周围环境的地形特点、施工的季节、现场的交通流量、施工现场附近的居民密度、施工现场的高压线和其他管线情况、与公路及铁路的交越情况、与河流的交越情况等，在此前提下进行施工作业，对重要环境因素应重点对待。

4. 现场物资管理

在工地驻点的物资存放方面，应根据施工工序的前后次序放置施工材料，并进行恰当标识，现场物资应整齐堆放，注意防火、防盗、防潮。物资管理人员还应做好现场物资的进货、领用的账目记录，并负责向业主移交剩余物资，办理相应手续。对于上述工作的完成情况，项目经理应在施工过程中进行检查，发现问题时应按相关要求进行处理。

13.2 技 术 管 理

1. 图纸审核

在工程开工前，工程管理及技术人员应该充分地了解设计意图、工程特点和技术要求。

1）施工图的自审

施工单位收到有关技术文件后，应尽快对施工图设计进行熟悉，写出自审的记录。自审施工图设计的记录应包括对设计图纸的疑问和对设计图纸的有关建议等。

2）施工图设计会审

一般由业主主持，由设计单位、施工单位和监理单位参加，四方共同进行施工图设计的会审。由设计单位的工程主设计人向与会者说明拟建工程的设计依据、意图和功能要求，并对特殊结构、新材料、新工艺和新技术提出设计要求。施工单位根据自审记录以及对设计图的了解，提出对施工图设计的疑问和建议；在统一认识的基础上，对所探讨的问题逐一地做好记录，形成"施工图设计会审纪要"，由业主正式行文，作为与设计文件同时使用的技术文件和指导施工的依据，以及业主与施工单位进行工程结算的依据。

审定后的施工图设计与施工图设计会审纪要，都是指导施工的法定性文件；在施工中既要满足规范、规程，又要满足施工图设计和会审纪要的要求。

图纸会审记录是施工文件的组成部分，与施工图具有同等效力，所以图纸会审记录的管理办法和发放范围同施工图管理、发放，应认真实施。

2. 技术交底

为确保所承担的工程项目满足合同规定的质量要求，保证项目的顺利实施，应使所有参与施工的人员熟悉并了解项目的概况、设计要求、技术要求、工艺要求。技术交底是确保工程项目质量的关键环节，是质量要求、技术标准得以全面认真执行的保证。

技术交底的内容：工程概况、施工方案、质量策划、安全措施、"三新"技术、关键工序、特殊工序（如果有的话）和质量控制点、施工工艺（遇有特殊工艺要求时要统一标准）、法律、法规、对成品和半成品的保护，制定保护措施、质量通病预防及注意事项。

13.3 施工现场人员管理

施工现场人员的管理包括：

（1）制定施工人员档案。

（2）携带有效工作证件。

（3）所有进入场地的员工均给予一份安全守则。

（4）加强离职或被解雇人员的管理。

（5）项目经理要制定施工人员分配表。

（6）项目经理每天向施工人员分发工作责任表。

（7）制定定期会议制度。

（8）每天均巡查施工场地。

（9）按工程进度制定施工人员每天的上班时间。

（10）对现场施工人员的行为进行管理，要求项目经理部组织制定施工人员行为规范和奖惩制度，教育员工遵守当地的法律法规、风俗习惯、施工现场的规章制度，保证施工现场的秩序。同时项目经理部应明确由施工现场负责人对此进行检查监督，对于违规者应及时予以处罚。

13.4 材料管理

材料的管理包括：

（1）做好材料采购前的基础工作。

工程开工前，项目经理、施工人员必须反复认真地对工程设计图纸进行熟悉和分析，根据工程测定材料的实际数量，提出材料申请计划，申请计划应做到准确无误。

（2）各分项工程都要控制住材料的使用。

（3）在材料领取、入库出库、投料、用料、补料、退料和废料回收等环节上尤其应引起重视，严格管理。

（4）对于材料操作消耗特别大的工序，由项目经理直接负责。具体施工过程中可以按照不同的施工工序，将整个施工过程划分为几个阶段，在工序开始前由施工员分配大型材料使用数量，工序施工过程中如发现材料数量不够，由施工员报请项目经理领料，并说明材料使用数量不够的原因。每一阶段工程完工后，由施工人员清点、汇报材料使用和剩余情况，材料消耗或超耗须分析原因并与奖惩挂钩。

（5）对部分材料实行包干使用，实行"节约有奖，超耗则罚"的制度。

（6）及时发现和解决材料使用不节约、出入库不计量，生产中超额用料等问题。

（7）实行特殊材料以旧换新，领取新料由材料使用人或负责人提交领料原因。材料报废须及时提交报废原因。以便有据可循，作为以后奖惩的依据。

13.5 安全管理

施工阶段的安全管理应采取安全控制措施。

施工阶段安全控制要点主要包括施工现场防火；施工现场用电安全；低温雨季施工防潮；机具仪表的保管、使用；机房内施工时通信设备、网络等电信设施的安全；施工过程中水、电、煤气、通信电（光）缆管线等市政或电信设施的安全；施工过程中文物保护；井下作业时的防毒、防坠落、防原有线缆损坏；公路作业的安全防护；高处作业时人员和仪表的安全等。部分安全控制点的控制措施内容如下：

1. 施工现场防火措施

施工现场实行逐级防火责任制，施工单位应明确一名施工现场负责人为防火负责人，全面负责施工现场的消防安全管理工作，根据工程规模配备消防员和义务消防员。

临时使用的仓库应符合防火要求。在机房施工作业使用电焊、气割、砂轮锯等时，必须有专人看管。施工材料的存放，保管应符合防火安全要求。易燃品必须专库存储，尽可能采取随用随进，专人保管、发放、回收。

熟悉施工现场的消防器材，机房施工现场严禁吸烟。电气设备、电动工具不准超负荷运行，线路接头要结实、牢固、防止设备线路过热或打火短路。现场材料的堆放不宜过多，垛之间保持一定防火间距。

2. 施工现场安全用电措施

临时用电和带电作业的安全控制措施应在《施工组织设计》中予以明确。

施工人员进入施工现场后，应组织实施安全教育，安全教育应强调用电安全知识。

施工现场需要临时用电时，操作人员应检查临时供电设施、电动机械与手持电动工具是否完好，是否符合规定要求，安装漏电保护装置注意防止过压、过流、过载及触电等情况发生；接通电源之前，应设警示标志；临时用电结束后，立即做好恢复工作。

操作人员带电作业时，应做到：临近电力线施工作业的，应视电力线带电；戴安全帽、穿绝缘鞋、戴手套，与电力线，尤其是高压电力线保持安全距离；在交流配电盘（箱、屏）、列柜及其他带电设备上作业时，操作人员应有保护措施，所用工具应做绝缘处理；严格操作规程，保持精力集中；带电施工过程中设专人看管电源闸箱，保持良好联络，随时做好应急准备。

3. 低温雨季施工控制措施

低温季节施工时，施工人员应尽量避免高空作业，必须进行高空作业时，应穿戴防冻、防滑的保温服装和鞋帽；吊装机具在低温下工作时，应考虑其安全系数；光缆的接续机具和测试仪表工作时应采取保温措施，满足其对温度的要求；车辆应加装防冻液、防滑链，注意防冻、防滑。

雨季施工时，雷雨天气禁止从事高空作业，空旷环境中施工人员避雨时应远离树木，注意防雷。雨天施工时，施工人员应注意道路状况，防止滑倒摔伤。

13.6 质量控制管理

质量控制主要表现为施工组织和施工现场的质量控制，控制的内容包括工艺质量控制和产品质量控制。影响质量控制的因素主要有"人、材料、机械、方法和环境"等五大方面。因此，对这五方面因素严格控制，是保证工程质量的关键。

具体措施如下：

（1）现场成立以项目经理为首，由各分组负责人参加的质量管理领导小组。

（2）承包方在工程中应投入受过专业训练及经验丰富的人员来施工及督导。

（3）施工时应严格按照施工图纸、操作规程及现阶段规范要求进行施工。

（4）认真做好施工记录。

（5）加强材料的质量控制是提高工程质量的重要保证。

（6）认真做好技术资料和文档工作，对于各类设计图纸资料仔细保存，对各道工序的工作认真做好记录和文字资料，完工后整理出整个系统的文档资料，为今后的应用和维护工作打下良好的基础。

13.7 成本控制管理

13.7.1 成本控制管理内容

1．施工前计划

（1）做好项目成本计划。

（2）组织签订合理的工程合同与材料合同。

（3）制定合理可行的施工方案。

2．施工过程中的控制

（1）降低材料成本，实行三级收料及限额领料。

（2）节约现场管理费。

3．工程总结分析

（1）根据项目部制定的考核制度，体现奖优罚劣的原则。

（2）竣工验收阶段要着重做好工程的扫尾工作。

13.7.2 工程成本控制基本原则

（1）加强现场管理，合理安排材料进场和堆放，减少二次搬运和损耗。

（2）加强材料的管理工作，做到不错发、错领材料，材料不被偷窃或遗失，施工班组要合理使用材料，做到材料精用。在敷设线缆当中，既要留有适量的余量，还应力求节约，不予浪费。

（3）材料管理人员要及时组织材料的发放及施工现场材料的收集工作。

（4）加强技术交流，推广先进的施工方法，积极采用科学的施工方案，提高施工技术。

（5）积极鼓励员工参与"合理化建议"活动，提高施工班组人员的技术素质，尽可能地节约材料和人工，降低工程成本。

（6）加强质量控制、加强技术指导和管理，做好现场施工工艺的衔接，杜绝返工，做到一次施工，一次验收合格。

（7）合理组织工序穿插，缩短工期，减少人工、机械及有关费用的支出。

（8）科学合理安排施工程序，搞好劳动力、机具、材料的综合平衡，向管理要效益。平时施工现场由1～2人巡视了解土建进度和现场情况，做到有计划性和预见性，预埋条件具备时，应采取见缝插针，集中人力预埋的办法，节省人力物力。

13.8 施工进度控制

施工进度控制的关键就是编制施工进度计划，安排好前后序作业的工序，综合布线工程具体的作业安排如下：

（1）对于与土建工程同时进行的布线工程，首先检查垂井、水平线槽、信息插座底盒是否已安装到位，布线路由是否全线贯通，设备间、配线间是否符合要求，对于需要安装布线槽道的布线工程来说，首先需要安装垂井、水平线槽和插座底盒等。

（2）敷设主干布线主要是敷设光缆或大对数电缆。

（3）敷设水平布线主要是敷设双绞线。

（4）线缆敷设的同时，开始为各设备间设立跳线架，进行跳线面板光纤盒的安装。

（5）当水平布线工程完成后，开始为各设备间的光纤及UTP/STP安装跳线板，为端口及各设备间的跳线设备做端接。

（6）安装好所有的跳线板及用户端口，做全面测试，包括光纤及UTP/STP，并将报告交给用户。

13.9　工程各类报表

1. 施工进度日志

施工进度日志由现场工程师每日随工程进度填写施工中需要记录的事项，具体表格样式如表13-1所示。

表13-1　施工进度日志

组别：		人数：	负责人：		日期：
工程进度计划：					
工程实际进度：					
工程情况记录：					
时间		方位、编号	处理情况	尚待处理情况	备注

2. 施工责任人员签到表

施工的人员必须签到，签到按先后顺序，每人须亲笔签名，明确施工的责任人。签到表由现场项目工程师负责落实，并保留存档。具体表格样式如表13-2所示。

表13-2　施工责任人签到表

	项目名称：				项目工程师：	
日期	姓名1	姓名2	姓名3	姓名4	姓名5	姓名6	姓名7

3. 施工事故报告单

施工过程中无论出现何种事故，都应由项目负责人将初步情况填报事故报告。具体格式如表13-3所示。

表13-3　施工事故报告单

填报单位：	项目工程师：
工程名称：	设计单位：
地点：	施工单位：
事故发生时间：	报出时间：
事故情况及主要原因：	

4. 工程开工报告

工程开工前，由项目工程师负责填写开工报告，待有关部门正式批准后方可开工，正式开工后该报告由施工管理员负责保存待查。具体报告格式如表13-4所示。

表13-4　工程开工报告

工程名称		工程地点	
用户单位		施工单位	
计划开工	年　月　日	计划竣工	年　月　日
工程主要内容：			
工程主要情况：			
主抄： 抄送： 报告日期：	施工单位意见： 签名： 日期：		建设单位意见： 签名： 日期：

5. 施工报停表

在工程实施过程中可能会受到其他施工单位的影响，或者由于用户单位提供的施工场地和条件及其他原因造成施工无法进行。为了明确工期延误的责任，应该及时填写施工报停表，在有关部门批复后将该表存档。具体施工报停表样式如表13-5所示。

表13-5　施工报停表

工程名称		工程地点	
建设单位		施工单位	
停工日期	年　月　日	计划复工	年　月　日
工程停工主要原因：			
计划采取的措施和建议：			
停工造成的损失和影响：			
主抄： 抄送： 报告日期：	施工单位意见： 签名： 日期：		建设单位意见： 签名： 日期：

6. 工程领料单

项目工程师根据现场施工进度情况安排材料发放工作，具体的领料情况必须有单据存档。具体格式如表13-6所示。

表13-6　工程领料单

工程名称			领料单位		
批料人			领料日期	年　月　日	
序号	材料名称	材料编号	单位	数量	备注

7. 工程设计变更单

工程设计经过用户认可后，施工单位无权单方面改变设计。工程施工过程中如确实需要对原设计进行修改，必须由施工单位和用户主管部门协商解决，对局部改动必须填报工程设计变更单，经审批后方可施工。具体格式如表13-7所示。

表13-7 工程设计变更单

工程名称		原图名称	
设计单位		原图编号	
原设计规定的内容：		变更后的工作内容：	
变更原因说明：		批准单位及文号：	
原工程量		现工程量	
原材料数		现材料数	
补充图纸编号		日　期	年 月 日

8. 工程协调会议纪要（见表13-8）

表13-8 工程协调会议纪要

日期：			
工程名称		建设地点	
主持单位		施工单位	
参加协调单位			
工程主要协调内容：			
工程协调会议决定：			
仍须协调的遗留问题：			
参加会议代表签字：			

9. 隐蔽工程阶段性合格验收报告（见表13-9）

表13-9 隐蔽工程阶段性合格验收报告

工程名称		工程地点	
建设单位		施工单位	
计划开工	年　月　日	实际开工	年　月　日
计划竣工	年　月　日	实际竣工	年　月　日
隐蔽工程完成情况：			
提前和推迟竣工的原因：			
工程中出现和遗留的问题：			
主抄： 抄送： 报告日期：	施工单位意见： 签名： 日期：		建设单位意见： 签名： 日期：

10. 工程验收申请

施工单位按照施工合同完成了施工任务后，会向用户单位申请工程验收，待用户主管部门答复后组织安排验收。具体申请表格式如表13-10所示。

表13-10 工程验收申请

工程名称		工程地点	
建设单位		施工单位	
计划开工	年　月　日	实际开工	年　月　日
计划竣工	年　月　日	实际竣工	年　月　日
工程完成主要内容：			
提前和推迟竣工的原因：			
工程中出现和遗留的问题：			
主抄： 抄送： 报告日期：	施工单位意见： 签名： 日期：		建设单位意见： 签名： 日期：

13.10　典型行业应用案例

——园区综合布线系统设计施工和管理

1. 综合布线系统设计

综合布线系统设计对综合布线的全过程起着关键性的作用，设计质量的好坏取决于三个因素：设计介入的时间、对用户需求的了解和产品的选型定位。

1）设计介入的时间

一般综合布线系统介入的时候，设计院或用户已经指定了设备间（布线机房）、弱电竖井及管理间（弱电间）的物理位置，即建筑的施工图设计已经完成。很多情况下这些物理位置设计得不合理直接影响综合布线系统的造价，所以设计介入的时间非常重要。该园区在进行建筑初步设计的时候就引入了整个园区弱电系统的设计单位，对综合布线系统进行了规划设计，帮助用户对设计院提出了设备间（布线机房）、管理间（弱电间）的位置和面积要求。

2）对用户需求的了解

用户需求是综合布线系统设计的基础，如果不能充分理解客户需求，布线系统设计就成了无源之水。该园区用户在建设初期提出了如下的综合布线功能需求：

（1）园区综合布线系统能满足业务计算机内部网络、Internet、电话网络需要。

（2）业务计算机内部网络的布线与Internet、电话系统的布线完全分开，分开的内容包括设备间（布线机房）分开，管理间（弱电间）尽量分开（如不能分开，业务网布线机柜与其他机柜间隔大于1 m），桥架（垂直和水平）、管路、面板之间的间隔大于20 cm。

（3）业务计算机内部网络的布线要求抗干扰。

（4）主干的配置冗余备份，满足将来扩展的需要。

（5）业务网目前满足千兆主干，百兆交换到桌面的网络传输要求，将来能升级到万兆主干，千兆交换到桌面的网络传输水平。

（6）电话网络目前采用传统的程控交换机系统实现模拟电话、数字电话，将来可以升级至IP电话系统。

（7）Internet网络采用园区集中光纤接入，百兆交换到桌面的网络传输标准。

根据以上功能需求，设计单位对三者网络逐一进行了分析，对于园区业务计算机内部网络，目前综合布线市场上屏蔽六类、七类以及光纤到桌面的方案均能满足要求，考虑性价比等综合因素，建议水平区子系统采用屏蔽六类双绞线，垂直干线子系统采用2 路6芯50/125μm（OM3）室内多模光纤，建筑群子系统采用2路6芯或12芯9/125μm室外单模光纤的布线方案。

3）产品的选型定位

根据以上用户需求以及与设计院的沟通，建议采用同一个品牌的布线产品，包括面板、模块、超五类线缆、屏蔽六类线缆、配线架、光缆、大对数电缆、跳线等。

园区中心总配线架位于A分区，与C分区、E分区的分区总配线架之间采用两路24芯单模光缆进行连接，各分区总配线架到各区楼宇总配线架之间采用单路12芯单模光缆进行连接，各栋楼宇内部的配线架之间采用8 芯多模光缆进行连接。系统拓扑图如图13-1所示。

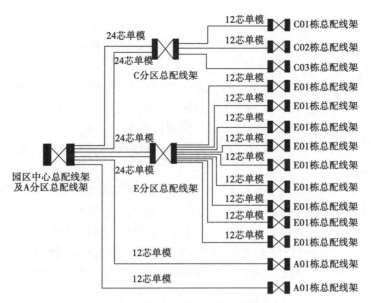

图13-1　园区结构化屏蔽布线系统

2. 综合布线系统施工

成功的综合布线工程不仅需要前瞻性的设计，施工的好坏也是重要因素。决定综合布线系统施工好坏的因素主要包括四方面：机柜及标签的设计、产品厂商的技术支持、线缆敷设与系统的端接质量（施工队素质），以及与安装公司等单位的配合。

1）机柜及标签的设计

综合布线系统的施工图一般由系统图和平面布置图组成，布线施工队伍在进驻现场后第一件事情就应该是跟系统设计人员、业主就机柜内布置和标签展开深化设计，依据此设计，施工队伍就能组织施工的先后顺序，保证线缆在水平桥架、垂直桥架内层次分明不交叉，保证系统的美观。

2）产品厂商的技术支持

在参与整个综合布线系统工程的单位之中，产品厂商对产品特性最了解，其知道如何实施可以使产品的性能发挥到极致，所以整个工程厂商的参与程度直接影响到实施的效果。在该园区综合布线系统的施工过程中，3M 中国公司派驻专门的技术工程师到现场进行指导，前期对施工人员进行了多次辅导，手把手培训模块的端接，指导工人穿线并进行抽查测试，及时发现问题并指导整改，使得整个工程屏蔽六类线的测试一次性通过率达到95%以上，测试效果相当好。

3）缆线敷设与系统的端接质量（施工队素质）

综合布线系统是技术活不是体力活，施工队伍的素质直接影响到布线的成本和质量。施工队进入现场后，首先需要对线缆敷设进行计算，充分利用每箱线量，减少不能使用的余线数量，从而减少成本。施工队伍要充分了解测试参数的含义以及施工中的诸多环节对测试参数的影响，以便保证线缆敷设、模块端接的质量。

4）与安装公司等单位的配合

综合布线施工的质量还与一些协作单位如安装公司的配合程度有密切关系，很多工程的桥架管线工程由安装公司完成，布管的质量、过路盒盖板的安装都关系到布线的质量。举两个例子，第一，管子本来要敷设两根线缆，但是安装公司在管子90° 弯时质量不过关，两根线缆

293

单元 13　综合布线工程管理

敷设非常紧,影响测试数据;第二,安装公司在封过路盒盖板时不认真,螺钉将线缆打穿割断,影响线缆使用。所以,在综合布线施工期间,与安装公司等单位的协作是非常重要的。

3. 综合布线的管理

随着网络技术的发展,网管人员可以通过一些软件工具做到对网络设备、服务器等的监控和管理,但还会遇到以下问题:①网络出现故障,不能迅速找出故障所处的物理位置以及整条链路的情况;②网络系统端口经常变更但文档管理跟不上;③网管人员变更后,接手人员工作困难。所以,高质量的综合布线系统工程必须与高质量的管理系统进行匹配,这样网络管理才能变得非常轻松。

该园区信息中心与综合布线系统实施单位配合开发了一套基于SQL Server平台的网络维护管理软件,将综合布线涉及的所有信息(包括系统图、机柜图、编号原则、编号位置、电子图纸、测试报告等)和网络管理的所有信息与相关人员所处部门进行沟通,当网管人员遇到故障时,不用翻图纸,只需要输入任何一个相关信息,与之相关的图纸与信息点信息即可一目了然。这个网络管理软件大大提高了网管人员的工作效率,彻底解决了网管人员的后顾之忧。

13.11 练 习 题

1. 填空题

(1)施工现场是指施工活动所涉及的_____以及项目各部门和施工人员可能涉及的一切_____。

(2)当施工现场发生紧急事件时,应按照_____进行处理。

(3)对于线路和其他专业的通信工程,物资管理人员还应按照施工组织设计的要求进行进货检验,并填写相应的_____。

(4)审查施工图设计的程序通常分为_____、_____两个阶段。

(5)_____应在合同交底的基础上进行,主要依据有施工合同、施工图设计、工程摸底报告、设计会审纪要、施工规范、各项技术指标、管理体系要求、作业指导书、业主或监理工程师的其他书面要求等。

(6)对于材料操作消耗特别大的工序,由_____直接负责。

(7)施工现场实行_____责任制,施工单位应明确一名施工现场负责人为防火负责人,全面负责施工现场的消防安全管理工作,根据工程规模配备消防员和义务消防员。

(8)_____和_____的安全控制措施应在《施工组织设计》中予以明确。

(9)机房内施工电源割接时,应注意所使用工具的_____,检查新装设备,在确保新设备电源系统无短路、接地等故障时,方可进行电源割接工作,以防止发生设备损坏、人员伤亡事故。

(10)高空作业人员必须经过专门的_____,取得资格证书后方可上岗作业。

2. 选择题

(1)当地气温高于人体体温、遇有(   )以上大风、能见度低时严禁高空作业。

A. 5级   B. 6级   C. 7级   D. 8级

(2)质安员须每(   )在工地现场举行一次安全会议。

A. 半个月   B. 一个月   C. 两个月   D. 三个月

（3）质量控制主要表现为施工组织和施工现场的质量控制，控制的内容包括（　　　）。

A. 工艺质量控制　　B. 成本控制　　　　　　C. 产品质量控制　　　　D. 时间控制

（4）影响质量控制的因素主要有（　　　）。

A. 人　　　　　　　B. 材料　　　　　　　　C. 机械

D. 方法　　　　　　E. 环境

（5）工程开工前，由项目工程师负责填写（　　　），待有关部门正式批准后方可开工。

A. 项目计划　　　　B. 开工报告　　　　　　C. 验收报告　　　　　　D. 材料清单

（6）施工现场人员的管理包括（　　　）。

A. 制定施工人员档案

B. 携带有效工作证件

C. 所有进入场地的员工均给予一份安全守则

D. 加强离职或被解雇人员的管理

（7）对部分材料实行（　　　）使用，采取节约有奖，超耗则罚的制度。

A. 按期　　　　　　B. 节约　　　　　　　　C. 按部门　　　　　　　D. 包干

（8）施工人员在（　　　）施工时，穿越公路和上下车应由安检人员统一组织指挥，统一行动。各施工地点的占用场地应符合高速公路管理部门的规定。

A. 高速公路　　　　B. 国道　　　　　　　　C. 省道　　　　　　　　D. 山区

（9）施工过程中的控制包括（　　　）

A. 减少材料使用　　　　　　　　　　　　　B. 减少施工人员

C. 降低材料成本　　　　　　　　　　　　　D. 节约现场管理费

（10）安装好所有的跳线板及用户端口，做全面性的（　　　），包括光纤及UTP/STP，并提供报告交给用户。

A. 考察　　　　　　B. 测试　　　　　　　　C. 验收　　　　　　　　D. 管理

3. 简答题

（1）施工现场管理的基本要求主要包括哪些方面？

（2）简述技术交底的内容。

（3）施工现场人员的管理包括哪些内容？

（4）材料管理包括哪些内容？

习题答案

单元1

1. 填空题

（1）语音、数据、影像

（2）数据，语音及视频图像

（3）基本型、增强型、综合型

（4）工作区子系统，水平子系统，垂直子系统，管理间子系统，设备间子系统

（5）5

（6）30

（7）配线架，跳线

（8）4对，屏蔽双绞线

（9）管理间子系统，设备间子系统

（10）垂直子系统，水平干线子系统

2. 选择题（部分为多选题）

（1）C   （2）ABC   （3）ABD   （4）B   （5）BD

（6）C   （7）C   （8）B   （9）ABC   （10）ABC

3. 思考题（略）

单元2

1. 填空题

（1）工作区、配线子系统、干线子系统、建筑群子系统、设备间、进线间、管理

（2）300 m、500 m及2000 m   （3）2000 m   （4）3 V/m   （5）计算机房，其他支持空间

（6）进线间、电信间、行政管理区、辅助区和支持区

（7）主配线区，水平配线区，区域配线区和设备配线区

（8）E1（商业环境）、E2（半工业环境）和E3（工业环境）

（9）管道敷设、直埋敷设、架空敷设   （10）四个

2. 选择题

（1）ACD   （2）CD   （3）ABD   （4）ABCD   （5）ABCD

（6）BC   （7）ABD   （8）ABCD   （9）ABCD   （10）ABCD

3. 思考题（略）

单元3

1. 填空题

（1）跳线　　　　　（2）无源　　　　　　（3）光缆，光缆配线架

（4）建筑物配线设备，信息插座模块　　　（5）SC接头　　　　　（6）光纤耦合器

（7）8　　　　　　　（8）语言模块　　　　（9）数据信息点，语音信息点

（10）网络设备和配线设备，网络配线架

2. 选择题

（1）B　　　　　　　（2）A　　　　　　　（3）A　　　　　　　（4）A　　　　　　　（5）B

（6）A　　　　　　　（7）A　　　　　　　（8）A　　　　　　　（9）ABC　　　　　　（10）A

3. 思考题（略）

单元4

1. 填空题

（1）双绞线，光缆　　　　　（2）双绞线电缆　　　　　　　（3）铜导线

（4）非屏蔽双绞线，屏蔽双绞线　　　　　　　　　　　　　（5）100 Mbit/s

（6）0.50～0.55 mm　　　　（7）19.2　　　　　　　　　　（8）强，10dB

（9）非屏蔽，铝箔屏蔽，丝网屏蔽　　　　　　　　　　　　（10）电磁干扰

2. 选择题

（1）ABC　　　　　　（2）ABCD　　　　（3）ABCD　　　　（4）ABC　　　　　（5）A

（6）D　　　　　　　（7）ABC　　　　　（8）D　　　　　　（9）D　　　　　　　（10）D

3. 思考题（略）

单元5

1. 填空题

（1）86，86　　　　　（2）120，120，150　　　（3）暗装方式　　　　　（4）语音模块

（5）0.3 m　　　　　（6）5 m　　　　　　　（7）六，6　　　　　　　（8）200 mm

（9）多模跳线，单模跳线　　　　　　　　　　（10）5～10 m^2

2. 选择题

（1）AB　　　　　　（2）C　　　　　　　（3）C　　　　　　　（4）B　　　　　　　（5）B

（6）D　　　　　　　（7）A　　　　　　　（8）D　　　　　　　（9）ABD　　　　　　（10）ACD

3. 思考题（略）

单元6

1. 填空题

（1）工作区用户信息插座，配线子系统　　（2）4对，屏蔽双绞线，光缆　　（3）地面线槽

（4）预埋穿线管，明装线槽　　（5）信息点居中　　（6）100，90　　（7）30，7

（8）星形　　（9）一个，15　　（10）线管，线槽

2. 选择题

（1）B　　　　　　　（2）C　　　　　　　（3）ABC　　　　　（4）A　　　　　　　（5）C

（6）B　　　　　　　（7）B　　　　　　　（8）B　　　　　　　（9）A　　　　　　　（10）B

3. 思考题（略）

单元7

1. 填空题

（1）电信间，配线间　　（2）大于　　（3）色标　　（4）5 m²　　（5）800mm，600mm

（6）10～35℃，20%～80%　　（7）100对，300对，300对，900对

（8）规模较小的光纤互连，光纤互连较密集场合

（9）机架式光纤配线架，墙装式光纤配线架　　　（10）ST型，SC型

2. 选择题

（1）ABC　　　　（2）ABCD　　　（3）ABCDE　　　　　　（4）ACD　　　　（5）A

（6）AB　　　　　（7）ABCDE　　　（8）ABD　　　　　　　（9）C　　　　　（10）ABCD

3. 简答题（略）

单元8

1. 填空题

（1）干线子系统，设备间子系统，管理间子系统　　　（2）大对数电缆或光缆

（3）设备间　　　　　　　（4）垂直型，水平型　　　（5）竖井通道

（6）向下垂放电缆，向上牵引电缆　　　　　　　（7）大对数电缆，光缆，电缆

（8）75 Ω同轴电缆　　　　（9）电缆孔，电缆井，金属管道，电缆托架　　　（10）1.5 m

2. 选择题

（1）A　　　　　（2）C　　　　　（3）D　　　　　　　（4）AC　　　　（5）B

（6）ABCDE　　　（7）ACD　　　　（8）B　　　　　　　（9）B　　　　　（10）ABC

3. 简答题（略）

单元9

1. 填空题

（1）垂直子系统　　（2）一、二，顶层　　（3）10～35，20%～80%

（4）20　　　　　　（5）70 dB　　　　　　（6）A类，B类，C类　　（7）接地母干线TBB

（8）配线架　　　　（9）0.11～1000 MΩ　　（10）40%

2. 选择题

（1）C　　　　　（2）ABD　　　　（3）ABC　　　　　　（4）A　　　　（5）C

（6）B　　　　　（7）ABC　　　　（8）ABCD　　　　　　（9）ABE　　　（10）C

3. 简答题（略）

单元10

1. 填空题

（1）电缆，光缆，入楼处线缆上过流过压的电气保护设备　　（2）钢管，抗压PVC管

（3）光缆　　　（4）垂直竖井　　（5）5次　　　　（6）两次　　　（7）一个

（8）多模光缆，单模光纤　　（9）3类大对数电缆　　（10）同轴电缆，光缆

2. 选择题

（1）ABCD　　　（2）C　　　　　（3）B　　　　　　（4）A　　　　（5）B

（6）C　　　　　（7）D　　　　　（8）B　　　　　　（9）A　　　　（10）AB

3. 简答题（略）

单元11

1．填空题

（1）屏蔽（STP），非屏蔽双绞线（UTP）　　（2）网络设备跳线，工作区跳线

（3）光功率　（4）反射的能量

2．选择题

（1）B　　（2）C　　（3）B　　（4）B　　（5）B　　（6）B

3．简答题（略）

单元12

1．填空题

（1）法人，其他组织

（2）项目建设单位，招标工作人员和评审人员，投标公司的工作人员

（3）竞争性谈判　（4）三十　　（5）合同，第三方　　（6）依通用合同，专用合同

2．简答题（略）

单元13

1．填空题

（1）施工场地，活动范围　（2）企业的事故应急预案　　　（3）检验记录

（4）自审，会审　　　（5）技术交底　　　　　（6）项目经理

（7）逐级防火　　　（8）临时用电，带电作业　　（9）绝缘防护

（10）安全培训

2．选择题

（1）B　　　　（2）A　　　（3）AC　　　（4）ABCDE　　　（5）B

（6）ABCD　　（7）D　　　（8）A　　　（9）CD　　　（10）B

3．简答题（略）

参 考 文 献

[1] 王公儒. 网络综合布线系统工程技术实训教程[M]. 北京：机械工业出版社，2011.

[2] 王公儒，蔡永亮. 综合布线实训指导书[M]. 北京：机械工业出版社，2013.

[3] 王公儒，卢勤. AutoCAD 2010中文版 信息技术工程设计教程[M]. 大连：东软电子出版社，2014.

[4] 卢勤，王公儒. 信息网络布线工程技术训练教程[M]. 大连：东软电子出版社，2014.

[5] 王公儒. 计算机应用电工技术[M]. 大连：东软电子出版社，2014.

[6] 王公儒，樊果. 智能管理系统工程实用技术[M]. 北京：中国铁道出版社，2012.

[7] 王公儒，李宏达. 物联网工程布线技术[M]. 大连：大连东软出版社，2012.

[8] 李宏达，王公儒. 网络综合布线设计与实施[M]. 北京：科学出版社，2010.

[9] 中华人民共和国信息产业部. 综合布线系统工程设计规范[S]. 北京：中国计划出版社，2007.

[10] 中华人民共和国信息产业部. 综合布线系统工程验收规范[S]. 北京：中国计划出版社，2007.

[11] 综合布线工作组. 屏蔽布线系统的设计与施工检测技术白皮书[S]. 2009.

[12] 综合布线工作组. 光纤配线系统的设计与施工检测技术白皮书[S]. 2008.

[13] 综合布线工作组. 综合布线系统管理与运行维护技术白皮书[S]. 2009.

[14] 综合布线工作组. 数据中心布线系统工程应用技术白皮书[S]. 2010.

[15] 中华人民共和国住房和城乡建设部. 智能建筑与城市信息[J]. 2010.

[16] 西安开元电子实业有限公司. "西元"网络综合布线实训室产品手册. 2010.

[17] 西安开元电子实业有限公司. "西元"网络综合布线实训室技术白皮书. 2010.

[18] 西安开元电子实业有限公司. "西元"网络综合布线实训室产品使用说明书. 2009.

[19] 西安开元电子实业有限公司. "西元"网络综合布线实训装置产品使用说明书. 2009.

[20] 西安开元电子实业有限公司. "西元"网络综合布线系统工程教学模型产品说明书. 2010.

[21] 西安开元电子实业有限公司. "西元"网络拓扑图实物展示系统产品说明书. 2010.

[22] 西安开元电子实业有限公司. "西元"网络综合布线桥架展示系统产品说明书. 2010.

[23] 西安开元电子实业有限公司. "西元"网络综合布线常用器材和工具展示柜产品说明书. 2010.

[24] 西安开元电子实业有限公司. "西元"综合布线工具箱使用说明书. 2009.

[25] 西安开元电子实业有限公司. "西元"光纤工具箱使用说明书. 2010.

[26] 西安开元电子实业有限公司. "西元"光纤熔接机产品使用说明书. 2010.

[27] 西安开元电子实业有限公司. 西元光纤冷接与测试工具箱使用说明书. 2013.

[28] 西安开元电子实业有限公司. 西元网络配线端接实训装置使用说明书. 2013